Das Formelleselernbuch

Ronald Höfer

Das Formelleselernbuch

Formeln anders sehen und besser verstehen

Mit 85 Abbildungen

Springer Vieweg

Ronald Höfer
Vöcklabruck, Österreich

ISBN 978-3-658-01607-4
DOI 10.1007/978-3-658-01608-1
ISBN 978-3-658-01608-1 (eBook)

Die Deutsche Nationalbibliothek verzeichnet diese Publikation in der Deutschen Nationalbibliografie; detaillierte bibliografische Daten sind im Internet über http://dnb.d-nb.de abrufbar.

Springer Vieweg

Lektorat: Thomas Zipsner, Ellen Klabunde

Gedruckt auf säurefreiem und chlorfrei gebleichtem Papier

Springer Vieweg ist eine Marke von Springer DE. Springer DE ist Teil der Fachverlagsgruppe Springer Science+Business Media
www.springer-vieweg.de

Vorwort

Ein ganzes Buch über das Lesen von Formeln? Ja. Denn es ist tatsächlich ein Grundkurs zum *Lesen* von Formeln. Lesen und Verstehen. Da in der üblichen Ausbildung in der Schule das verständige Lesen von Formeln meist zu kurz kommt, haben sehr viele Menschen, die eigentlich Lesen, Schreiben und auch Rechnen können, große Probleme mit Formeln.

Viele kennen Formeln nur als etwas, das man „anwendet" oder das man „lösen" muss. Ein Hilfsmittel um etwas auszurechnen. Da sind ein paar vorgegebene Werte und Größen, eine Größe ist unbekannt. Mit der richtigen Formel kann ich diese unbekannte Größe ausrechnen. Werte einsetzen, umformen, ausrechnen. Toll.

Dass Formeln etwas zeigen, erklären, dass man durch das Verständnis von Formeln Zusammenhänge verschiedenster Art erkennen kann, das kommt kaum vor. Formeln sind nicht bloße Rechenschemata, Formeln haben einen Inhalt. Dieser Inhalt erschließt sich mir aber nur, wenn ich eine Formel auch lesen kann. Das ist für die bloße Anwendung einer Formel gar nicht wichtig. Wenn Sie aber Biologie, Medizin, Physik, Chemie, Wirtschaft, Geographie, Soziologie, Astronomie, Maschinenbau etc. studieren, so werden Sie auf Formeln stoßen, die Sie verstehen müssen, die Sie lesen können müssen. Und ich meine lesen, nicht entziffern oder buchstabieren.

Dieses Formelleselernbuch bietet Ihnen einen systematischen und vollständigen Kurs im Lesen von Formeln. Systematisch bedeutet, Sie erhalten eine Methode, mit der Sie Formeln „angehen" können; nicht bloß eine Sammlung von wichtigen Hinweisen.

Vollständig heißt, dass das Phänomen „Formel" nicht einseitig nur aus einer bestimmten Fachrichtung, oder nur mathematisch gesehen wird. Sie werden lernen, die ganze Information, die in einer Formel steckt, zu erkennen; und zwar im Prinzip in jeder beliebigen Formel. So, wie Sie ja auch prinzipiell jeden beliebigen Text lesen können, weil Sie lesen gelernt haben. Keiner wird sagen, dieser Text ist ein geschichtlicher Text, ich habe aber nur physikalische Texte lesen gelernt. Dass ich nicht alles in diesem Text verstehen und einordnen kann, ist etwas anderes. Aber ich kann den Text lesen und in Grundzügen auch über dieses mir unbekannte Gebiet eine Menge lernen.

Und bei Formeln ist es genauso: Man lernt das Lesen von Formeln überhaupt.

Zuvor noch eine kleine Danksagung: Vor dem Lesen eines Buches kommt das Schreiben. Ein Buch entsteht erst durch das Zusammenwirken von Arbeit, Kritik, Unterstützung und Vertrauen. Für die *Arbeit* zuständig, und damit sowohl für die Stärken als auch die

Fehler ist der Autor. Für hilfreiche *Kritik* bedanke ich mich bei Frau Valerie Smejkal, die auf Ihrem Weg zum Master of Science auch Zeit fand, die Wege in diesem Buch fachkundig zu kommentieren. Große *Unterstützung* erhielt ich von meiner Frau und für das *Vertrauen*, das ein Buch benötigt, das in gewisser Hinsicht didaktisches Neuland betritt, bedanke ich mich beim Cheflektor des Vieweg-Springer-Verlags, Herrn Dipl. Ing. Thomas Zipsner. Dieses Vertrauen ist zugleich eines in den Leser. Ich wünsche Ihnen Vergnügen mit, Anregung durch und großen Nutzen aus diesem Buch.

Ronald Höfer

Inhaltsverzeichnis

Einleitung

Jetzt geht's aber wirklich los. Die Ursachen für die Schwierigkeiten beim Lesen von Formeln liegen meist ganz woanders, als sie vermutet werden. Sie liegen nämlich hauptsächlich *nicht* in der Mathematik. Die Kenntnis der Grundrechenarten reicht für das erste Verständnis fast aller Formeln aus. Und was man von der „höheren" Mathematik wissen muss, ich meine wirklich wissen muss, ist erstaunlich wenig. Was Sie hingegen wissen sollten, wenn Sie Formeln sicher lesen und verstehen wollen, ist in folgenden drei Fragen enthalten:

- Was ist eine Formel?
- Woraus besteht eine Formel?
- Wie funktioniert eine Formel?

Wenn wir diese drei Fragen ausreichend beantwortet haben, ergibt sich daraus ein gut handhabbares Rezept, wie ich eine Formel mit einfachsten Mitteln analysieren kann.

Was ist eine Formel? Formeln fallen auf, rein optisch. Sie unterscheiden sich vom Text, der sie umgibt. Sie fallen oft derart aus dem Text heraus, dass man leicht meinen könnte, sie gehörten gar nicht so richtig zum Text. Formeln sind optisch etwas völlig anderes als die Schrift. Was sind sie? Bilder? Sprache? Wovon handeln sie – eigentlich? Bereits hier entscheidet sich, ob Sie einen Zugang zu Formeln finden oder jedes Mal von vorne anfangen, wenn Ihnen „plötzlich" eine Formel begegnet. In diesem Abschnitt lernen Sie sich, in jeder Formel zu orientieren. In jeder, also auch in Formeln, die Sie noch gar nicht verstehen können.

Woraus besteht eine Formel? Wer das erste Mal in eine ihm unbekannte, etwas kompliziertere Formel hineintritt, findet sich umgeben von einer Vielzahl verschiedener Zeichen mit verschiedenen Funktionen. Zeichen gibt es viele, sehr viele. Die Zahl der Funktionen, die sie innerhalb einer Formel ausüben, ist erfreulicherweise gut überschaubar. Wir betrachten also nicht die Zeichen, sondern beginnen, ihre grundlegenden Funktionen in der Formel zu verstehen. Und mit einem Schlag erwerben Sie damit ein grundlegendes Verständnis für alle möglichen Formeln.

Wie funktioniert eine Formel? Jetzt, wo wir uns in einer Formel orientieren können und ihre Elemente verstehen, können wir das Zusammenspiel all dieser Elemente, die Formel selbst als Formel genauer untersuchen. Und wahrscheinlich werden Sie hier einiges über Formeln und den Umgang mit Ihnen erfahren, von dem Sie sich fragen: Warum hat man uns das nicht schon viel früher gesagt?

Das Rezept ergibt sich dann fast von selbst; falls Sie es dann überhaupt noch brauchen.

Das größte aller Hindernisse bei der Beschäftigung mit Formeln liegt allerdings oft woanders, ganz woanders. Der Anblick von Formeln löst bei vielen Gefühle aus, bei gar nicht so wenigen sind es unangenehme Gefühle, die mehr zur Flucht denn zur intensiveren Beschäftigung raten. Laut einer Studie verweilen die Leser von Fachtexten (!) deutlich kürzer auf einer Seite, wenn diese mehr als eine Formel enthält.

Sie kann das in Zukunft wohl nicht mehr betreffen. Nachdem wir aber alle Menschen sind, nicht nur mit Kopf, sondern auch Gefühl, so werfen wir bevor es „richtig losgeht", noch einen Blick auf

Formeln und Gefühle

Frustration und Euphorie liegen in der Mathematik oft knapp nebeneinander. Für den durchschnittlich begabten Anfänger genauso wie für den mathematischen Überflieger.

In diesem kleinen Kapitel zähle ich nur ein paar Aspekte auf, die die begleitende Gefühlslage betreffen. Da Probleme an sich, auch mathematische, gefühlsmäßig neutral sind, können sie gegensätzliche Wirkungen hervorrufen: Faszination, Begeisterung, Antrieb zur intensiven Beschäftigung genauso wie Schrecken, Abstumpfung, eine innere Abwehrhaltung.

Unsere Gefühlslage einer an sich neutralen Angelegenheit gegenüber wird stark durch das Verhalten anderer geprägt. Wenn die Mutter Rechnen als Erziehungsmaßnahme einsetzt mit den Worten „Wenn du nicht sofort… dann rechnen wir etwas" kann man sich gut vorstellen, welche Gefühlslage allein schon der Gedanke an Rechnen und Mathematik bewirkt. Dabei hatte dasselbe Kind an demselben Tag ein völlig anderes Erlebnis. Im Rahmen der selbständigen Lösung einer Aufgabe unter der ausschließlich unterstützenden Anleitung einer anderen Person machte dieses Kind die überraschte Entdeckung „das macht ja Spaß". Weiterer Kommentar ist wohl überflüssig.

Die wichtigste Beobachtung ist generell die: Wenn Sie negative Gefühle mit all diesen Dingen verbinden, gehen Sie davon aus, dass die Ursache dafür eigentlich woanders liegt. Dies wäre der erste Schritt zu einer positiveren Grundstimmung.

Mein erstes Erlebnis mit der Faszination von Formeln und dem Geheimnisvollen hatte ich im Alter von circa 8 Jahren. Während eines längeren Krankenhausaufenthaltes besuchte ich den internen Schulunterricht, in dem in einem Raum mehrere Altersstufen parallel unterrichtet wurden. Einige ältere Schüler nahmen in Mathematik gerade erste Rechnungen mit Klammerausdrücken vor.

Ich verstand überhaupt nicht, worum es ging, aber ich war fasziniert. Ein anderes Erlebnis hatte ich über zehn Jahre später. In einer Mathematikvorlesung für Erstsemester – es war Analysis I oder Lineare Algebra I. Ich kam kaum mit dem Schreiben mit, der Vortragende beschrieb eine Folie nach der anderen; mitdenken war schwierig. Zwar hatte ich eine ungefähre Ahnung, worum es ging, aber an ein Durchdenken und echtes Mitdenken war sicher nicht zu denken. Und da stellte doch – mitten in den Vortrag hinein – ein Student eine Frage, und zwar eine Sachfrage. Ich konnte es kaum glauben!

Als ich diese kleine Geschichte einem promovierten Mathematiker erzählte, konnte dieser nur lachen. Er meinte, dass der Betreffende diese Vorlesung wahrscheinlich schon zum zweiten, oder vielleicht dritten Mal besuchte. Wie andere auch. Ich hätte also keinen Grund, an mir zu zweifeln.

Das Gefühl „draußen" zu stehen hatte ich auch, als ich einmal einige mathematische Aufgaben lösen sollte, die ich kaum verstand. Als „Hilfe" war einer Aufgabe eine Zeichnung beigefügt. Sie erraten es schon, ich verstand nicht einmal, was diese Zeichnung sollte, geschweige denn, wie diese Zeichnung mir eine Hilfe bei dem Beispiel sein sollte, zu dessen Lösung man also offensichtlich Unterstützung auch aus Sicht des Aufgabenstellers gut gebrauchen konnte.

Vorhergegangene Niederlagen. Angst vor Überforderung, Erinnerung an unschöne Situationen. Das hat alles nichts mit Mathematik zu tun und nichts mit Formeln, ist aber bei manchen damit fest verbunden. Wer die Formel $2 + 2 = 4$ lesen und verstehen kann, hat kein mathematisches Problem. Das meine ich ernst. Die Ablehnung ist rein psychologisch: Ich habe Gespräche mit mathematisch angeblich Unbegabten geführt. Solange wir in einer sprachlich nicht ersichtlich „mathematischen" Weise sprachen oder keine Formel verwendeten, konnten wir über alles reden. Kam aber ein mathematisches Reizwort oder ein ungewohntes Zeichen ins Spiel, so änderte sich die Grundhaltung schlagartig.

Wer fast phobisch vor Formeln und allem, was nur nach Mathematik oder Rechnen riecht, zurückschreckt, ist meist mathematisch genauso begabt wie jeder andere auch.

$$2 + 2 = 4.$$

Wenn Sie diese Formel lesen können und verstehen, dann können Sie prinzipiell alle Formeln lesen und verstehen lernen.

Semeio-, Arithmo- und Onomaphobie

Nur um eine Idee zu bekommen, welche negativen gefühlsmäßigen Reaktionen so in einem Text mit Formeln auftreten können. Ich habe hier sehr frei die typischen Wortbildungen, die in der Psychologie für diverse Ängste üblich sind, auf die Welt mathematischer Texte angewandt:

Angst vor unbekannten Zeichen (Semeion, griechisch: Zeichen), Angst vor Ansammlungen von Zahlen (arithmos, griechisch: Zahl), Angst vor beeindruckend klingenden Namen (onoma, griechisch: Namen).

Angst und Faszination gehören oft zusammen. Auch Bewunderung für die, die keine Angst vor diesen geheimnisvollen Zeichen haben, diese sogar lesen können, und – noch faszinierender – mit flinker Hand und wissenden begleitenden Worten rasch hinzuzeichnen wissen. Gelegentlich mit einer gewissen „Attitüde“ wie ein Künstler oder Fast-Genie. Dabei ist die Sache nicht geheimnisvoller oder schwieriger als das Erlernen einer fremden Sprache. Eine Sprache verstehen können, lesen können, sprechen können, schreiben können.

Semeiophobie Zahlen und Figuren wurden erst in der Neuzeit auf spezifische Größen und Formen, die keine weiteren Bedeutungen mystischer oder magischer Art mit sich trugen, reduziert. Es gab keine Zauberzeichen und Symbole mehr, die nur Eingeweihten zugänglich waren, keine unverständlichen Geheimnisse mehr. Noch bei Johannes Kepler (1571–1630) finden sich beide Aspekte, teilweise untrennbar miteinander verbunden. Falls Sie diese Aspekte von Zeichen, Geheimnissen und okkulten Bedeutungen interessieren, verweise ich auf die sprachwissenschaftlichen Arbeiten von Umberto Eco.

In unserer Kultur ist jedoch dieses diffuse Gefühl des unzugänglich Geheimnisvollen bei Symbolen, die man nicht kennt oder versteht, geblieben. Nehmen Sie dieses Gefühl, diese Faszination in eine moderne mathematische Formel unmerklich mit, so überladen Sie die Formel mit einer Bedeutung, die sie nicht hat und verwehren sich selbst den Zutritt zu einem ganz einfachen Verständnis.

Beobachten Sie an sich selbst, ob für Sie die Funktion $f(x)$ und die Funktion $\Phi(\xi)$ wirklich „gleich“ sind.

$$f(x) \quad \ldots \quad \text{wirklich kein Unterschied?} \quad \ldots \quad \Phi(\xi)$$

Ich konnte Menschen beobachten, bei denen tatsächlich durch „geheimnisvolle“ Zeichen wie in einem pawlowschen Reflex die Blockade ausgelöst wurde.

„geheimnisvolles“ Zeichen → „davon versteh ich nichts“ → totale geistige Blockade

Hier bietet eine Formel Halt, indem jedes Zeichen klar benannt und die Beziehungen klar offengelegt werden.

Arithmophobie Arithmophobie bedeutet, dass die Angst ausgelöst wird, wenn zu viele Zahlen oder Größen auf einmal auftreten. Das kann bereits bei einfachen Produkten mit mehreren Beteiligten der Fall sein, bei Matrizen oder bei Tabellen. Tabellen lösen bei sehr vielen Menschen ein Vermeidungsverhalten aus. Sie haben aber keine echte Angst davor, nur haben sie nie gelernt, wie man Tabellen liest. Arithmophobie blickt unmittelbar auf die Einzelheiten, und erfasst diese völlig ohne Verbindung zueinander oder in allen möglichen beliebigen Beziehungen.

Die einfache Formel $a + b = c + d$ enthält nur vier Elemente. Ohne Probleme können mehr als 20 Beziehungen zwischen diesen vier Elementen bei gleicher Formelstruktur „gesehen“ werden. Diese Fülle an Beziehungen kann man erahnen, spüren, aber sicher nicht unmittelbar einsehen noch geistig sofort und leicht verarbeiten.

Wenn ich eine kleine Tabelle von sagen wir 3 Spalten und 10 Zeilen, also mit 30 Einträgen habe. Wie viele paarweise Beziehungen sind möglich? Wie viele Dreierbeziehungen? Wie viele Beziehungen zu Beziehungen? Sie sind sehr rasch bei Zehntausenden und Hunderttausenden von möglichen Beziehungen. In diesen Angstformen spiegelt sich das Problem jeder Analyse wieder, die auf die Synthese verzichtet. Synthese bedeutet gerade: Zusammenfassen des Vielen unter ein einheitliches Ganzes. Dabei liegt die Betonung auf „einheitlich“.

Eine der genialsten mathematischen Syntheseleistungen war die Erfindung der Funktion und der Variablen. Unendlich viele Möglichkeiten, alle wirklich, alle sinnvoll aber als „alle“ undenkbar. Diese Unendlichkeit wird in das x verpackt und ebenso in das f. Wir arbeiten nur mehr mit dem Begriff der Funktion, nicht mit allen möglichen Funktionen, nur mehr mit dem *Begriff* einer Größe oder eines Wertes, nicht mehr mit allen Größen oder Werten.

So richtig es ist, dass Tabellen etwa unüberschaubar viele Beziehungen und Kombinationsmöglichkeiten enthalten, die meisten Tabellen werden durch eine einzige Formel und durch eine begrenzte Anzahl von Werten erzeugt.

Vor mir liegt ein altes, geheimnisvoll anmutendes Buch aus dem Jahre 1904. Es ist ein dickes Buch von fast 600 Seiten voller Zahlentabellen. Es enthält unter anderem „die Logarithmen der Sinus und Tangenten von Sekunde zu Sekunde“. Diese eine Tabelle, die im Grunde „nur“ die Werte für 0 bis 45 Grad enthalten muss, erstreckt sich von Seite 188 bis 534, also über 347 Seiten.

In diesem einen erklärenden Satz ist bereits der gesamte Inhalt genannt. Der Satz nennt den Begriff, die Einheit, die Synthese all dieser zigtausend Zahlen. Allein auf einer Seite finden wir 480 Zahlenwerte, über die gesamte Tabelle sind es $45 \times 60 \times 60 \times 2 =$ Dreihundertvierundzwanzigtausend Zahlen und damit sechshundertachtundvierzigtausend Werte. Und trotzdem ist das immer nur dasselbe:

$$\sin\alpha = \ldots \quad \text{und} \quad \tan\alpha = \ldots$$

Mehr steht nicht da.

Versuchen Sie genau das zu „sehen“, wenn Sie eine Tabelle aufschlagen.

Hier bietet eine Formel Halt, indem alle diese vielen, unüberschaubar vielen Zahlen auf ein einziges und überschaubares Prinzip bezogen werden. Dieses Prinzip, wie diese Zahlen ermittelt werden, kann als Formel geschrieben werden.

Onomaphobie Klingt „das Verhältnis zweier Differenzen“ sehr aufregend oder „besonders“? Wie aber steht es mit einem Wort wie das „totale Differential“? Potenzreihe, logarithmische Funktion, totales Differential, unitäre Räume, Satz von Banach, Fundamentalsatz der Arithmetik und wie sie alle heißen mögen. Ungewohnte Worte oder Wortzusammenstellungen, fremdsprachige Ausdrücke umgibt zuerst immer die Aura des Geheimnisvollen. Völlig zu Recht, denn bevor uns jemand erklärt, was das alles bedeutet, ist uns deren Bedeutung tatsächlich ein Geheimnis.

Entscheidend ist aber die begleitende Gefühlslage, und da ist die Situation ähnlich wie bei den geheimnisvollen Zeichen. Mit dem Unterschied, dass Worte einen noch viel weiteren Assoziationsraum innerhalb einer Kultur einnehmen als Zeichen alleine.

Eine Formel bietet hier Abhilfe, da sie selbst namenlos ist. Wenn da ein „totales Differential" steht, so steht da beispielsweise $\mathrm{d}f/\mathrm{d}x + \mathrm{d}f/\mathrm{d}y + \mathrm{d}f/\mathrm{d}z$.

Ausgesprochen: Die Summe der einzelnen Ableitungen der Funktion f, jeweils nach den drei Größen x, y, z.

Sprachlich ganz unspektakulär. Gelegentlich wird dafür ein „geheimnisvolles Zeichen" eingesetzt, mit dem geheimnisvollen Namen „Nabla-Operator". Und? Wenn Sie sich auch hier an den Begriff halten, beeindruckt sie vielleicht die Sache. Wer sich aber schon vom Wort beeindrucken lässt, der stößt gar nicht zur Sache selbst vor. So beeindruckt ist er. Wenn Sie ein Name wie „totales Differential" noch immer zu sehr beeindruckt, obwohl sie das alles wissen, dann benennen Sie die Form „$\mathrm{d}f/\mathrm{d}x+\mathrm{d}f/\mathrm{d}y+\mathrm{d}f/\mathrm{d}z$" einfach um in „Till Eulenspiegel" oder „Minnie Maus".

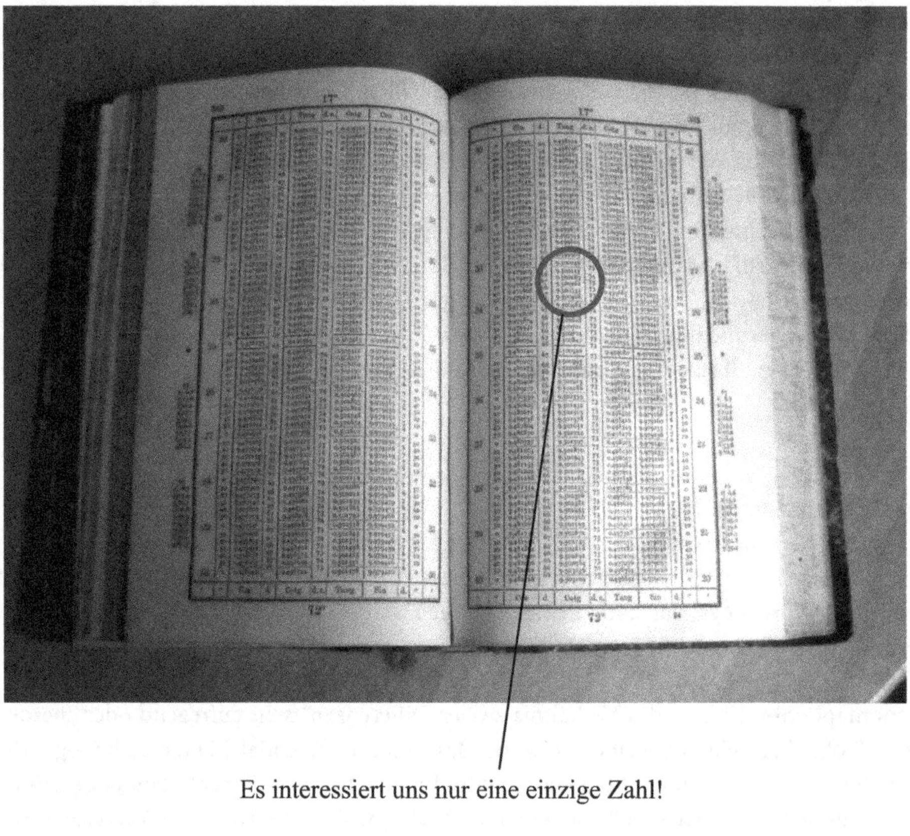

Es interessiert uns nur eine einzige Zahl!

Abschnitt: Was ist eine Formel? 1

Wenn Sie Schwierigkeiten mit dem Lesen von Formeln haben, dann liegt das ganz einfach daran, dass Sie das nie systematisch gelernt haben. Da Formeln die wohl wichtigste mathematische Darstellungsform sind, glauben daher viele, sie seien mathematisch unbegabt. Sie verstünden die *Mathematik* eben einfach nicht. Dabei hat man ihnen nur nicht die *Sprache* der Mathematik erklärt. Für das Lesen und Verstehen von Formeln reicht genau jene Begabung, die für Lesen und Schreiben überhaupt genügt.

Obwohl im ersten Teil dieses Abschnitts „Formel und Sprache" keine einzige Formel analysiert wird und nur wenige hingeschrieben werden, ist dieses Kapitel wahrscheinlich das wichtigste des ganzen Buchs. Möglicherweise löst dieses Kapitel bereits einen großen Teil der Probleme, die Ihnen den Zugang zum Verständnis von Formeln verwehren.

1.1 Formel und Sprache

Das Wichtigste gleich am Anfang: Das Lesen und Verstehen von Formeln ist kein mathematischer Vorgang, auch kein physikalischer, chemischer, wirtschaftlicher, sondern eben ein Lesevorgang. Alles Verstehen und Missverstehen von Formeln hängt also davon ab, wie Sie den *sprachlichen* Ausdruck „Formel" zu lesen gelernt haben.

Vergessen Sie zuerst alles speziell Mathematische oder Physikalische oder Medizinische oder Wirtschaftliche und alle anderen Fachbereiche. Formeln sind Teil der geschriebenen menschlichen Sprache. Wenn Sie diesen Standpunkt eingenommen haben, können wir jetzt beginnen:

Formeln sind ein Teil der menschlichen Sprache. Ein sehr spezieller Teil, aber Teil. Formeln sind spezialisiert auf eine bestimmte Darstellung bestimmter Arten von Zusammenhängen von Gegenständen und Sachverhalten der Wirklichkeit. Besonders quantitative und strukturelle Zusammenhänge lassen sich mit Formeln gut darstellen. Daher sind sie als *sprachliches Werkzeug* in der Mathematik und Logik beliebt. Aber – ich betone es nochmals – sie sind weder ein mathematisches noch logisches Phänomen. Sie sind Spra-

R. Höfer, *Das Formelleselernbuch*, DOI 10.1007/978-3-658-01608-1_1,

che. Alle quantitativen und strukturellen Sachverhalte, über die wir „ganz normal" reden, können auch formalisiert werden.

Jeder versteht einen Satz wie „es wird kälter". Oder „meistens sind so vier fünf Gäste im Wirtshaus am Eck". Beides lässt sich als Formel schreiben. Bevor ich das tue, vergegenwärtigen Sie sich bitte noch einmal die Kernaussage dieser beiden Sätze.

Es sind sprachliche Ausdrücke, die über eine bestimmte Sache etwas Quantitatives aussagen: Im ersten Fall, wie sich die Temperatur der Luft im Lauf der Zeit ändert, im zweiten Fall wird von der Schwankung der Gästezahl in einem Wirtshaus geredet.

Jetzt schreiben wir die Sache so:

1: $\mathrm{d}T/\mathrm{d}t < 0$
2: mod(Gästezahl „Zu den drei Linden") = 4,5.

Schon Schwierigkeiten? Oder können Sie sich einfach nur nicht mehr an die Zeichen und ihre Bedeutung alle erinnern?

Das kleine „d" steht für Differenz. Das große T für Temperatur und das kleine t für die Zeit (in lateinischen Zeiten „tempus", aber zum Glück auch auf Englisch „time"). Den Bruch-„/" kennen Sie sicher noch. Also steht da: Das Verhältnis der Differenz der Temperatur zur Differenz der Zeit ist kleiner als Null. Häh? Wenn Sie das *so* lesen, versteh' ich es auch kaum. Aber $\mathrm{d}T/\mathrm{d}t$ heißt nichts anderes als die Temperaturänderung. Da man sich fast immer auf die Zeit bezieht, spricht man die Zeit oft gar nicht mit aus. Wenn man sich nicht auf die Zeit bezieht, muss man es ausdrücklich erwähnen. In der Formel wird $/\mathrm{d}t$ aber immer geschrieben. Diese Änderung einer Größe nach der Zeit ist so häufig, dass man als Zeichen dafür oft gar nurmehr einen Punkt „ ˙ " über der jeweiligen Größe macht, also in unserem Beispiel $\dot{T}$.

Wir sprachen also von der Änderung der … Temperatur im Laufe der Zeit. Ist diese Änderung positiv, wird es klarerweise wärmer, ist sie negativ, so wird es kälter. Und wie schreiben wir nun „kälter"? „Die Änderung ist negativ" drückt man in Formeln gerne als „kleiner als Null" aus; denn da sind nun mal die Werte „negativ". Schon steht da „< 0".

Es steht hier also ganz einfach: „Es wird kälter."

Die Temperatur	ändert sich	im Laufe der Zeit	und zwar negativ.
$\mathrm{d}T$	/	$\mathrm{d}t$	< 0

Ich bringe dieses Beispiel aus mehreren Gründen so ausführlich.

Erstens sehen Sie, dass hier tatsächlich zuerst einmal „nur" eine sprachliche Umformung, eine Übersetzung vorliegt. Deshalb können Sie ja jede Formel, die etwas aussagt, auch „mit ganz normalen" Worten erklären.

Sie können das sogar als erste Grundregel nehmen: **Wenn Sie eine Formel nicht „sprechen" können**, oder Ihre eigene Rückübersetzung nicht verstehen, **dann haben Sie die Formel nicht verstanden**. Rein sprachlich nicht. Nach Durchlaufen dieses Kurses werden Sie es können.

Zweitens sehen Sie, dass in Formeln ein völlig verändertes Zeichen*bild* vorliegt. Kaum ausgeschriebene Wörter, meist nur einzelne Buchstaben, Striche und andere Zeichen. Dieses veränderte Zeichenbild verstört unsere gewohnte Art und Weise des Lesens. Fast alle Ängste bezüglich Formeln setzen hier an: Es ist eine Verstörung der Sprache. Die Hilflosigkeit entsteht aus dem Nichtverstehen dessen, was da geschrieben, nein: geheimnisvoll gezeichnet ist und dem, was darüber gesprochen wird.

Genau dieses *veränderte Zeichenbild* enthält aber die ungeheuren Möglichkeiten von Formeln. Zum Ausdrücken eines einzelnen Sachverhaltes braucht kein Mensch wirklich eine Formel. Ihre große Stärke entfalten Formeln aber dann für das weitere Vorgehen, vor allem im Zusammenspiel mit anderen Formeln.

Davon wollen wir noch nicht reden. Denn der größte Schritt ist erst einmal, *eine* Formel zu verstehen; und ich meine, wirklich zu verstehen.

In der gesprochenen Sprache ist Ihnen völlig klar, dass Sie einen Satz nicht verstehen, wenn Sie ein wichtiges Wort darin nicht verstehen. Dennoch zweifeln Sie nicht an Ihrer Sprachfähigkeit.

Wenn Sie daher einen *Satz* wie den folgenden lesen, verstehen Sie ihn zwar nicht vollständig. Dennoch haben Sie eine ungefähre Ahnung, worum es gehen könnte.

$$\frac{\partial p}{\partial z} = -\rho g$$

Irgendein Objekt, nämlich p, verändert sich in Hinblick auf z. Und die Größe dieser Änderung scheint einen konkreten Wert, nämlich ρg zu haben und der ist negativ. Also vermuten wir, dass diese Eigenschaft von p abnimmt, wenn z größer wird. Das ist so ähnlich wie die Bahnhofdurchsage „Der Zug nach öl098a0af fährt von Bahnsteig sdsxr mit sagfrtinuten Verspätung ab." Sie wissen zwar noch nicht genau, was Sie wissen sollten; aber Sie wissen schon wesentlich mehr als einer, der überhaupt nichts versteht.

Da ich natürlich den Zugfahrplan vorher gelesen habe, verrate ich Ihnen jetzt:

öl098a0af ist der Luftdruck in der ruhenden Atmosphäre, sdsxr ist die Höhe über dem Erdboden. Die Verspätung habe ich auch nicht genau verstanden; Sie wissen aber, dass sie negativ ist und einen bestimmten Wert hat; wie alle Verspätungen. Das „p" erinnert an „pressure", und das „z" ist aus dem dreidimensionalen Koordinatensystem genommen: x und y bezeichnen die beiden Richtungen in der Ebene, mit z geht es nach oben. Falls Sie sich noch erinnern, dass der Punkt am Himmel direkt über Ihnen der Zenit ist …

Also lautet die Bahnsteigdurchsage ungefähr so: Der Luftdruck nimmt mit der Höhe um einen bestimmten Wert ab. Was dieses $-\rho g$ genau bedeutet, wissen wir noch nicht. Und das ist sehr wichtig. Sie werden sehr sehr oft mit einer Formel so beginnen müssen, dass Sie zuerst einmal das an Information herausholen, was Sie wissen, ohne gleich alles erklären zu können. Aber auch über das, was Sie nicht genau erklären können, wissen Sie meist mehr, als Sie glauben. Wenn Sie nicht die Augen und Ohren einfach zu machen und sagen: Das versteh' ich nicht, das weiß ich nicht.

Ohne Kenntnis was p, z und ρg heißen, wissen Sie dennoch sehr viel: Sie wissen genau das, was da steht: p nimmt in Hinblick auf z um genau den Wert ρg ab.

Hier stehen wir aber an jenem Punkt, wo innerhalb derselben Sprache sehr leicht „das Thema“ gewechselt wird, ohne dass wir es so recht mitbekommen. Solange wir davon sprechen, dass der Luftdruck mit der Höhe um einen bestimmten Wert abnimmt, sprechen wir von den Beziehungen von *realen Gegenständen der Wirklichkeit*. Dabei nehmen wir zwar von diesen Gegenständen bestimmte Eigenschaften, die wir messen können; aber wir reden von etwas, das wir mehr oder weniger sehen oder uns sinnlich vorstellen können.

Das Niederschreiben dieser Sachverhalte der geographischen, biologischen, physikalischen, medizinischen, chemischen, ökonomischen Wirklichkeit führt auf Formeln, die immer zugleich auch ganz anders betrachtet werden können; nämlich mathematisch.

Der Mathematiker arbeitet mit derselben Formel, aber er nimmt T und t und p und z und ρ und g nurmehr als rein mathematische *Größen*, genauer: Mathematische *Objekte* mit *bestimmten Werten*.

Das heißt: *Dieselbe Formel* kann auf zwei unterschiedliche Arten gelesen werden: Im jeweiligen Sachzusammenhang oder „rein“ mathematisch.

Wer in der Mathematik nur beschränktes Wissen hat, kann viele Formeln mathematisch nur unzureichend oder gar nicht analysieren. Dennoch kann man für das eigene Sachgebiet ziemlich viel auch aus solchen Formeln „herausholen“, die man mathematisch nicht mehr versteht, sondern nurmehr hinnehmen kann.

Sofern Sie nicht Mathematiker werden wollen, sondern ihr Hauptinteresse woanders liegt, so kehren wir von der mathematischen Seite der Formel zur sachlichen zurück.

Und schauen uns ein paar Übersetzungsbeispiele an.

Ach ja, bevor bei „Zu den drei Linden“ Sperrstunde ist: „mod“ ist die Abkürzung für modus, und das ist ein Begriff aus der Statistik und heißt nichts anderes als „der häufigste Wert“. Wovon dieser Wert der häufigste ist, wird in einer Klammer () hinter „mod“ geschrieben. Daher mod(Gäste „Zu den drei Linden“). Und da „so vier oder fünf“ keine einzelne Zahl ist, bildet der Statistiker gerne daraus den Mittelwert. Bei vier und fünf also vierkommafünf. Falls wir nur von unserem Stammwirtshaus sprechen, eine Verwechslungsgefahr mit einem anderen Wirtshaus ausgeschlossen ist– und wir statt „Gäste von“ kurz „g“ schreiben, so lautet der Satz:

Bei meinem Wirt um die Ecke sind meistens vier bis fünf Gäste kurz: „$\text{mod}(g) = 4{,}5$.“ Prost.

Chemie

Die Welt der Stoffe, der chemischen Umwandlungen, sieht nach außen oft ziemlich konstant aus. Mischungen verschiedener Stoffe, die miteinander chemisch in beide Richtungen miteinander reagieren können, scheinen nach außen oft ruhig.

Eine chemische Reaktion heißt ja nichts anderes, als dass eine bestimmte Menge von zwei oder mehr Ausgangsstoffen in eine bestimmte Menge mehrere anderer Stoffe umgewandelt wird. Umkehrbar („reversibel“) heißt die Reaktion dann, wenn sie in beide Richtungen abläuft. Die Stoffe A und E werden genauso in die Stoffe X und Z umgewandelt wie umgekehrt. Die Kleinbuchstaben deuten die jeweiligen Mengen an.

$$a\,\mathrm{A} + e\,\mathrm{E} \leftrightarrow x\,\mathrm{X} + z\,\mathrm{Z}$$

Sehen Sie bitte statt der Buchstaben unbedingt die beteiligten Stoffe vor sich, und sehen Sie in dem zweifach gerichteten Pfeil in der Mitte die Dynamik in beide Richtungen. Aus so und so viel A und so und so viel E entstehen so und so viel X und so und so viel Z. Und umgekehrt. Das steht da. Stoffmengen werden bekanntlich gerne als relativer Anteil an einer Gesamtmenge angegeben, als Konzentration. Es war eine der wichtigsten Erkenntnisse in der Entwicklung der modernen Chemie, dass man sagen konnte, dass in einem chemischen Gleichgewichtszustand bei einer reversiblen Reaktion die Konzentrationen der Ausgangsstoffe in einem konstanten Verhältnis zu den Konzentrationen der Umwandlungsstoffe stehen. Sie sehen ein Stoffgemisch, an dem sich äußerlich gesehen nichts ändert. Sie wissen aber, dass ständig Reaktionen stattfinden. Stattfinden müssen. Allerdings stehen den Änderungen in die eine Richtung die Änderungen in die andere Richtung in gleicher Größe gegenüber. Dadurch bleibt das Verhältnis der verschiedenen Konzentrationen „*c*" konstant.

$$\frac{c^x(\mathrm{X}) \cdot c^z(\mathrm{Z})}{c^a(\mathrm{A}) \cdot c^e(\mathrm{E})} = K$$

Geographie

Sie stehen am Meer, beobachten die Wellen und den Wechsel der Gezeiten. Wechsel der Gezeiten? Ja, Ebbe und Flut. Die Änderung des Wasserstandes. Wie das Wort sogar verrät im Laufe der Ge*zeit*en. Und was schreiben Sie nun? Für „Änderung des Wasserstandes", für „Ebbe" und „Flut"?

Lösung: Änderung des Wasserstandes mit der Zeit: $\mathrm{d}h/\mathrm{d}t$. Dabei haben wir dem Wasserstand ein „*h*" wie *H*öhe verpasst. Bei Ebbe fällt das Wasser, bei Flut steigt es, daher:

Ebbe: $\mathrm{d}h/\mathrm{d}t < 0$.
Flut: $\mathrm{d}h/\mathrm{d}t > 0$.

Gesprochen: Bei Ebbe ist die Änderung des Wasserstandes negativ, bei Flut positiv. Aber das ist wie im guten alten Lateinunterricht. Eine richtige Übersetzung ist noch keine schöne: Es geht noch besser: Bei Ebbe wird der Wasserstand niedriger, bei Flut erhöht sich der Wasserstand. Naja,

Bitte noch schöner: Bei Ebbe fällt das Wasser, bei Flut steigt es. Wie wir es ja „sonst" auch sagen.

Wirtschaft

Wie ich mein Geld verwende? Was ich nicht spare, gebe ich für Alltägliches aus. Okay, ein paar größere Anschaffungen habe ich auch jedes Jahr.

Die einfache Übersetzung ist jedem Wirtschaftskundigen vertraut: Das private Einkommen verteilt sich auf Sparen, Konsum und Investitionsausgaben. Einkommen = Sparen + Konsum + Investitionen. Beliebt sind die englischen Abkürzungen Einkommen = Y für yield, Sparen = S für savings und I für – eh klar.

$$\text{Also:} \quad Y = S + C + I.$$

Falls Sie als „Wirtschaftskundiger" jetzt protestieren, weil „I", die Investitionen keine private Sache sind, sondern den Unternehmern zukämen, so stimme ich ihnen zugleich zu und nicht zu.

Wenn wir zusammensitzen und über einige wichtige makroökonomische Zusammenhänge im Rahmen der klassischen Theorien sprechen, akzeptiere ich Ihren Protest.

Wenn Sie aber behaupten, diese Formel wäre eine falsche Übersetzung der obigen Aussage, so sage ich Ihnen, dass Sie die Aufgabenstellung missverstanden haben. Ich will Ihren Blick für den Zusammenhang zwischen Sprache und Formel schärfen. Und gerade dort, wo bestimmte Formeln von vielen Studenten einfach „gelernt" werden, besteht die Gefahr, sie ohne echtes Verständnis hinzunehmen. Falls ich Sie also gestört habe in Ihrer vertrauten Formelwelt – es war meine Absicht.

Mathematik

Mathematik? Eigene Beispiele zum Thema „Mathematik" in einem Buch über Formeln? Ja, denn es gibt noch einen Spezialfall von Formeln: Genauso wie die Bevölkerungsentwicklung, Eigenschaften der Herzleistung, die Gravitationskraft oder die Ermittlung des Bruttoinlandsprodukts Gegenstand und Inhalt von Formeln sein können, so auch mathematische Objekte. Bei der Untersuchung mathematischer Objekte werden mathematische Objekte der Wirklichkeit mit mathematischen Werkzeugen und Methoden bearbeitet. Wirklich. Das macht die Sache für viele schwierig. Weil Sie das untersuchte mathematische Objekt nicht von der mathematischen Methode unterscheiden können. Noch unverständliche Aspekte der Mathematik werden mit Hilfe bereits bekannter Mathematik verständlich gemacht. Auch das werden Sie in diesem Formelleselernbuch lernen.

Werden z. B. Matrizen, Zahlen, Vektorräume, Funktionen, Integrale hier verwendet, oder mit Hilfe der uns schon vertrauten Grundrechenarten untersucht?

Und noch ein sprachlicher Hinweis. In mathematischen Texten gibt es eine Reihe von typischen Formulierungen, die ungewohnt und fremd erscheinen. Gelegentlich klingt es mehr nach Wortspielerei denn nach brauchbaren und verständlichen Aussagen. Die sprachliche Form wirkt im ersten Moment nur verwirrend, sodass man bereits hier ins Stolpern geraten kann. Dabei ist die Sache gar nicht schwierig.

Wenn man gelernt hat, mit derlei Formulierungen umzugehen, so verlieren Sie alles Verwirrende oder Geheimnisvolle. Ich bringe als Beispiele eine sprachliche Struktur, die ich „Verschränkung" nenne. Beobachten Sie selbst, welche leichte Verwirrung Sie vielleicht beim Lesen der ersten beiden Sätze spüren – um dann schon beim dritten Satz zu bemerken: Das ist ja immer mehr oder weniger dasselbe!

1. „Die Inverse der transponierten Matrix ist identisch mit der Transponierten der Inversen."
2. „Das Komplement der Vereinigung entspricht dem Durchschnitt der Komplemente." Und:
3. „Das Komplement des Durchschnitts entspricht der Vereinigung der Komplemente."
4. „... da Wurzeln von Produkten die Produkte von Wurzeln sind."
5. Für reguläre Matrizen gilt: „Die Inverse des Produkts von A und B entspricht dem Produkt der Inversen von A und B."
6. Wenn Sie da den Durchblick haben, ist dann „Eine Matrix P heißt orthogonal, wenn ihre Inverse mit ihrer Transponierten übereinstimmt" kein Problem für Sie.

Warum ich diese Formen „Verschränkung" nenne, lässt sich graphisch so begründen:

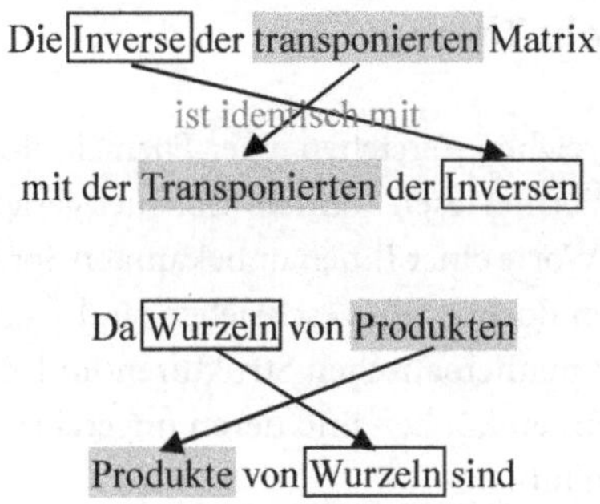

Zwei Begriffe, die je zweimal vorkommen und dabei ihre Plätze tauschen. Beachten Sie, dass in der Mitte immer das „="-Zeichen steht, also beide Varianten wertmäßig völlig gleich sind!

Ich möchte, dass Sie diese Strukturen unbedingt *sprachlich* verstehen, denn als Formeln sind sie oft so einfach, dass die Gefahr besteht, dass Sie sich diese einfachen Formeln merken, einfach nur gemäß der Anordnung der bloßen Zeichen und nicht diese sachliche Struktur bewusst wahrnehmen.

Die gute Nachricht ist, dass Sie diese Struktur nur ein einziges Mal begriffen haben müssen, dann erkennen Sie diese Struktur in all diesen Formeln wieder. Und begreifen so die Sache und merken sich nicht nur die Formelzeichen allein.

Der Vollständigkeit halber *dieselben* Sätze, nur anders geschrieben:

1. $(A')^{-1} = (A^{-1})'$
2. $(A \cup B)^{C} = A^{C} \cap B^{C}$
3. $(A \cap B)^{C} = A^{C} \cup B^{C}$
4. $\sqrt{a \cdot b \cdot \ldots} = \sqrt{a} \cdot \sqrt{b} \cdot \ldots$
5. $(AB)^{-1} = A^{-1}B^{-1}$
6. $P^{-1} = P'$

Allgemein finden Sie hier immer eine Struktur ungefähr der Art: $a(b) \rightarrow b(a)$ vor.

Sie müssen – ja, müssen! – Formel immer auch in Sprache übersetzen können und müssen umgekehrt diese sprachlichen Strukturen verstehen und durchdenken.

Mit diesem Beispiel sind Sie aber gut gerüstet. Sie wissen jetzt, dass diese eigenartigen Sätze nicht schwierig sind, sondern nur einmal durchdacht werden müssen.

▸ Formeln, die Sie nicht in Sprache übersetzen können, haben Sie nicht verstanden. So einfach ist die Regel.

1.2 Jede Formel hat ein Thema

Drei Dinge sind zum erfolgreichen Verstehen einer Formel erforderlich:

Erstens: Sie müssen die Formel lesen können. Genauer gesagt müssen Sie sie entziffern können, so wie Sie auch die Worte einer Ihnen unbekannten Sprache „lesen“ können, wenn Sie in vertrauten lateinischen Buchstaben geschrieben sind.

Zweitens müssen Sie die mathematischen Strukturen und Zusammenhänge innerhalb der Formel wenigstens erkennen können und deren ungefähre Bedeutung verstehen. Das hat nichts mit „Rechnen“ zu tun.

Drittens ist eine Kenntnis des Themas erforderlich, der jeweiligen Sache, der beteiligten Gegenstände und Objekte, quasi der „Akteure“ und ihres Handelns. Denn, kurz gesagt: Wer zu sehr auf die Formel fixiert ist, übersieht, dass jede Formel Teil eines Textes ist, und damit im Zusammenhang mit der Behandlung eines bestimmten Themas steht. Vor lauter Formelfixierung verliert man den Textzusammenhang aus dem Blick.

Kurz: Zeichenkenntnis, mathematisches Wissen und Sachkenntnis kommen in jeder Formel zusammen. Verständnisprobleme beim Lesen von Formeln haben daher vier mögliche Ursachen:

- Schlechtes, um nicht zu sagen: schlampiges Lesen
- Unzureichende Sachkenntnis
- Unzureichende mathematische Kenntnisse.

Die vierte Ursache ist die übliche Kombination aus zwei oder mehreren. Da eventuell vorhandene Verständnisprobleme spätestens beim Lesen, Erklären und Anwenden einer Formel nicht mehr verdeckt werden können, projizieren viele Ihr Unverständnis allein auf die arme Formel, die so gar nichts dafür kann und sich nicht wehren kann ☹!

Das zweite „Opfer“ ist dann die Mathematik. Falls überhaupt kommt mangelndes Sachverständnis erst zum Schluss als Schuldiger für mein Unverständnis in Frage.

Auf den Punkt gebracht heißt das nichts anderes als: Sie können nicht nur diese Formel nicht lesen, Sie können überhaupt nicht Formeln lesen. Die paar Formeln, die Sie „kennen“, beherrschen Sie so gut und sicher, wie Sie souverän in Paris einen Kaffee auf Französisch und in Italien eine Pizza auf Italienisch bestellen können. Eine Diskussion über französische Malerei oder die Mathematiker in Italien im 13. Jahrhundert in der jeweiligen Landessprache liegt dennoch in weiter Ferne.

Da es in Formeln immer um Zusammenhänge geht, muss ich folgende drei Zusammenhänge verstehen: Den Zusammenhang der Zeichen, den Sachzusammenhang, den mathematischen Zusammenhang. Oder falls Sie diese Worte cooler finden:

Die Sachlogik, die Zeichenlogik, die mathematische Logik.

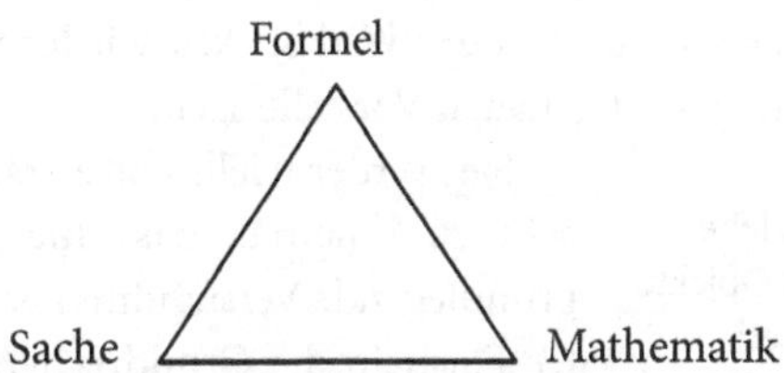

Unterscheiden Sie bitte immer ganz deutlich zwischen diesen dreien. Natürlich, ganz ohne minimale Mathematik und minimale Sachkenntnis geht es nicht. Sie können ja auch keinen verständlichen Satz ohne Inhalt bilden. Deshalb werden im nächsten Abschnitt die ganz elementare Mathematik und einfache Sachverhalte aus verschiedenen Gebieten benutzt, um das Lesen von Formeln zu erlernen.

Wenn Sie aber bei der Beschäftigung mit Ihrem Fachgebiet auf eine Formel stoßen und nicht weiterwissen, achten Sie genau darauf, *was* Ihr Problem ist.

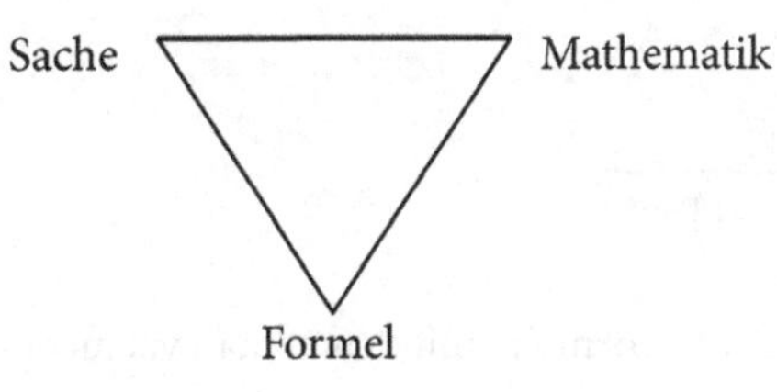

In der Darstellung oben habe ich die Formel ganz prominent platziert: Oben, da sie in diesem Buch das Hauptthema ist. Aber eigentlich passt die folgende Anordnung besser; denn die Formel hat eine Vermittlungsfunktion.

Genau diese Struktur ist aber „schuld“ daran, dass Formeln selbst noch kaum ein Buch gewidmet wurde und sich jeder Fachbuchautor aufs Neue ein paar Absätze oder ganze Kapitel abringen muss, um das mathematische und formelmäßige Werkzeug bereitzustellen.

Woran es bei Ihnen hakt, können Sie leicht selbst durch die Beantwortung folgender Fragen testen:

Erste Frage: Kann ich Formeln lesen, obwohl ich weder mathematisch noch sachlich alles verstehe? Geht das überhaupt? Ja! Sie werden nach Durchlaufen des Grundkurses erstaunt sein, wie viel Sie aus einer Formel herauslesen können ohne irgendetwas Genaueres zur speziellen Mathematik oder dem Fachgebiet zu wissen. In Zukunft sollte die Antwort auf diese Frage immer „Ja" sein.

Zweite Frage: Verstehe ich den mathematischen Zusammenhang, und kann ihn ohne eine Formel zu benutzen erklären? Wenn nein, so lesen Sie unbedingt das Kapitel „Definitionen". Denn vielleicht verstehen Sie einen mathematischen Ausdruck zwar nicht mathematisch, verstehen aber schon seinen mathematische Sinn und Zweck.

Dritte Frage: Kann ich ohne eine Formel zu benutzen oder in die Mathematik zu flüchten einen Sachverhalt meines Fachgebietes beschreiben und in seinen Grundlagen erklären? Das ist eigentlich die Schlüsselfrage, ob Sie Ihr Fachgebiet „im Griff" haben. Wenn Sie die Sache nicht qualitativ erklären können, haben Sie noch gar nichts verstanden. Selbst wenn Sie eine schöne Formel hinschreiben (bei der Prüfung dafür sogar gelobt werden) und mathematisch toll erklären (macht Eindruck). Ich werde daher in vielen Beispielen darauf drängen, dass Sie das, was Sie in der Formel „lesen" auch in der Wirklichkeit wieder finden. Konkret, mit allen fünf Sinnen und mit möglichst genauen Vorstellungen.

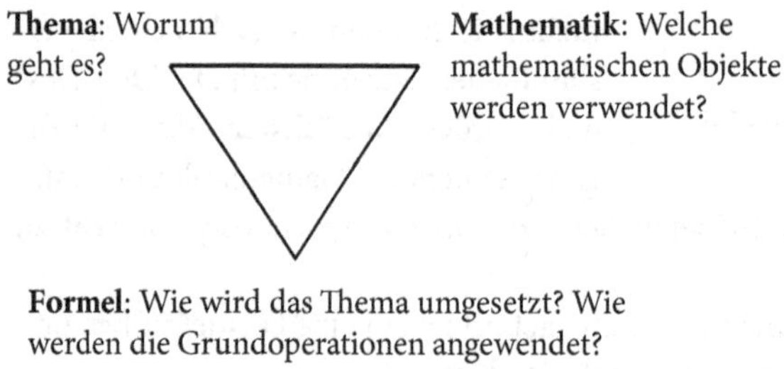

Sie werden vielleicht erstaunt sein zu erfahren, dass für das grundlegende Verständnis fast aller Formeln die Grundrechenarten ausreichen. Davon im zweiten Abschnitt mehr.

Betrachten wir gleich eine Formel, die auf den ersten Blick schon recht interessant aussieht. Diese Formel wird uns mit ein paar ihrer Kollegen durch das ganze Buch begleiten und uns immer wieder als Beispiel dienen.

$$y = \frac{y^*}{1 + \left(\frac{y^*}{y_0} - 1\right) e^{-rt}} .$$

Diese Formel ist eine Fortentwicklung von anderen Formeln, mit denen man versucht hat, Wachstumsprozesse zu beschreiben.

Für formelmäßig Ungeübte kann bereits eine solche Formel unübersichtlich erscheinen, von „die Formel lesen" kann noch gar keine Rede sein.

Aber nehmen wir an, Sie finden sich bereits formelmäßig zurecht. Wenn Sie die Frage der Beschreibung und Erklärung von Wachstumsprozessen z. B. in der Biologie, aber auch der Wirtschaft oder Geographie nicht verstanden haben, so nützt Ihnen die Formel auch nichts.

Erst an letzter Stelle kommt das mathematische Verständnis. Hier kommen die Wirkungen von vielen Operationen zusammen: Von Quotienten (drei), Summen (zwei), Differenzen (eine), Exponentialfunktion (eine) und alles fein säuberlich aufeinander abgestimmt. Wenn Sie z. B. die Exponentialfunktion schon mathematisch perfekt beherrschen und auch mathematisch erklären können, so können Sie die Formel vermutlich mathematisch auch gut erklären. Wenn Sie aber nur eine ungefähre Ahnung der Exponentialfunktion haben, kommen Sie auch ziemlich weit. Es genügt nämlich, wenn Sie sich dunkel daran erinnern, dass jede beliebige Zahl „hoch null" den Wert 1 ergibt.

Es gibt das so genannte „Minimumprinzip", das aus dem Bereich der Landwirtschaft stammt. Wenn für das Wachstum einer Pflanze Wasser, Nährstoffe und Licht erforderlich sind, so ist das Wachstum durch den knappsten Faktor begrenzt. Wenn ausreichend Wasser und Nährstoffe zur Verfügung stehen, aber nur sehr wenig Licht, so wächst die Pflanze schlecht. Wenn ausreichend Licht und Nährstoffe vorhanden sind, aber nur begrenzt Wasser, so bringt eine Steigerung der Lichtintensität und Nährstoffmenge auch nichts.

Genauso bitte ich Sie, das Verständnisdreieck zu lesen.

Das, wovon Sie jeweils am wenigsten eine Ahnung haben, bestimmt, wie viel Sie in dieser Formel überhaupt verstehen *können*.

Biologie

Wachstumsprozesse haben neben vielen anderen auch die Eigenschaft, prinzipiell begrenzt zu sein. Unbegrenztes Wachstum gibt es nicht. Die einfachste Form unbegrenzten Wachstums ist linear, d. h. in jedem Zeitabschnitt wächst z. B. die Maispflanze um den gleichen Betrag. Oder die Bevölkerung eines Landes.

Etwas komplexer war da schon die Idee von Thomas Robert Malthus (geb. 1766 in der Grafschaft Surrey, England, gest. 1834 in Somerset, ebenfalls England), der eine konstante Wachstumsrate angenommen hat; also Wachstum mit einen bestimmten Prozentsatz, genauso wie etwa die Verzinsung eines Kapitals. Malthus vermutete eine Gesetzmäßigkeit des Bevölkerungswachstums $dy/dt = ry$. Dabei ist y die Bevölkerungsgröße, r die relative Wachstumsrate. Über einen bestimmten Zeitraum hin ist die Qualität der Beschreibung gar nicht schlecht. Das gleiche gilt für Wachstumsprozesse in der Wirtschaft.

Jedem ist klar, dass die Bevölkerung nicht ins Unendliche wachsen kann. Dass überhaupt nichts ins Unendliche wachsen kann. Tatsächlich gibt es Phasen, da scheint das Wachstum unbegrenzt. Wenn man dann einfach die bisherige Entwicklung linear weiterdenkt, dann wäre Wachstum tatsächlich unbegrenzt. Ein solches Wachstum gibt es nicht. Daher ist eine einfache lineare Wachstumsformel sicher nicht richtig. Nun könnte ja Wachstum auch einfach aufhören. Einfach so, wie etwa ein Lebewesen stirbt. Als punktuelles, kaum vorhersagbares Ereignis. Dann wäre eine lineare Wachstumsbeschreibung völlig richtig. Die beginnt bei Zeitpunkt null und bricht nach z. B. zwei Jahren ab. Der Grashalm hört einfach auf zu wachsen.

Betrachtet man aber Grashalme genauer – ja, Grashalme – z. B. Mais oder Getreide; so erkennt man verschiedene Wachstumsphasen. Erst sehr langsam, dann beschleunigt sich das Wachstum, bleibt dann eine Zeitlang konstant und es hört nicht plötzlich auf, sondern verlangsamt sich langsam bis es fast unmerklich zum Erliegen kommt.

Warum ich das so ausführlich bringe? Weil dieses Verständnis der realen, Sie umgebenden Natur oder Wirtschaft und der wirklich beobachtbaren Wachstums- und Schrumpfungs- bzw. Abnahmevorgänge die Voraussetzung für zweierlei ist: Für verständige Suche und Auswahl geeigneter mathematischer Werkzeuge und für die Beurteilung der Tauglichkeit einer Formel.

Aber der eigentliche Clou kommt jetzt: Für die vier angedeuteten Phasen könnte man ja genauso gut vier verschiedene mathematische Zusammenhänge nehmen. Jede geht vom Beginn der einen bis zum Ende dieser Phase. Dann stimmen phasenweise alle möglichen Formeln. Die Formel von Malthus genauso wie andere „einfache" Formeln. Da ein bisschen „exponentielles" Wachstum, dort lineares Wachstum, da wieder eine ungefähr exponentielle Wachstumsverlangsamung.

Wir gehen aber davon aus, dass viele Vorgänge *einheitlich* erklärt werden können. Wir nehmen an, dass es *dieselben* Ursachen sind, die Wachstum herbeiführen, beschleunigen, stabil halten, verzögern und beenden.

Ob Sie nun das Wachstum einer Pflanze, das Wachstum eines Marktes oder eines Muskels verstehen wollen. Oder die Entwicklung einer Zellkultur. Oder die Ausbreitung einer Stadt. Bevor Sie in irgendeine Formel einsteigen oder sich in die zugehörige Mathematik vertiefen, beschäftigen Sie sich mit dem Phänomen „Wachstum". Ganz konkret. Beispielsweise mit einem Exemplar von *zea mais*, der Maispflanze, die Sie selbst züchten, dem Automobilmarkt in Europa zwischen 1950 und 1980 oder dem Markt für Immobilien in einem Stadtentwicklungsgebiet „Ihrer" Stadt. Oder studieren Sie als angehender Physiotherapeut oder Mediziner den Zusammenhang von Trainingsmethode und Muskelaufbau der Beinmuskulatur nach sechswöchiger Ruhigstellung.

Beobachten Sie das Objekt konkret, messen Sie, zählen Sie. Wenn es geht, selbst. Sie sollen das Phänomen so gut es geht selbst *erleben*.

Erst dann sind Sie wirklich bereit, eine sinnvolle mathematische Auswahl zu treffen oder zu verstehen. Und dann liest sich eine Formel völlig anders.

Physik

Eines der Gebiete, in denen die Unterscheidung zwischen der Sache und Mathematik besonders wichtig ist und zugleich besonders schwer fällt, ist die Physik. Es ist auch für Ihr physikalisches Verständnis der Welt ganz wesentlich anzuerkennen, dass Physik und Mathematik zwei völlig unterschiedliche Gebiete sind.

Dieser Satz ist so wichtig, dass ich hier nicht durch Beispiele von ihm ablenken möchte.

Mathematik

Integrale und andere mathematischen Phänomene werden oft durch die Bildung von Grenzwerten oder Reihen dargestellt. Sie erscheinen vielen schwierig; und Sie sind auch nicht so einfach wie die Grundrechenarten. Aber genau genommen scheitern viele am Integral und an Grenzwerten, weil Sie sich nie ausreichend mit den Grundoperationen, deren Eigenschaften und Wirkungen auseinandergesetzt haben. Sie verstehen Formeln mit Integralen nicht, weil Sie die Grundrechenarten wirklich nur zum einfachen Rechnen verwendet haben, aber nie mathematisch begriffen haben.

Wenn Sie aber ein auch nur grundlegendes mathematisches Verständnis erreichen wollen, so verabschieden Sie sich – vorerst – vom einfachen „Rechnen". Summen, Produkte, Quotienten und Differenzen können viel, viel mehr, als nur im Alltag schnell etwas ausrechnen. Betrachten Sie Summen, Produkte, Quotienten und Differenzen als *Objekte*, wie eine Maispflanze oder den Börsenhandel oder die Planetenbahnen. Genauso! Dann untersuchen Sie die Eigenschaften und Wirkungen; ohne überhaupt irgendetwas damit zu rechnen.

Da beginnt eigentlich erst „Mathematik", wo das einfache Anwenden von Rechenregeln endet. Natürlich, in komplizierten Anwendungen kommt die mathematische Numerik wieder ..., aber das ist eine andere Geschichte. Wir blicken hier wieder auf unser Beispiel. Lesen Sie dieses Beispiel hier bewusst oberflächlich, es soll Ihnen nur einen Eindruck davon vermitteln, wie man eine Formel noch studieren kann. Denn diese Betrachtungsweise hat man Ihnen vermutlich nie beigebracht. Das holen wir dann im zweiten Teil dieses Buches nach.

$$y = \frac{y^*}{1 + \left(\frac{y^*}{y_0} - 1\right) e^{-rt}}$$

Bis auf den Ausdruck e^{-rt} nutzt diese Formel ausschließlich Eigenschaften der Grundoperationen. Deren geschickte Abstimmung aufeinander werden Sie in Kap. 3 verstehen lernen.

Ihre Aufgabe jetzt: Suchen Sie alle Grundoperationen heraus:

Summen: Oder einfach: 1 + komplizierter Ausdruck.	$1 + \left(\frac{y^*}{y_0} - 1\right) e^{-rt}$

Produkte: Oder einfach der Ausdruck in der Klammer mal e hoch irgendwas.	$\left(\frac{y^*}{y_0} - 1\right) e^{-rt}$
Das sind eigentlich zwei Produkte	$\left(\frac{y^*}{y_0}\right) e^{-rt}$ und $(-1)\, e^{-rt}$
Und nicht zu übersehen das Produkt	rt

Das Produkt „rt“ im Exponenten von e sollte man nicht übersehen. So klein es dort auch geschrieben ist, so ist es doch auch sehr wirkungsvoll.

Quotienten haben wir eine ganze Menge: Also y^* durch einen komplizierteren Ausdruck.	$\frac{y^*}{1+\left(\frac{y^*}{y_0}-1\right)e^{-rt}}$
Natürlich; genauso offensichtlich wie	$\frac{y^*}{y_0}$
Aber natürlich ist auch e^{-rt} ein Quotient, denn das heißt ja eigentlich	$\frac{1}{e^{rt}}$

Denn – Sie erinnern sich – ein negativer Exponent bedeutet, dass die Potenz kleiner als 1 ist. Daher kann ich a^{-1} auch als $\frac{1}{a^1}$ schreiben.

Und die *Differenz:* Heißt auch nur: Wert Y minus 1. Wie Y genau entsteht, ist mir für das Erfassen dieses Ausdrucks als Differenz egal.	$\left(\frac{y^*}{y_0}-1\right)$

Der Zweck dieser Übung: Auch einfache mathematische Strukturen als mathematische Objekte erfassen. Denn dann kommen Sie geistig weg vom bloßen „Rechnen“ hin zur „Mathematik“.

1.3 Ein Bild

Jetzt machen wir einen großen Sprung, einen sehr großen. Formeln sind ein Teil der geschriebenen Sprache, aber Sie unterscheiden sich von üblichen Wörtern doch sehr deutlich.

In der geschriebenen Sprache dominiert die linienmäßige Anordnung der Zeichen. In der Semiotik spricht man sogar von den Zeichenreihenfolgen. Obwohl jedes Zeichen für sich, ja jedes Wort für sich eine bildhafte Struktur hat, eine Anordnung von Formen darstellt, so nehmen wir das kaum mehr bewusst wahr. Außer bei fremden Schriften, etwa dem Arabischen oder dem Altgriechischen.

Die Anordnung der Zeichen in einer fortlaufenden Linie ist die einfachste, die es gibt. Sie ist neben den Abständen zwischen den Wörtern und den Satz-Zeichen einer der Gründe, warum unsere Schriften so effizient gelesen werden können. Wir wissen immer, wo der nächste Buchstabe, das nächste Wort, der nächste Satz zu suchen sind. Daher benötigen wir keine räumliche Orientierungsleistung wie in einem normalen zweidimensionalen Bild. Denn unsere Schrift ist eindimensional und gerichtet. Von links nach rechts. Heißt rechtsläufig; im Gegensatz etwa zu linksläufigen Schriften wie dem Arabischen oder dem Hebräischen.

Die einzige Anordnung der Zeichen, die Bedeutung hat, ist ihre Reihenfolge.[1]

[1] Fußnoten und ähnliche Zeichen durchbrechen dieses Schrift-Bild. Ändern aber nichts am Grundsätzlichen und machen, wenn sie überhand nehmen, einen Text oft fast unlesbar. Eben weil die Stärke der Schrift in ihrem ungestörten Lauf liegt.

So, genug jetzt von der Schreibschrift. Die Bildhaftigkeit der Schrift wird normalerweise eben nicht genutzt; bei Formeln sieht die Sache völlig anders aus.

- Formeln sind zweidimensionale Anordnungen von Zeichen; damit *sind* sie Bilder. Auch Bilder.

Deshalb betrachten wir jetzt einmal eine Formel als Bild – und zwar nur als Bild. Je nach Anzahl der Elemente und deren Anordnung ist ein Bild klar, leicht als Ganzes erfassbar – oder zuerst verwirrend, ohne erkennbare Struktur. Man findet nichts Vertrautes. Wie bei der Analyse jeden Bildes muss man sich erst einmal optisch orientieren. Als erstes sollte man einen Schritt zurückmachen, und einfach das ganze Bild auf sich wirken lassen. Ohne bestimmtes Ziel den Blick schweifen lassen. Dadurch wird einem intuitiv der Anblick des *ganzen* Bildes vertraut. Wenn Sie jetzt einen einzelnen Bereich genauer betrachten, haben Sie schon eine Orientierung über die Position – ganz im wörtlichen Sinne! – dieses Bereichs, dieser Einzelheit im Gesamten. Im Zweifelsfalle beginnt man bei irgendeinem Zeichen und sucht dessen Stellung im Ganzen.

Dieses räumliche Verständnis in Bezug auf eine Formel wird Ihnen oft helfen können. Denn manche Formeln unterscheiden sich im Kern nur durch die unterschiedliche räumliche Anordnung derselben Beteiligten.

Wenn Sie einen Überblick über die Formel insgesamt gefunden haben, betrachten Sie, ja – nicht die einzelnen Elemente, sondern die Formel *aus der Perspektive* der einzelnen Elemente. Wer ist mein direkter Nachbar, wer steht über, unter mir. Mit wem stehe ich in enger Beziehung, wer ist eher bedeutungslos für mich? Wie wir noch sehen werden, stehen z. B. die Faktoren eines Produkts einander näher als die einzelnen Summanden einer Summe.

Sie werden bei der Strukturierung des Bildes, beim Erfassen der darauf dargestellten Situation bzw. Handlung zwei verschiedene Aspekte berücksichtigen. Wie bei einem klassischen Gemälde auch gilt es zuerst zu erfassen, was es überhaupt alles zu sehen gibt: Wer sind die Akteure, wie viele sind es? Das zweite ist die Frage nach den Beziehungen dieser Akteure untereinander. Im klassischen Gemälde lesen wir das aus Körpersprache, Kleidung, Handlungen, Werkzeugen und anderen Gegenständen ab. In einer Formel finden wir dafür im Wesentlichen zwei Arten von Zeichen: Die Akteure werden meist als Buchstaben (lateinische, griechische und andere) oder ähnliche Zeichen dargestellt. Die Handlungen und Beziehungen erkennen wir an Strichen, Punkten, Klammern, Pfeilen und ähnlichen Zeichen. Gelegentlich gilt allein die relative Position zu einem anderen Zeichen als ausreichend, um die Beziehung zu charakterisieren.

Während es für die Wirkung von Texten fast gleichgültig ist, wie groß oder klein sie geschrieben sind – wir verstehen denselben Inhalt in jeder Lage -, so ist die Wirkung von Bildern sehr von ihrer Größe abhängig.

Die Formel

$$F = g \cdot \frac{m_1 \cdot m_2}{r^2}$$

wirkt als Bild völlig anders, wenn ich Sie so schreibe:

$$F = g \cdot \frac{m_1 \cdot m_2}{r^2}$$

Oder noch besser so:

$$F = g \cdot \frac{m_1 \cdot m_2}{r^2}$$

oder

$$F = g \cdot \frac{m_1 \cdot m_2}{r^2}$$

Vermutlich werden Sie jetzt die Bildhaftigkeit viel besser erkennen können. Lassen Sie dieses Bild jetzt einfach auf sich wirken. In dieser Anordnung sehen Sie, dass die beiden Elemente m_1 und m_2 offensichtlich einander sehr nahe sind. Sie stehen aber gemeinsam in einer ausgezeichneten Beziehung zu r^2. Diese Einheit ihrerseits findet einen gemeinsamen Nachbarn in g. Und F steht „ganz woanders".

Wie Sie ja wissen, könnte man die gleiche mathematische Struktur auch anders anordnen, z. B.

$$F = g \cdot m_1 \cdot m_2/r^2$$

Diese Anordnung legt als Bild andere Schwerpunkte.

Die Gruppe aus g, m_1, m_2 bildet eine optische Einheit und steht r^2 gegenüber.

Auch in der Vergrößerung sehen beide sehr unterschiedlich aus:

$$\boxed{F = g \cdot \frac{m_1 \cdot m_2}{r^2}} \qquad \boxed{F = g \cdot m_1 \cdot m_2/r^2}$$

Betrachten Sie die Beziehungen von m_1. Im linken Bild werden die Nähe zu m_2 und deren gemeinsame Beziehung zu r^2 hervorgehoben. Im rechten Bild steht m_1 in gleicher Beziehung zu m_2 wie zu g.

Die Perspektive von m_1 ist jeweils unterschiedlich. Wenngleich auch mathematisch beide Formeln gleichwertig sind, völlig gleichwertig, so ist es der nichtmathematische Inhalt, der sie deutlich voneinander unterscheidet.

Beide Bilder sind mathematisch gleich. Aber Sie erleichtern oder erschweren das Erfassen bestimmter Strukturen. Eine gute Formel soll auch für den jeweiligen Zweck ein gutes Bild vom jeweiligen Sachzusammenhang bieten; ganz im wörtlichen Sinne.

Was ein gutes Bild ist, ist durch den Zusammenhang bestimmt. Generell können Bilder eher den Sachzusammenhang betonen, oder mehr mathematische Strukturen hervorheben.

Für die Auseinandersetzung mit einer Formel können Sie deren Bildcharakter nun gezielt nutzen:

Malen Sie die für Sie wichtigsten Formeln auf, möglichst groß und hängen Sie sie an einen Ort, an dem Sie oft vorbeikommen. Kann ruhig die Kühlschranktür sein. Falls Freunde Sie für einen Streber halten könnten, schreiben Sie irgendwo noch „Brot, Saft, Butter" drauf; Sie haben auf die Schnelle eben nichts anderes zum Notieren gefunden.

Durch das selber aufmalen sollen Sie die Bildhaftigkeit der Formel in der eigenen Tätigkeit tatsächlich erleben, körperlich spüren. Es mag Ihnen komisch vorkommen. Machen Sie es einfach, am besten mehrfach. Es sieht Ihnen ja keiner zu; und es ist auch nur eine einmalige Übung zum Einstieg. Sie müssen „es" ja nie wieder tun und es muss auch keiner was davon erfahren.

Benutzen Sie auch verschiedene Farben. Das verstärkt die zweite Wirkung, auf die es mir besonders ankommt: Sie aktivieren dadurch Ihr bildhaftes Gedächtnis, sie schaffen sich mit dieser Offenheit für den Bildcharakter von Formeln ein *Formen*gedächtnis, das für Sie in Zukunft von sehr großem Nutzen sein wird.

Vielleicht kennen Sie diese Mathematikerkillersätze angesichts einer Formel, die Sie kaum durchschauen: „... man sieht sofort, dass ...". Wer die bildhaften Strukturen erkennt, für den lichtet sich so ein Formeldschungel rascher. Ein Bild nimmt man immer zuerst als Ganzes wahr, und die einzelnen Elemente werden wie von selbst in Beziehung zu den anderen Elementen gesetzt. Betrachten Sie einige Formeln nur unter diesem Bildaspekt. Diese einfache Übung macht sich rasch bezahlt.

Es gibt aber zwei Dinge, die wir beim Betrachten von Formeln als Bilder beachten müssen. Zum einen wirken Bilder grenzenlos; wir können mit Bildern alle möglichen anderen Dinge, Zeichen, Vorgänge usw. assoziieren. Bestimmte Zeichen wecken in unserem Kulturraum bei vielen Menschen Assoziationen, die mit der Sache hier und jetzt überhaupt nichts zu tun haben.

Generell wirken nichtlateinische Schriftzeichen auf viele nicht nur fremd, was Sie ja sind, sondern befremdlich oder gar geheimnisvoll. Steht also irgendwo statt $f(x)$ ein $\xi(\tau_\Omega)$ so hat man plötzlich das Gefühl, jetzt wird's besonders schwierig. Dabei sind dem mathematischen Autor nur die lateinischen Zeichen ausgegangen.

Ihr Formelgemälde macht Sie mit diesen „geheimnisvollen Zeichen“, die vor allem im europäischen Mittelalter und der frühen Neuzeit tatsächlich von geheimnisvollen Welten und Kulturen kündeten, so vertraut, dass Sie irgendwann gar nicht mehr merken, dass diese Formel hier etwa $\sigma^2 = n\theta(1-\theta)$ lautet und nicht etwa $v^2 = nd(1-d)$.

Die zweite Schwierigkeit entsteht, wenn Sie für ein und denselben mathematischen Ausdruck nur ein einziges Bild kennen. Die unterschiedlichen *Bilder*

$\exp(-x^2)$	e^{-x^2}	$\frac{1}{e^{x^2}}$

stellen alle den gleichen Inhalt dar. Je nach Zusammenhang betonen Sie aber unterschiedlich. Die erste Darstellung ist tatsächlich eine *Schreib*weise. Dieses Bild lässt sich fast ohne Abweichung in einen normalen Fließtext integrieren. Wenn wenig Platz zur Verfügung steht und die Leser alle „alte Hasen“ sind und mit der Materie bestens vertraut, genügt das wohl völlig. Für den Formelanfänger – naja.

Auf die beiden anderen Bilder kommen wir später noch zu sprechen.

Beachten Sie beim letzten Ausdruck, dass das Vorzeichen gewechselt hat. Das Minuslein ist jetzt in einen veritablen Bruch– übergegangen. Auch das führt zu einer anderen Betonung.

Beispiele

Zu den folgenden Beispielen nenne ich ganz bewusst nicht das Thema, um das es geht. Denn das „Thema“ ist nicht Teil des Formelbildes. Sie würden dann nicht mehr das *Bild* betrachten, sondern schielten nach Bedeutungen, die mit dem Thema zu tun haben. Wo immer in diesem Buch Formeln „einfach so“ dastehen, so geht es mir darum, sie auch „nur“ als Formeln zu betrachten.

Ein hübsches Bild. Das ist keine Formel sondern das ist ein Bild!

$$x = x_0 + v_0 t + {}^1\!/_2\, g t^2.$$

Studieren Sie zuerst dieses Bild, aber bitte wirklich als Bild. Versuchen Sie nicht, es irgendwie zu lesen. Das wäre der größte Fehler, denn Sie jetzt machen könnten.

Schauen Sie jetzt auf eine Uhr und geben sich eine ganze Minute Zeit, um dieses Bild zu betrachten. Halten Sie den Text zu diesem Zweck so weit von sich weg, dass Sie zwar die Formen und Strukturen, nicht aber die Buchstaben und Indizes und Exponenten im Detail genau erkennen können.

Tun Sie das bitte wirklich!

$$x = x_0 + v_0 t + {}^1\!/_2\, g t^2.$$

So, bei der Zeichengröße müssen Sie das Buch wohl irgendwo anlehnen und sich einen Schritt vom Tisch wegbewegen. Und genau das will ich, Bewegung in Ihre „Sicht" auf Formeln bringen.

Ich bin zwar nicht sicher, ob Sie mir hier gefolgt sind, aber betrachten Sie nun die drei folgenden Bilder und sehen Sie, ob Sie vertraute Formen enthalten …

$$v = gt \qquad s = {}^1\!/_2\, gt^2 \qquad v_x = v_0 + gt$$

Zu leicht? Dann beschreiben Sie bitte – ohne zurückzublättern, wie sich das erste Bild unterscheidet. Falls Sie die Ähnlichkeiten nicht erkennen, betrachten Sie diese beiden Bilder in der gleichen Weise und betrachten danach wieder das erste Bild.

Beim späteren Arbeiten mit Formeln erfassen Sie durch die bildhafte Sichtweise, sofort jene Ähnlichkeiten und Unterschiede:

$$x = x_0 + v_0\, t + {}^1\!/_2\, gt^2.$$

$$v_x = v_0 + gt$$

Das ist ein rein bildhaftes Erfassen. Wenn Sie bereit sind, bewusstes Lesen erst mal zu unterlassen. Manchmal müssen Sie das regelrecht unterdrücken.

Völlig zu Recht spricht man davon, etwas in einer Formel nicht zu sehen. Weil Sie eben nicht schauen, sondern lesen.

$$Y = C + I + G + Ex + Im$$

In diesem Bild können Sie die wie gleichgültige Nebeneinanderordnung der Elemente fast mit Händen greifen!

Ganz anders die Beziehungen in diesem Bild:

$$G_r = \frac{\dfrac{Y_{r_{t+1}}}{N_{b_{t+1}}} - \dfrac{Y_{r_t}}{N_{b_t}}}{\dfrac{Y_{r_t}}{N_{b_t}}}$$

Und natürlich fällt Ihnen in diesem beziehungsreichen Bild auf, dass ein Detail, nämlich

$$\frac{Y_{r_t}}{N_{b_t}}$$

zweimal vorkommt. Einmal in einer Beziehung zu einem anderen, ähnlich gebauten Element und gemeinsam mit diesem zu sich selbst.

$$G_r = \frac{\frac{Y_{r_{t+1}}}{N_{b_{t+1}}} - \frac{Y_{r_t}}{N_{b_t}}}{\frac{Y_{r_t}}{N_{b_t}}}$$

In dieser Größe verlieren Sie langsam den Bildcharakter aus den Augen, und ohne Vorkenntnis bzw. ein gewisses Repertoire an Formen werden Sie sich schwer tun, diese Details schlicht und einfach *zu sehen.*

Und noch ein hübsches Bild:

$$\hat{\beta} = (X'X)^{-1}X'y = \frac{1}{n\sum x_t^2 - (\sum x_t)^2} \begin{bmatrix} \sum x_t^2 \sum y_t - \sum x_t \sum x_t y_t \\ n\sum x_t y_t - \sum x_t \sum y_t \end{bmatrix}$$

Studieren Sie zuerst dieses Bild, aber bitte wirklich als Bild. Versuchen Sie nicht, es irgendwie zu lesen. Das wäre der größte Fehler, denn Sie jetzt machen könnten.

Schauen Sie jetzt auf eine Uhr und geben sich eine ganze Minute Zeit, um dieses Bild zu betrachten. Halten Sie den Text zu diesem Zweck so weit von sich weg, dass Sie zwar die Formen und Strukturen, nicht aber die Buchstaben und Indizes im Detail genau erkennen können.

Tun Sie das bitte wirklich!

Ich bin zwar nicht sicher, ob Sie mir hier gefolgt sind, aber betrachten Sie nun die beiden folgenden Bilder und sehen Sie, ob Sie vertraute Elemente enthalten …

$$\hat{\beta}_1 = \frac{\sum x_t^2 \sum y_t - \sum x_t \sum x_t y_t}{n\sum x_t^2 - (\sum x_t)^2} \quad \text{und} \quad \hat{\beta}_2 = \frac{n\sum x_t y_t - \sum x_t \sum y_t}{n\sum x_t^2 - (\sum x_t)^2}$$

Falls Sie die Ähnlichkeiten nicht erkennen, betrachten Sie diese beiden Bilder in der gleichen Weise und betrachten danach wieder das erste Bild.

Beim späteren Arbeiten mit optisch unübersichtlichen Zeichenhaufen ermöglicht eine solche Gewöhnung an die bildhafte Sichtweise, dass Ihnen $\sum x_t^2 \sum y_t - \sum x_t \sum x_t y_t$ dann etwa wie ein einziges Zeichen, z. B. β erscheint. Und so wie Sie ganz einfach β von $\hat{\beta}$ unterscheiden können, so fällt Ihnen sofort der Unterschied zu einem Bild wie $n\sum x_t y_t - \sum x_t \sum y_t$ auf. Ohne zu lesen, nur durch Schauen.

Und noch ein hübsches Bild:

$$h(x) = h(a) + \tfrac{(x-a)}{1} h'(a) + \tfrac{(x-a)^2}{1\cdot 2} h''(a) + \tfrac{(x-a)^3}{1\cdot 2\cdot 3} h'''(a) + \dots$$
$$\dots + \tfrac{(x-a)^{n-1}}{(n-1)!} h^{(n-1)}(a) + \tfrac{1}{(n-1)!} \int_a^x h^{(n)}(t)(x-t)^{n-1}\,\mathrm{d}t$$

Studieren Sie zuerst das erste Bild, aber bitte wirklich als Bild. Versuchen Sie nicht, es irgendwie zu lesen. Das wäre der größte Fehler, denn Sie jetzt machen könnten.

Schauen Sie jetzt auf eine Uhr und geben sich sagen wir diesmal zwei ganze Minuten Zeit, um dieses Bild zu betrachten. Halten Sie den Text zu diesem Zweck so weit von sich weg, dass Sie zwar die Formen und Strukturen, nicht aber die Buchstaben und Indizes im Detail genau erkennen können.

Tun Sie das bitte wirklich!

Ich bin zwar wieder nicht sicher, ob Sie mir hier gefolgt sind, aber betrachten Sie nun die drei (nach den ersten Übungen darf's ein wenig anspruchsvoller werden!) folgenden Bilder und sehen Sie, ob Sie vertraute Elemente enthalten …

$$h(x) = h(a) + \frac{x-a}{1} h'(a) + \frac{(x-a)^2}{1\cdot 2} h''(a) + \frac{1}{2} T_3(x)$$

$$T_2(x) = \frac{(x-a)^2}{1\cdot 2} h''(a) + \frac{1}{2} T_3(x)$$

$$T_k(x) = \left[-\frac{(x-t)^k}{k} h^{(k)}(t) \right]_{t=a}^{t=x} + \int_a^x h^{(k+1)}(t) \frac{(x-t)^k}{k} \mathrm{d}t$$

Falls Sie die Ähnlichkeiten nicht erkennen, betrachten Sie diese drei Bilder in der gleichen Weise und betrachten danach wieder das erste Bild.

Beim späteren Arbeiten mit optisch unübersichtlichen Zeichenhaufen ermöglicht eine solche Gewöhnung an die bildhafte Sichtweise, dass Ihnen dann etwa

$$\dots \frac{(x-a)^2}{1\cdot 2} h''(a) \dots$$

wie ein einziges Zeichen erscheint, so fällt Ihnen sofort die Ähnlichkeit zu einem Bild wie

$$\frac{(x-a)^3}{1\cdot 2\cdot 3} h'''(a) \dots$$

auf. Ohne zu lesen, nur durch Schauen. Ein Blick zurück auf die Gesamtformel – und schon kommt rein optisch Struktur in die Sache.

Betrachten Sie folgende beiden Bilder nur unter dem Aspekt, welche dominanten *Bildgruppen* Sie entdecken.

$$\int_{\Phi(Q)} f\, \mathrm{d}^n x' \approx^e \sum_{i=1}^{N} f(\Phi(p_i)) \int_{\Phi(Q)} 1\, \mathrm{d}^n x' = \sum_{i=1}^{N} f(\Phi(p_i)) \mathrm{Vol}(\Phi(Q_i))$$

$$\int_{\Phi(Q)} f(x')\, \mathrm{d}^n x' = \int_Q f(\Phi(x)) \cdot |\det J_\Phi(x)|\, \mathrm{d}^n x$$

Und dann betrachten Sie, was sich innerhalb dieser Bildgruppen optisch tut.

Ich hoffe, dass Ihnen diese Formeln nichts sagen. Das wäre für Ihr optisches Training nur störend.

$$\int_{\Phi(Q)} f\, \mathrm{d}^n x'$$

$$\int_{\Phi(Q)} 1\, \mathrm{d}^n x'$$

$$\sum_{i=1}^{N} f(\Phi(p_i))$$

$$\sum_{i=1}^{N} f(\Phi(p_i))$$

Mit der Ergänzung:

$$\mathrm{Vol}(\Phi(Q_i))$$

Betrachten Sie diese fünf Bilder, so sehen Sie – rein aus der optischen Anmutung – das zwei völlig gleich sind und zwei einander sehr ähnlich. Diese Bildeinheiten sind – das wird ein wichtiges Thema im nächsten Kapitel – wie Worte in einem Satz. Man nimmt Sie auch wie in einem Text als ein Wort wahr, nicht als Buchstabenhaufen:

Nicht w.o.r.t, sondern Wort.

Und so sehen wir hier einen Satz mit den vier verschiedenen Worten:

$$\int_{\Phi(Q)} f\, \mathrm{d}^n x', \quad \int_{\Phi(Q)} 1\, \mathrm{d}^n x', \quad \sum_{i=1}^{N} f(\Phi(p_i)), \quad \mathrm{Vol}(\Phi(Q_i)).$$

Wenn Sie dann von der Bildwahrnehmung zum Lesen zurückkehren, so sehen Sie da gleichsam:

$$A = B\, A' = B\, V.$$

Oder mathematischer:

Das Integral der Funktion f entspricht dem Produkt einer bestimmten Summe und dem Integral über 1; das entspricht wiederum dem Produkt aus der bereits genannten Summe und einem Volumen.

Je besser Ihre *gedankenlose* Bildwahrnehmung wird, umso besser wird auch dieses Erfassen des *sprachlichen* Formelinhaltes werden. Das ist eine rein technische Frage von Wahrnehmen und Erfassen.

Wenn Sie dann das Bild solcherart zur Sprache gebracht haben, können Sie auch viel besser darüber nachdenken.

Sollten Sie diesen Formeln im ersten Augenblick beeindruckt haben, so sehen Sie hier rasch, dass sich hier viel weniger tut, als es auf den ersten *lesenden* Blick wirkt. Schauen und das intuitives Erfassen der Form sind gefragt, nicht Denken. Die Gefahr ist sonst, dass Sie die Zeichen zu rasch *lesen* wollen und gleich alles verstehen wollen.

Und was, so fragen Sie, wenn in einer Formel nur unterschiedliche Gruppen vorkommen, ein Haufen Individualisten von Formelelementen? Dann verweise ich Sie auf das Kapitel Formelanalyse und insbesondere auf Formelgeschichte und Formelrepertoire. Und verspreche Ihnen schon jetzt, dass die Sache sich auch in diesem Fall nicht grundsätzlich ändert.

Eine Bildersammlung

Die einzigen Worte zu diesem Kapitel, dem Sie mindestens eine halbe Stunde Zeit widmen sollten: Schauen Sie sich das an. Schauen, niiiicht lesen!

Verweilen Sie also ein wenig bei den folgenden

„Formeln einer Ausstellung“

Eine halbe Stunde diese zwei Seiten anschauen? Wie soll das gehen? Ganz einfach:

Legen Sie Ihre Lieblingsmusik auf, legen Sie das Buch aufgeschlagen vor sich hin, betrachten Sie die Formeln ganz ohne Anstrengung, ganz ohne die Absicht, irgendetwas darin sehen zu wollen.

Lassen Sie Ihren Blick ruhig auch mal abschweifen, durch das Zimmer. Dann verweilen Sie bei einem Formelbild hier, einem Formelbild da. Dann erfassen Sie wieder die beiden Seiten als Ganze. Die Musik genießen, ein Blick zum Fenster hinaus.

Vielleicht holen Sie sich ein Glas Orangensaft, geben sich entspannt der Musik hin und ebenso entspannt den Formelbildern.

$$P_{ij}^{n} G_{d}^{-1} P_{ij}^{n} = P_{ij}^{n}(I_n + g_d e_d^T) P_{ij}^{n} = I_n + (P_{ij}^{n} g_d) e_d^T$$

$$\frac{\partial p}{\partial z} = -\rho g$$

$$\boxed{\frac{c^x(X) \cdot c^z(Z)}{c^a(A) \cdot c^e(E)} = K}$$

$$(A \cup B)^{\mathrm{C}} = A^{\mathrm{C}} \cap B^{\mathrm{C}}$$

$$n(n-1)\binom{n-2}{k-2} = k(k-1)\binom{n}{k} \geq \binom{n}{k}$$

$$F(x \mid N(\mu, \sigma^2)) = \int_{-\infty}^{(x-\mu)/\sigma} \frac{1}{\sqrt{2\pi}} \cdot \mathrm{e}^{-x^2/2}\,\mathrm{d}y = F\left(\frac{x-\mu}{\sigma} \,\middle|\, N(0,1)\right)$$

$$\frac{(n-1)s^2}{\chi^2_{1-\frac{\alpha}{2};n-1}} \leq \sigma^2 \leq \frac{(n-1)s^2}{\chi^2_{\frac{\alpha}{2};n-1}}$$

$$\frac{u^2}{u^2+1} = 1 - \frac{1}{u^2+1}$$

$$y = \frac{y^*}{1 + \left(\frac{y^*}{y_0} - 1\right)\mathrm{e}^{-rt}}$$

$$D = \frac{R \cdot T}{6\pi \cdot r \cdot \eta}$$

$$\nabla := \begin{pmatrix} \frac{\partial}{\partial x} \\ \frac{\partial}{\partial x_2} \\ \frac{\partial}{\partial x_3} \end{pmatrix}$$

$$a \times b + a \times c = a \times (b + c)$$

$$F = g \cdot \frac{m_1 \cdot m_2}{r^2}$$

$$\boxed{x = x_0 + v_0 t + 1/2\, g t^2}$$

$$n = \sqrt{1 - \frac{N_e e^2}{4\pi^2 \varepsilon_0 v^2 m_{\mathrm{e}}}}$$

$$f(x+h) = f(x) + h \cdot f'(x) + h \cdot g(x, h)$$

$$Y = C + I + G + Ex + Im$$

$$c_{ij} = \textstyle\sum_{\alpha=1}^{n} a_{i\alpha} b_{\alpha j}$$

$$\Phi(\xi)$$

$$\mathrm{R}^3[\underline{2\tilde{\mathrm{m}}[\underline{0\tilde{\mathrm{m}}.121}]}]$$

$$\frac{\Delta y}{\Delta x} = \frac{-my+bxy}{rx-axy}$$

$$= (-(/(-(\Sigma, z^n), h)), nz^{n-1})$$

$$h(x) = h(a) + \frac{(x-a)}{1}h'(a) + \frac{(x-a)^2}{1\cdot 2}h''(a) + \frac{(x-a)^3}{1\cdot 2\cdot 3}h'''(a) + \ldots + \frac{(x-a)^{n-1}}{(n-1)!}h^{(n-1)}(a) + \frac{1}{(n-1)!}\int_a^x h^{(n)}(t)(x-t)^{n-1}\,\mathrm{d}t$$

$$\vec{v} = \frac{\mathrm{d}\vec{s}}{\mathrm{d}t} = \frac{\mathrm{d}x}{\mathrm{d}t}\vec{i} + \frac{\mathrm{d}y}{\mathrm{d}t}\vec{j} + \frac{\mathrm{d}z}{\mathrm{d}t}\vec{k}$$

$$f(x+h) = f(x) + h\cdot f'(x) + h\cdot g(x,h)$$

$$\begin{pmatrix} \cos\phi & -\sin\phi \\ \sin\phi & \cos\phi \end{pmatrix}$$

$$\frac{1}{2\pi}\int_{-\pi}^{\pi}\mathrm{d}u\cdot\log_2\frac{\left|\int_{-\infty}^{\infty}M(\tau)\mathrm{e}^{\mathrm{i}u\tau}\,\mathrm{d}t\right|^2 + \left|\int_{-\infty}^{\infty}N(\tau)\mathrm{e}^{\mathrm{i}u\tau}\,\mathrm{d}t\right|^2}{\left|\int_{-\infty}^{\infty}N(\tau)\mathrm{e}^{\mathrm{i}u\tau}\,\mathrm{d}t\right|^2}$$

$$G_r = \frac{\dfrac{Y_{r_{t+1}}}{N_{b_{t+1}}} - \dfrac{Y_{r_t}}{N_{b_t}}}{\dfrac{Y_{r_t}}{N_{b_t}}}$$

$$\lim_{n\to\infty}\left(1+\frac{1}{n}\right)^n \text{ oder } \mathrm{e}^x = \sum_{n=0}^{\infty}\frac{x^n}{n!}$$

$$\hat{\beta} = (X'X)^{-1}X'y = \frac{1}{n\sum x_t^2 - (\sum x_t)^2}\begin{bmatrix} \sum x_t^2 \sum y_t - \sum x_t \sum x_t y_t \\ n\sum x_t y_t - \sum x_t \sum y_t \end{bmatrix}$$

$$\cos\theta = \sin\phi\sin\delta + \cos\phi\cos\delta\cos(\lambda + \Omega t - \omega t).$$

$$\int_{\Phi(Q)} f(x')\,\mathrm{d}^n x' = \int_Q f(\Phi(x))\cdot|\det J_\Phi(x)|\,\mathrm{d}^n x$$

$$T_k(x) = \left[-\frac{(x-t)^k}{k}h^{(k)}(t)\right]_{t=a}^{t=x} + \int_a^x h^{(k+1)}(t)\frac{(x-t)^k}{k}\,\mathrm{d}t$$

$$\ldots = f_1(x)f_2(x) + h\cdot f_1'(x)f_2(x) + h\cdot g_1(x,h)f_2(x) + f_1(x)h\cdot f_2'(x) + h\cdot f_1'(x)h\cdot f_2'(x) + h\cdot g_1(x,h)h\cdot f_2'(x) + f_1(x)h\cdot g_2(x,h) + \ldots$$
$$\ldots + h\cdot f_1'(x)h\cdot g_2(x,h) + h\cdot g_1(x,h)h\cdot g_2(x,h)$$

Ein Bild nehmen wir aus dieser Bildersammlung heraus, und prägen es uns besonders gut ein.

$$f(x+h) = f(x) + h \cdot f'(x) + h \cdot g(x,h)$$

$$\mathbf{f(x + h) = f(x) + h \cdot f'(x) + h \cdot g(x, h)}$$

mit den leicht unterscheidbaren Bildgruppen

$$\mathbf{f(x + h)}$$

$$\mathbf{f(x)}$$

$$\mathbf{h \cdot f'(x)}$$

$$\mathbf{h \cdot g(x, h)}$$

1.4 Vom Bild zum Lesen – das Formelbild

Hier folgt nun eine Art Zeitlupenstudie einiger Etappen beim Formellesen, von der Wahrnehmung der Formel bis zum ersten echten Lesen. Ich benutze eine extreme Zeitverzögerung; der gesamte Vorgang dauert schon beim Ungeübten nur wenige Sekunden, bald sind es tatsächlich nurmehr Sekundenbruchteile.

Ich will hier Ihre Aufmerksamkeit schulen; bereits eine einmalige Übung „wirkt".

Als Beispiel nehme ich

$$h(x) = h(a) + \frac{(x-a)}{1}h'(a) + \frac{(x-a)^2}{1\cdot 2}h''(a) + \frac{(x-a)^3}{1\cdot 2\cdot 3}h'''(a) + \ldots$$
$$\ldots + \frac{(x-a)^{n-1}}{(n-1)!}h^{(n-1)}(a) + \frac{1}{(n-1)!}\int_a^x h^{(n)}(t)(x-t)^{n-1}\,\mathrm{d}t$$

Vor dieser Formel fürchten Sie sich schon nicht mehr, weil Sie sie ja zuerst einmal nur als Bild wahrnehmen. Ohne jeden mathematischen oder sonstigen sachlichen Bezug.

Sie werden merken, dass Ihnen einige Elemente einer Formel mehr entgegenspringen als andere, das sind dann Ihnen schon vertraute, alte Bekannte. Ignorieren Sie diese am Anfang und betrachten Sie einfach das Gesamtbild. Schon bei Leonard Euler (geb. 1707, Basel, Schweiz, gest. 1783, St. Petersburg, Russland), einem der wohl größten Mathematiker überhaupt, finden sich Hinweise, dass er den Erkenntniswert dieses *bloßen Schauens*, der aufmerksamen Wahrnehmung von Formeln in ihrem Wert zu schätzen wusste.

$$h(x) = h(a) + \frac{(x-a)}{1}h'(a) + \frac{(x-a)^2}{1\cdot 2}h''(a) + \frac{(x-a)^3}{1\cdot 2\cdot 3}h'''(a) + \ldots + \frac{(x-a)^{n-1}}{(n-1)!}h^{(n-1)}(a) + \frac{1}{(n-1)!}\int_a^x h^{(n)}(t)(x-t)^{n-1}\,\mathrm{d}t$$

Zuerst sehen Sie ein ziemlich langes Etwas, dass aber bereits auf den zweiten Blick eine Art rhythmische Struktur zeigt. Es gibt Abschnitte, Blöcke, alle ungefähr von der Form wie

$$\frac{(x-a)^2}{1\cdot 2}h''(a)$$

Denn als eines der ersten strukturierenden Bildelemente nehmen Sie ganz unvermeidlich die vertrauten Zeichen „+", sowie „=" und bald auch den Bruchstrich und das „–" wahr. Denn diese Bildelemente sind Ihnen schon von jeher so vertraut, dass Sie sie sofort, in weniger als einer Zehntelsekunde nach der Wahrnehmung des *Bildes* als die *Zeichen* der mathematischen Grundoperationen erkennen.

Die deutlichste Strukturierung des Bildes entsteht durch das Plus-Zeichen, in Abschnitt zwei werden wir noch sehen, warum.

Nach der ersten Anmutung haben Sie das Bild nun unwillkürlich in mehrere Blöcke geteilt; diese fallen jetzt in ihren Ähnlichkeiten und Unterschieden auf.

Ein Glied wie $\frac{(x-a)^2}{1\cdot 2}h''(a)$ kommt mehrfach vor, $(x-a)$ kommt immer vor, ebenso $h(a)$.

$$+\frac{(x-a)^2}{1\cdot 2}h''(a)+\frac{(x-a)^3}{1\cdot 2\cdot 3}h'''(a)+\dots$$

zeigt am deutlichsten Ähnlichkeit und Unterschied der Glieder. Im ersten Glied die „2" gleich schräg oberhalb bei $(x-a)$, ebenso unter dem Bruchstrich. Schon etwas versteckter, aber durch den Vergleich mit dem Kollegen daneben sichtbar: bei $h(a)$ sind es zwei kleine Striche. Der Nachbar hat drei. Ebenso kommt beim Nachbarn unter dem Bruchstrich noch eine Drei dazu.

Das alles ist im Wesentlichen noch ein bildhaftes Erfassen. Schon ins Lesen geht der ähnliche und doch ganz andere Ausdruck über:

$$+\frac{(x-a)^{n-1}}{(n-1)!}h^{(n-1)}(a)+$$

Denn hier muss man tatsächlich schon „n" als eine Zahl lesen, noch dazu muss man wissen, dass diese Zahl hier gleichsam als Zähler fungiert. Denn hier geschieht das, was Ihnen mit etwas Übung bald zur Selbstverständlichkeit wird: Statt mit konkreten Zahlen, wie $1, 2, 3, \dots$ wird der Ausdruck in seiner *allgemeinen* Form geschrieben. Das macht vielen am Anfang die größten Schwierigkeiten. Denn dazu muss man im *mathematischen Lesen* schon etwas Übung haben. Da die meisten Autoren das wissen, fügen Sie im wörtlichen Sinne *anschauliche* Ausdrücke wie

$$+\frac{(x-a)^2}{1\cdot 2}h''(a)+\frac{(x-a)^3}{1\cdot 2\cdot 3}h'''(a)+\dots$$

hinzu.

Dadurch entsteht ein Bild, mit tatsächlich bildhafter Darstellung einer *Folge* von Ausdrücken. Sie erleben so bildhaft, was in der *Schreibweise*

$$+\sum_{n=2}^{n}\frac{(x-a)^{n-1}}{(n-1)!}h^{(n-1)}(a)$$

auch vollständig enthalten ist. Aber in dieser Schreibweise entfällt das bildhafte Erlebnis der sich entwickelnden Folge, der Veränderung Ihrer Glieder bis …, ja, bis auf das letzte Bildelement. Das Bild ganz rechts „passt" nicht zu den übrigen.

$$+\frac{1}{(n-1)!}\int_a^x h^{(n)}(t)(x-t)^{n-1}\,\mathrm{d}t$$

Wir sehen bildhaft, dass die Folge hier ein Ende findet. Danach geht es nicht mehr weiter. Kein „+", kein „…" oder ähnliches.

Ohne genaue Kenntnis, was das alles bedeuten soll, wie es mathematisch genau zusammenhängt, haben wir dennoch eine ganz gute mathematische Strukturvorstellung allein aufgrund der Bildstruktur erhalten. Wenn wir jetzt auf weitere Details achten, so sehen wir links vom „=" ein $h(x)$, rechts davon finden wir ein $h(a)$ und einen Haufen von $(x-a)$. Und der letzte Ausdruck tanzt aus der Reihe. Das „x" versteckt sich ganz klein, ebenso das „a", beide beim $\int$-Zeichen, dafür ist plötzlich ein „t" da.

Von der Superzeitlupe auf Echtzeit: Sie betrachten dieses Bild so zwei, drei Sekunden, da es Ihnen völlig fremd ist. Dann formt sich aus dem Bild eine Formel, deren Grundstruktur sie in weiteren fünf bis sechs Sekunden erfassen.

Wie sieht das in Zukunft „praktisch" aus?

Sie lassen eine Formel zuerst als Bild auf sich wirken, bis sich dann wie von selbst eine Struktur zu zeigen beginnt: Das Bild wandelt sich zur Formel. Und jetzt – erst jetzt – beginnen Sie, die Formel zu lesen. Denn den Über-Blick haben Sie bereits gewonnen.

Die Formel

$$h(x)=h(a)+\frac{(x-a)}{1}h'(a)+\frac{(x-a)^2}{1\cdot 2}h''(a)+\frac{(x-a)^3}{1\cdot 2\cdot 3}h'''(a)+\ldots+\frac{(x-a)^{n-1}}{(n-1)!}h^{(n-1)}(a)+\frac{1}{(n-1)!}\int_a^x h^{(n)}(t)(x-t)^{n-1}\,\mathrm{d}t$$

ist Ihnen jetzt schon vertraut, Sie können sich darin orientieren, obwohl Sie noch keine Ahnung haben, was sich da mathematisch abspielt oder in welchem sachlichen Zusammenhang diese Formel steht. Sie haben gelernt, Formeln als Bilder wahrzunehmen, Formeln tatsächlich zu *sehen*. Sie brauchen ab jetzt auch vor den kompliziertesten Formeln nicht mehr die Augen zu verschließen.

P.S.: Falls Sie für dieses Bild einen Titel wollen: Als mathematisches Objekt nennt man dies eine Taylorreihe. Benannt nach dem englischen Maler, Verzeihung: nach dem englischen Mathematiker Brook Taylor, 1685 bis 1731.

Das Formelbild

Liest man Texte, in denen Formeln vorkommen, so stößt man gelegentlich auf die berühmt-berüchtigte Formulierung: „Man sieht sofort, dass ...". Die Behauptung „*Man* sieht ..." ist in ihrer Allgemeinheit vielleicht etwas kühn. Das für uns viel wichtigere Wort hier ist jedoch „Man *sieht* ...", nicht etwa „man liest...", denn eines der Geheimnisse dieser so überaus raschen Erkenntnis „sofort" liegt tatsächlich in der unmittelbaren optischen Wahrnehmung begründet. In dem Augenblick, wo wir ein Bild als Formel erkannt haben, erkennen wir sofort ein strukturiertes Formelganzes, eine *Gestalt*. Lange, bevor wir überhaupt zu lesen beginnen.

Wenn wir die drei Formeln $V_D = V_T \cdot \frac{(F_{A_{CO_2}} - F_{E_{CO_2}})}{F_{A_{CO_2}}}$, $\mathrm{GFR} = V_U \cdot \frac{U_{\mathrm{In}}}{P_{\mathrm{In}}}$ und $F = g \cdot \frac{m_1 \cdot m_2}{r^2}$ zu lesen beginnen, haben wir rein optisch schon längst folgende Informationen erfasst, und je nach unserem *schon vorhandenen Repertoire* an Formelbildern unser entsprechendes Formelwissen aktiviert.

- Wir aktivieren unser Wissen über bestimmte Formeln bevor wir überhaupt zu lesen beginnen!

Und das sieht so aus: Wir erfassen zuerst ein Bild. In dem Augenblick, wo wir dieses Bild als *eine Formel* erkennen, aktivieren wir bereits unser Wissen über Formeln, noch ohne Details.

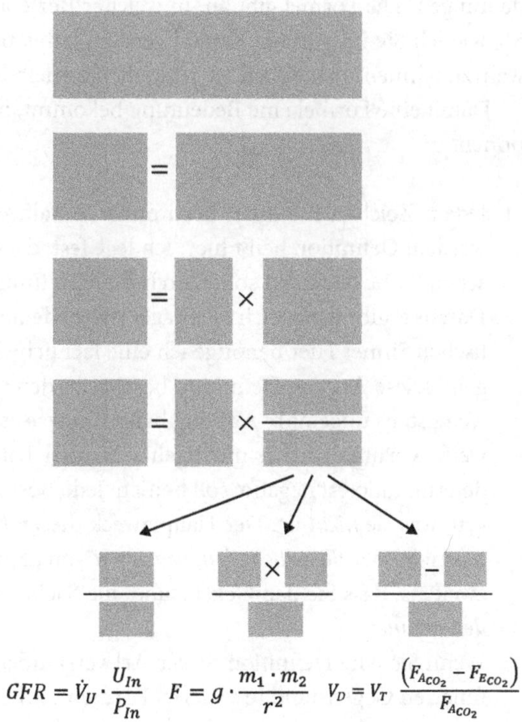

Dann beginnen wir die Sache genauer zu betrachten. Das Bild wandelt sich zu einem strukturierten Formelbild. Hier etwa: Das Formelbild hat zwei Hauptblöcke, links ein kleiner, rechts ein größerer Block. Der Block links ist einheitlich, nicht weiter strukturiert. Die Blöcke sind durch das Zeichen „=" voneinander getrennt. Damit aktivieren wir sofort all unser Wissen über Gleichungen! Der Block rechts besteht aus zwei Teilen, verbunden durch das Zeichen „×". Schon aktivieren wir alles, was wir über Produkte wissen. Und so geht es weiter. Es folgt ein Bruch, und bis hierher sind alle drei Formeln aus unserem Beispiel völlig gleich! Alle Erfahrungen, die Sie schon mit Formeln dieser Struktur hatten, stehen Ihnen zur Verfügung. Sie sind die Basis ihrer Wahrnehmung. Und deshalb können Sie auch so rasch innerhalb von Zehntelsekunden den *Unterschied* dieser drei Formeln erkennen. Diese Erkenntnis des Unterschieds beruht auf der rein optischen Gemeinsamkeit der bildhaften Struktur, auf dem Formelbild.

Was für das „man sieht sofort" entscheidend ist, dass jedes der übergeordneten Formelbilder einer Formelstruktur entspricht (z. B. $\square = \square \times \square$ entspricht dem Formelbild einer Formel $a = b \times c$) und alles, was für diese Formelstruktur gilt, gilt für jede feiner strukturierte Formel genauso, egal wie diese weitere Strukturierung genau aussieht.

Je größer Ihr *Repertoire* an Formelbildern mit der Zeit wird, umso rascher steigen Sie bei der ersten Wahrnehmung nicht mehr auf der obersten Ebene dieser Strukturwahrnehmung ein, sondern landen „sofort" bei $\square = \square \times \frac{\square}{\square}$ und haben damit all ihr Wissen über diese Struktur schon aktiviert, bevor sie den ersten Buchstaben überhaupt erkannt haben. Und darin liegt eine der Stärken von Formeln begründet, dass Sie nämlich diese Gestaltwahrnehmung ermöglichen und nutzen.

1.5 Definitionen, Objekte, Eigenschaften

Von der bildhaften jetzt zurück zur „anderen" zur anderen Seite von Formeln, nämlich zur sprachlich-logischen. Denn alle Elemente der Formelbilder haben ganz bestimmte Bedeutungen. Die Formel gibt an, in welcher Beziehung diese Elemente zueinander stehen. So, wie ich Sie im vorigen Kapitel gebeten habe, nur zu schauen, die Formel nur als Bild wahrzunehmen, so bitte ich Sie jetzt, die Formelbilder völlig zu vergessen.

Damit eine Formel eine Bedeutung bekommt, benötigen wir drei verschiedene Definitionen:

1. Jedem Zeichen muss ein bestimmter Inhalt, eine bestimmte Bedeutung zugeordnet werden. Definition heißt hier: Ich lege fest, dass der Buchstabe „*F*" Kraft im physikalischen Sinne bedeuten soll. Durch diese Definition kann ich *einen Ausdruck lesen.*
2. Daraus ergibt sich gleich die Frage: Was bedeutet Kraft? Was bedeutet Kraft im physikalischen Sinne? Hier benötige ich eine fachliche Definition des Gegenstands, um den es geht. Diese Art von Definition beschreibt den Gegenstand so, dass ich zum einen eine wenigstens ungefähre Ahnung habe, um was es geht. Und – das ist sehr wichtig – auch weiß, worum es sicher nicht geht. Ein alter Lateiner sagte mal den tollen Satz: Omnis determinatio est negatio, soll heißen: Jede Bestimmung einer Sache heißt eigentlich sagen, was sie *nicht* ist. Der Hauptzweck dieser Art von Definition ist zweierlei. Erstens dass *wir* über *dasselbe reden*, wenn wir von „Kraft im physikalischen Sinne" reden und zweitens, dass Sie den Gegenstand, die Sache, um die es geht in der Wirklichkeit *wiedererkennen.*

   Wenn Sie eine Definition dieser Art verstanden haben, dann erkennen Sie den so definierten Gegenstand in vielerlei Formen und vielerlei Gestalten wieder, weil Sie einen

Begriff von der Sache haben. Ein Begriff ist unabhängig von der Wahrnehmung; er hilft Ihnen nämlich, Ihre Wahrnehmung zu ordnen und zu strukturieren. Ob Sie eine solche Definition verstanden, tatsächlich begriffen haben erkennen Sie selbst leicht daran, ob Sie sich dazu auch etwas vorstellen können. Und zwar ganz handfest bildhaft und sinnlich die Sache vor Ihrem geistigen Auge sehen können. Wenn das nicht der Fall ist, können Sie vielleicht die Definition gut nachplappern, sogar damit eine Prüfung bestehen (auch nicht schlecht), aber verstanden haben Sie sie nicht.
Die gute Nachricht: Man kann viele Definitionen lernen und mit diesen Begriffen sogar sinnvoll umgehen, auch wenn man sie nicht voll verstanden hat. Das echte Verständnis kann dann später nachfolgen, oft erst viel später.

3. Die Wissenschaft, die die wahre Meisterin in Sachen Anwendung von Definitionen ist, ist sicher die Mathematik. Denn in der Mathematik beschreibt die Definition ein Objekt nicht nur, sodass Sie es dann wiedererkennen. In der Mathematik bringt die Definition das mathematische Objekt erst hervor. Und zwar vollständig. Die Definition im Sinne von 2. muss überhaupt nicht besonders „genau" sein, denn es wird weniger mit der Definition selbst gearbeitet. Diese dient überwiegend nur der Identifizierung des richtigen Gegenstandes.
   In der Mathematik hingegen „ist" die Definition das Objekt; wenn ich es ein wenig überpointiert sagen darf. Deshalb und (fast) nur deshalb sind Definitionen in der Mathematik so extrem wichtig. Das funktioniert auch nur deshalb, weil die Mathematik es mit sehr einfachen Gegenständen zu tun hat, im Vergleich mit den Gegenständen anderer Wissenschaften. Und aufgrund des Umstands, dass diese neuen Gegenstände in *einfacher* Weise aus den bereits bekannten hervorgehen.

Wir verwenden Definitionen hier also zu dreierlei Zwecken: Um Zeichen überhaupt lesen zu können, um von bestimmten Dingen der Wirklichkeit zu sprechen und zur Schaffung von mathematischen Objekten.

Zeichen-, Sach- und mathematische Definition. Wenn Sie ein Zeichen schon kennen oder eine Sache oder ein mathematisches Objekt, das heißt: Wenn Sie Zeichen, Sache oder mathematisches Objekt wiedererkennen, dann haben Sie die Definition schon gelernt.

Verwechseln Sie bitte nicht, eine Definition kennen mit der Fähigkeit, einen Satz wie: „Eine Kraft ist …" hersagen zu können. Sie kennen sehr viel, ohne es sprachlich oder wissenschaftlich derart benennen zu können. Im Rahmen Ihres Studiums der Physik, der Medizin, der Volkswirtschaft, der Biologie, der Chemie, des Maschinenbaus … werden Sie lernen, die typischen physikalischen, medizinischen, wirtschaftlichen, chemischen, technischen Sachverhalte *ausdrücklich* zu definieren. Sie benutzen aber sehr viel mehr Begriffe, die Sie alle kennen. Sonst können Sie Ihre Wissenschaft gar nicht betreiben.

Reden wir eigentlich noch von Formeln? Vom Formellesen? Ja, und wie!

Denn diese drei Anwendungen von „Definition" beschreiben zugleich die notwendigen Vorrausetzungen, um Formeln nicht nur anschauen, sondern lesen zu können. Dabei gilt – wie schon erwähnt – das Minimumprinzip.

Das bedeutet, der Bereich, wo Sie am schlechtesten sind, begrenzt Ihr Verständnis der Formel. Trivial: Wenn Sie ein Zeichen nicht kennen, wissen Sie nicht, worum es geht. Wenn Sie zwar wissen, dass Y das Volkseinkommen bezeichnet, aber keine wissenschaftlich brauchbare Vorstellung von „Volkseinkommen", kommen Sie auch nicht weit.

Selbst wenn Sie das alles aber gut beherrschen, aber mit einer Differentialgleichung nichts anfangen können, so verstehen Sie nicht einmal den in dieser Formel angedeuteten Zusammenhang.

Umgekehrt kann der souveräne Mathematiker den Ausdruck lesen, aber *nur* mathematisch. Er kann nur von den „Größen" Y, t, C_t, C_{t-1} usw. reden; nicht von Einkommen, Konsum, div. Zeitperioden.

Alle drei gehören zusammen. Sonst wird's nichts mit souveränem Formellesen. Sie werden allerdings verblüfft sein, wie viel Sie schon längst wissen; nur hat man Ihnen bisher nicht gezeigt, wie Sie all dieses schon vorhandene Wissen zusammenbringen können, um mit Formeln *souverän* umzugehen.

Das „Ergebnis" von Definitionen sind im weitesten Sinne Objekte, die wir dank der Definitionen erkennen und über die wir ebenso dank der Definition gemeinsam reden, diskutieren, streiten können. Definitionen sind der leichte Anfang für das eigentlich Interessante:

Eigenschaften

Jedes Objekt hat Eigenschaften, und zwar potentiell unendlich viele. Im Rahmen einer Wissenschaft sind zwar nur endlich viele Eigenschaften eines Objekts interessant, aber auch das sind meist hunderte und tausende. Ein Objekt „definieren" ist der Ausgangspunkt für Erkunden, Entdecken, Erforschen und Analysieren der Eigenschaften dieses Objekts. Dieses Buch etwa untersucht einige Eigenschaften von Formeln, genauer: Eigenschaften des verständigen Lesens von Formeln.

Dieser Unterschied zwischen Objekt (gemäß Definition) und den Eigenschaften dieses Objekts ist extrem wichtig.

- Das Objekt ist *der* Bezugspunkt für alle zugehörigen Eigenschaften.

Wenn Sie das Objekt aus den Augen verlieren, verlieren Sie den Zusammenhang. Denn Eigenschaften für sich haben keinen Zusammenhang.

Zelldruck, Verdunstung an der Blattoberfläche, Anordnung von Tracheen, Dampfdruck des Wassers bei 70% Luftfeuchtigkeit sind für sich völlig zusammenhanglos. Wenn Sie das aber alles immer und sehr bewusst auf den Wasserhaushalt einer Pflanze beziehen, so wissen Sie, wovon die Rede ist und wozu Sie das alles wissen. Eine einfache Definition von Pflanze, mit der man arbeiten kann, ist schnell gefunden. Weil wir alle schon einen brauchbaren Begriff von Pflanze haben. Brauchbar, um darüber zu reden; sicher noch nicht ausreichend für ein tieferes botanisches Verständnis.

Aber es genügt immer, dass man mit einer Definition - ganz wörtlich - „etwas anfangen" kann.

Wenn es nach dem Kennenlernen der Definition für mich nicht weitergeht, kann ich eben nichts damit anfangen; ich habe die Definition also noch nicht wirklich verstanden.

Zwei Beispiele, was man sich beim Thema „Wachstum" je nach Zusammenhang mindestens vergegenwärtigen sollte:

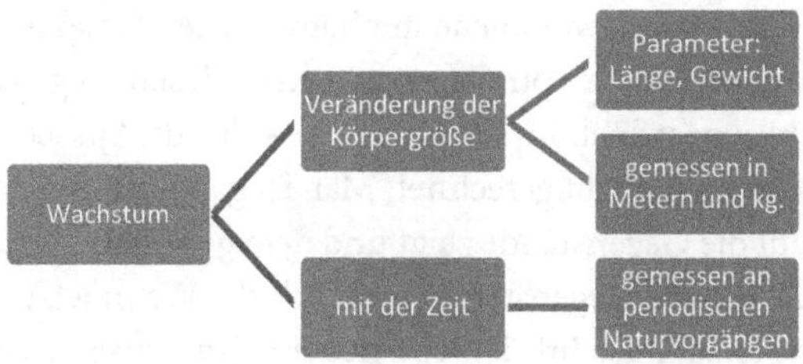

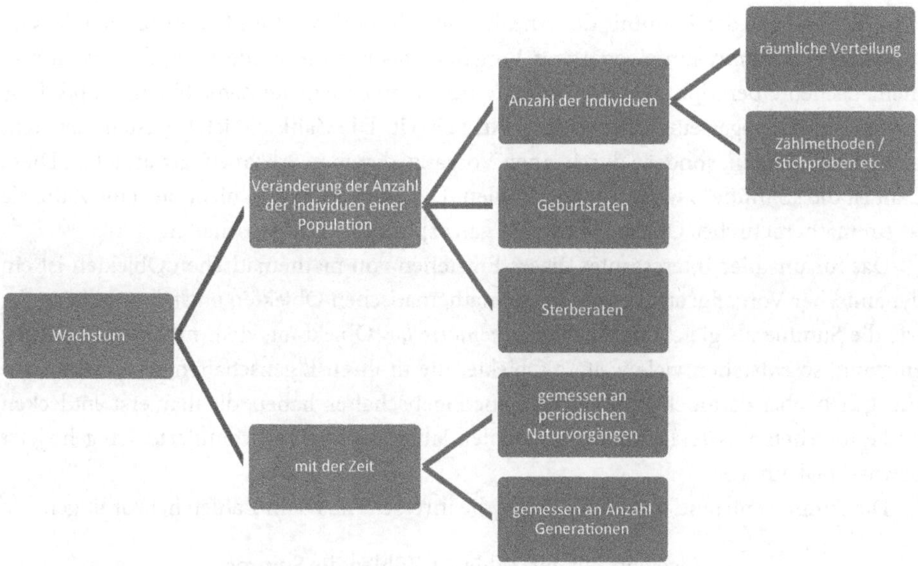

Bei beiden Darstellungen sind noch überhaupt keine Wechselwirkungen mit der Umwelt oder innerhalb des jeweils dargestellten Systems berücksichtigt. Dass eine weitere Vertiefung des Begriffs von „Wachstum" erforderlich ist, versteht sich fast von selbst. Wir bleiben am Anfang aber bescheiden und sehen klar: Ich muss überhaupt erst einen mehr als nur ungefähren *Begriff* von „Wachstum" haben, bevor ich mit einer Wachstumsformel zu hantieren beginne. Das muss ich *vor* jedem Blick auf eine Formel und *vor* jeder mathematischen Überlegung präsent haben.

Elementare Mathematik: Die ersten mathematischen Objekte

Wovon immer auch eine Formel handelt, was immer ihr Thema ist: Sie enthält immer mathematische Objekte. Denn mit diesen mathematischen Objekten wird mit Hilfe der Formel die eigentliche Geschichte erzählt.

Was sind mathematische Objekte? Matrizen, Vektoren, Funktionen, diverse Räume, Körper usf. Beeindruckend. Aber es gibt viel einfachere, uns allen vertraute „Objekte", an denen man sehr gut sehen kann, wie solche mathematischen Objekte entstehen.

Alles beginnt mit dem Zählen von Gegenständen. Diesen Gegenständen, die gezählt werden, wird eine Zahl zugeordnet. Im Deutschen bewahrt die Sprache diesen Zusammenhang. Beim Zählen wird noch nicht gerechnet. Man ist ganz ganz nah an der Wirklichkeit. Mit dem Finger, der auf die Gegenstände zeigt und dem geistigen Durchgehen der Zahlenfolge. Eins, zwei, drei, ..., acht Gegenstände zähle ich da. Wenn jetzt jemand noch einige, z. B. fünf Gegenstände dazugibt, zähle ich von neuem: Eins, zwei, ..., acht, neun, ..., dreizehn.

Jetzt kommt der große Sprung, das erste Mal, dass ich mich von den Gegenständen abwende und aus der Kenntnis der Anzahl von acht und von fünf Gegenständen die Gesamtanzahl *errechne*. Ein eigenartiger Vorgang. Das war die Entdeckung der ersten mathematischen Operation: Aus zwei Zahlen kann man eine dritte Zahle bilden – und diese dritte Zahl hat sogar einen Bezug zur Wirklichkeit. Die Zahl, die jetzt entsteht, entsteht nicht durch Zählen, sondern durch einen Vorgang, den man „rechnen" genannt hat. Diese Zahl ist die „Summe" zweier anderer Zahlen. Die Summe ist nun nicht nur eine Zahl, sie ist ein mathematisches Objekt. Mit vielen ganz spezifischen Eigenschaften.

Das für uns hier Interessante: Dieses Entstehen von mathematischen Objekten ist ein dynamischer Vorgang; aus vorhandenen mathematischen Objekten entstehen weitere. So, wie die Summe als gleichsam erstes *mathematisches* Objekt aus dem natürlichen Zählen entstand, so entstehen viele weitere Objekte, die in ihren Eigenschaften zwar darauf zurückgehen, aber dennoch ganz eigene, neue Eigenschaften haben, die man erst entdecken und erforschen musste. Das dauerte zuweilen Jahrzehnte und Jahrhunderte. Ich gehe jetzt bewusst plakativ vor:

Die Summe entstand aus zwei Zahlen, die ihrerseits aus dem Zählen hervorgingen.

$$\text{Also entsteht aus Zählen} + \text{Zählen die Summe.}$$

Hat man mehrere gleiche Zahlen, so kann man wie gewohnt die Summe bilden: $5 + 5 + 5 + 5 = 20$.

$$5 + 5 + 5 + 5 = 20$$

Man entdeckte aber, dass man hier die Summe mit dem Abzählen der Summanden kombinieren konnte:

$$\text{Aus Summanden} + \text{Zählen} = \text{Multiplikation.}$$

Das Produkt war entstanden. $4 \times 5 = 20$. Die Multiplikation ist nicht immer dort möglich, wo Summieren möglich ist; aber in ganz bestimmten Fällen:

Es muss die Gleichheit der Summanden gegeben sein.

$$4 \times 5 = 20$$

Das Produkt geht so aus der Addition hervor, hat aber zugleich auch neue Eigenschaften, die es zu erforschen gilt.

Zählen wir erneut; diesmal aber Produkte, genauer: die Faktoren, so kommen wir zu den Potenzen. $5 \times 5 \times 5 \times 5 = 5^4 = 625$.

Faktoren + Zählen = Potenz

$$5 \times 5 \times 5 \times 5 = 625$$

Das sind nun gewissermaßen die Enkel der Addition. Sie tragen die Gene der Summe in sich und haben dennoch ein Eigenleben, das es gründlich zu erforschen und verstehen gilt. Denn die andere Schreibung ermöglicht eine andere mathematische und formelmäßige Behandlung.

$$5^4 = 625$$

Beobachten Sie, wie beim Produkt und bei der Potenz jeweils der Zähler ausdrücklich genannt wird: 4 Summanden à 5 sagt uns das Produkt mit der Schreibung $\mathbf{4} \times 5$, und 4 Faktoren ebenso à 5 sagt uns die Potenz 5^4.

Es gibt aber noch andere Nachkommen der einfachen Summe von zwei Zahlen. Nämlich wenn es mehr als zwei Summanden gibt, z. B. 100 oder 1000 oder gar unendlich viele. Man machte nämlich die Entdeckung, dass der Wert einer Summe endlich sein kann, obwohl die Zahl der Summanden unendlich ist. Hier betreten wir das Gebiet der faszinierenden und manchmal paradox anmutenden endlichen und unendlichen Folgen und Reihen. Falls Ihnen dieser Sachverhalt nicht nur bekannt, sondern vertraut ist, machen Sie sich bitte mal wieder seine große mathematische Bedeutung bewusst.

Diese Summenzeichen $\sum_{i=1}^{N}$ oder $\sum_{i=0}^{\infty}$ kennen Sie wahrscheinlich und vielleicht sind Sie Ihnen bisher etwas unheimlich. Aber sehen Sie jetzt, dass sie ganz einfach aus dem Zählen hervorgehen und zugleich ein eigenes mathematisches Objekt darstellen.

$$\sum_{i=1}^{N} a_i$$

Mit ihren speziellen Eigenschaften. Es werden alle a, beginnend mit a_1 bis a_n einfach zusammengezählt. Wie immer diese vielen „a" auch entstanden sein mögen. Als Nutzer müssen sie diese Eigenschaften vielleicht gar nicht genauer kennen, verstehen schon gar nicht; Sie nehmen diese Eigenschaften einfach hin, wenn Sie eine Formel „nur" anwenden.

Benötigen Sie mehr „Anwenderwissen", so müssen Sie die wichtigsten dieser Eigenschaften kennen; aber nur als Mathematiker müssen Sie diese Eigenschaften auch beweisen können. Und das heißt: Letztlich immer ein Zurückführen auf die Grundoperationen.

- Deshalb sind diese Grundoperationen so wichtig und auch in der fortgeschrittenen Mathematik immer präsent und wirksam.

Eine besondere Form dieser Summen – ich erinnere: Wir sind bei einer ganz einfachen Fortführung der „normalen" Summe, wie $1 + 1 = 2$: Wenn jetzt nicht nur die Zahl der Summanden unendlich ist, sondern gleichsam in Gegenbewegung der Wert des einzelnen Summanden – aller Summanden – verschwindend klein wird. Der Wert aller einzelnen Summanden „geht gegen Null", wie die Mathematiker so schön sagen. Auch dann ist es möglich, dass diese Summe eine ganz konkrete, endliche Zahl ergibt. Diese besondere Art von Summe kennen Sie als das Integral.

$$\int$$

Wie im Summensymbol $\sum$ steckt auch hier der Buchstabe S für Summe drin.

Das Integral ist daher ebenfalls ein Enkel der einfachen Summe. Jetzt haben wir schon eine ganze Reihe von „Objekten", nämlich Summen, Produkte, unendliche Summen („Reihen"), Integrale.

Zur besseren Übersicht zeichnen wir uns diesen Stammbaum einfach mal auf:

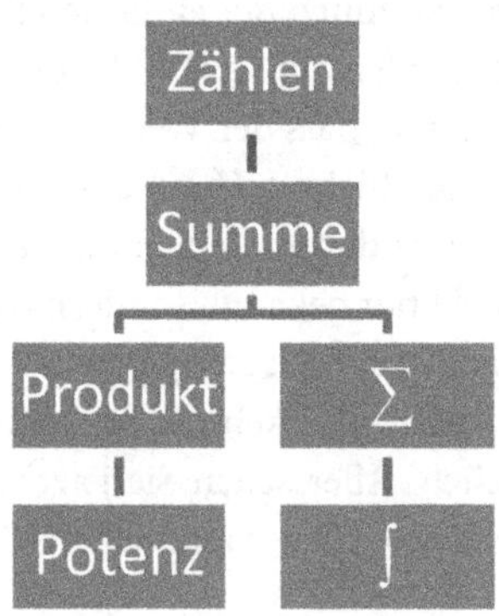

Mathematik bekommt nun eine große Ähnlichkeit mit Chemie. Wir haben zwei oder mehr Substanzen, deren Eigenschaften wir erforscht haben und gut kennen. Mischen wir die beiden mal zusammen und sehen, was passiert.

Wir mischen Produkte und Summen und schon entdecken wir so wichtige Eigenschaften wie: $a \cdot b + c \neq a \cdot (b + c)$, sondern $ab + ac = a \cdot (b + c)$. Und weil sich dieser Zusammenhang als sehr wichtig, weil sehr folgenreich herausgestellt hat, bekommt er einen schönen Namen: Distributivgesetz.

$$a \times b + a \times c = a \times (b + c)$$

Das konnte man vor dem Zusammenmischen von Produkten und Summen nicht wissen. Das musste man ausprobieren, analysieren und mit Glück auch mal beweisen. Nebenbemerkung: Historisch sind viele mathematische „Tatsachen" lange schon bekannt gewesen, bevor sie im eigentlichen Sinne auch mathematisch zwingend bewiesen werden konnten.

Ein beliebte Kombination waren auch Experimente mit Reihen, endlich und unendlich und Potenzen. Dass Sie solche Experimente nur dann durchführen können und verstehen, wenn Sie die Zutaten, hier also Potenzen und ihre Eigenschaften sowie Reihen und ihre Eigenschaften, wirklich „draufhaben" ist Ihnen sicher klar. (siehe hierzu Lernhinweise!) Vorher ist eine Beschäftigung mit diesem neuen Objekt „Potenzreihe" nicht sinnvoll sondern nur frustrierend.

Was nun in der Mathematik grundlegend ist, weil es immer wieder kommt: Auf all diese „neuen" Objekte wendet man die elementaren „so einfachen" Grundoperationen an: Wie sieht die Summe von Summen aus? Wie das Produkt oder die Differenz von Potenzen und viele mehr.

Deshalb müssen Sie diese Grundoperationen gut verstehen, sicher beherrschen und ebenso *als Objekte* mit all ihren Eigenschaften begreifen.

Was den Einstieg in die (auch „höhere") Mathematik so schwierig macht ist, dass sie eigentlich extrem einfach und übersichtlich ist. Zumindest was die Zahl der wichtigsten Objekte betrifft. Summen, Produkte, Differenzen, Quotienten. Dann nehme ich noch Wurzeln hinzu. Aber wie Sie gesehen haben, entstehen aus mehrfacher Anwendung und Kombination bereits unendliche Reihen, Integral, Potenzen. Dann habe ich gerade mal so neun oder zehn Objekte. Mehr nicht. Schön übersichtlich. Noch dazu recht einfache. Einfach, weil es leicht zu verstehen ist, wie sie entstehen. Ihre (erste, vorläufige) Definition ist ziemlich einfach.

Aber jetzt tobt sich ein Mathematiker wie ein Chemiker so richtig aus. Er kombiniert alles mit allem, entdeckt Eigenschaften und daraus neue Objekte. Matrizen, Funktionen, Fourierreihen, Differentialgleichungen n-ter Ordnung, unitäre Räume und was weiß ich noch alles. Er schließt aus Eigenschaften dieser neuen Objekte sogar auf bisher unentdeckte Eigenschaften der seit Jahrhunderten längst bekannten Objekte Summe, Produkt und so weiter und so weiter.

Lassen Sie sich dadurch nur kurz beeindrucken und erst gar nicht irritieren: Zum grundlegenden Verständnis, *was* ein Objekt ist, genügt es bereits, seinen Stammbaum zu kennen. Es genügt, gleichsam die Ahnenreihe all der Objekte, aus denen er hervorgegangen ist zu betrachten. Wer mehr will: alle Zusammenhänge und Herleitungen verstehen ist *nur deshalb* schwieriger, weil es Übung und Vertrautheit mit diesen Objekten voraussetzt. Kurz:

Weil es Arbeit, einfache solide geistige Arbeit voraussetzt. Ich kann Ihnen in einer Minute erklären, was ein Messer ist, was Messerwerfen ist, was die wichtigsten physikalischen und anatomischen Eigenschaften eines Messers in Hinblick auf Messerwerfen sind. Das verstehen Sie in Grundzügen. Aber ein tieferes Gespräch über die Kunst des Messerwerfens werden Sie erst verstehen, wenn Sie selbst ausreichend Übung haben. Sie lernen durch Übung zum einen sehr viel, zum anderen überhaupt nichts. Denn „was“ Messerwerfen ist, wissen Sie schon vorher; was das aber alles bedeutet, wie es „sich anfühlt“, welche unendlich vielen Eigenschaften und Feinheiten es gibt, das erfahren Sie nur selbst im Umgang mit dem Objekt.

Die Verwirrung des Nicht-Mathematikers entsteht, wenn er Objekte nicht von deren Eigenschaften und diese nicht von den Operationen mit diesen Objekten unterscheidet.

Daraus folgt umgekehrt eine einfache Definition, was „mathematisch“ Denken heißt: Ein Mathematiker unterscheidet ganz klar zwischen dem mathematischen Objekt (ob einfache Summe, oder Matrix, oder der Körper der komplexen Zahlen) und deren Eigenschaften und den möglichen Operationen mit diesen Objekten.

Mathematisches Objekt	Mathematische Eigenschaften	Mathematische Operationen

Diese Denkweise haben die wenigsten von uns „in der Schule“ gelernt. Was bitte nicht „Schuld“ der Mathematiklehrer ist. Die Sache ist komplizierter, das führe ich hier nicht aus, weil es nicht hierher gehört, ich erwähne es nur.

Die meisten „nicht-mathematischen“ Leser steigen bereits kurz nach den Grundrechenarten aus, weil die mathematische Welt sehr kompliziert ist, wenn man nur Beziehungen, Relationen, Worte, Formeln, Ereignisse sieht – aber keine Objekte, keine Gegenstände, auf die man sich beziehen kann. Beim Messerwerfen unterscheiden Sie ganz klar den Gegenstand, die „Operation“ des Werfens, wichtige Eigenschaften dieses Gegenstandes. Ihre Orientierung ist klar und Sie können ganz klar von einem Sachverhalt sagen, ob der das Messer betrifft, seine physikalischen Eigenschaften oder den Vorgang des Werfens.

Aber Sie haben Summe, Produkt, Differenz, Quotient, Wurzel meist nur als Rechenoperationen kennengelernt, die einzigen „Gegenstände“ waren die konkreten Zahlen. Die haben wenigstens Eigenschaften: Sie sind gerade, ungerade, eine Quadratzahl oder eine Primzahl.

Summen, Produkte, Quotienten haben für Sie deshalb keine *Eigenschaften*, weil Sie sie nur als Operationen mit Zahlen kennen; nicht selbst als Objekte. Damit ist jetzt Schluss: Betrachten Sie ab jetzt Summe, Produkt, Differenz, Quotient als Gegenstände, als Objekte mit bestimmten Eigenschaften. Die wichtigsten sind Thema von Teil 2.

Ein Botaniker bezieht Stoffwechsel, Atmung, Wachstum, Keimung usw. stets auf ein Objekt, nämlich die Pflanze. Nur so sind diese sinnvoll, verständlich und können zugeordnet werden. Wenn Sie sich bisher in der Mathematik überhaupt nicht zurecht fanden, so liegt das sehr wahrscheinlich daran, dass Sie keine mathematischen Objekte sehen konnten – und somit bei nichts eine Ahnung hatten: Wovon spricht der überhaupt? Wenn Sie aber wissen, dass hier die Rede von einer bestimmten Art von Gleichung ist, dann können

Sie alle Eigenschaften, alle Überlegungen, alle Experimente auf dieses Objekt „Gleichung" beziehen.

So, wie der Botaniker ja auch wissen muss, ob er von einer Wasserpflanze oder einer Flechte, einer höheren Pflanze oder einem Pilz spricht.

In der Mathematik werden viele Objekte über eine endliche, überschaubare Menge von Eigenschaften definiert. Die Zusammenführung dieser Eigenschaften führt aber auf ein neues Objekt. Dieses wird ab nun als Einheit betrachtet, nicht mehr als nur zufälliges Zusammentreffen bestimmter Eigenschaften. Dieser nunmehr „definierte Eigenschaftshaufen" hat seinerseits natürlich wieder eine Un-Menge von Eigenschaften. Und natürlich führt er stolz einen eigenen Namen.

Eine (1.) Gleichung, die (2.) aus Funktionen besteht, die (3.) von (mindestens) einer Funktion auch (4.) deren Ableitung enthält, nennt man eine Differentialgleichung.

Die Eigenschaften dieses neuen Objekttyps kann man erforschen. Da man rasch entdeckte, dass diese neue Pflanzengattung der Differentialgleichungen sehr viele Arten und Unterarten hat, widmete man einen ganzen – wir beachten das botanische Bild – „Zweig" der Differential- und Integralrechnung.

Lerntechnik

Lernhinweise sind waaahnsinnig beliebt. Ich gebe Sie trotzdem, weil Sie sehr wirkungsvoll sein können. Vielleicht kommen Sie ja beim zweiten oder dritten Durchblättern hier vorbei; wenn wir uns schon ein wenig besser kennen.

Die persönliche Lernweise. Dieser erste Hinweis hat nichts spezifisch mit Formeln oder Lesen zu tun. Er ist möglicherweise der wichtigste überhaupt: Als erwachsene Menschen sollten wir herausgefunden haben, auf welche Weise wir selbst am besten lernen. Ganz individuell. Es gibt kein allgemeingültiges Schema, wie „man" am besten lernt. Lernen ist eine individuelle Angelegenheit, aber keine beliebige. Daher „funktionieren" manche Dinge sicher nicht und manche bei sehr vielen. Daher folgen nun einige Hinweise, die Sie als solche nehmen sollen. Wenn der Hinweis Ihnen nützlich erscheint, folgen Sie ihm, probieren Sie die Sache aus. Sonst lassen Sie ihn einfach beiseite.

Wie man ein Buch liest: Ich habe tatsächlich einige Studenten erlebt, die nicht in der Lage waren, sich rasch und wirkungsvoll einen Überblick über ein Fachbuch, auch nur über ein einzelnes Kapitel eines Fachbuchs zu verschaffen. Deshalb hier ein Hinweis, der eigentlich überflüssig sein sollte:

Erstens: Fachbücher, längere Artikel, generell: Fachtexte liest man nie einfach von vorn bis hinten durch, ohne sich *vorher* einen Überblick verschafft zu haben. Auf diese Art liest man Romane, nur Romane. Romane liest man auch mit einer relativ konstanten und relativ hohen Lesegeschwindigkeit. Der Fachtext erfordert an verschiedenen Stellen äußerst unterschiedliche Lesegeschwindigkeiten. Deshalb sind „Seiten" kein geeignetes Maß für das Vorankommen im Fachtext.

Zweitens: Man verschafft sich einen Überblick auf zweierlei Art. Erstens über die Sache, zweitens über den Text. Jeder Text ist eine Übersetzung einer Sach-Logik in einen linearen Text. Überfliegen Sie den Text, um die wichtigsten Stichworte aufzusammeln; studieren Sie das Inhaltsverzeichnis. Dann klappen Sie das Buch wieder zu und durchdenken diese Grundelemente. Dadurch entsteht eine Vertrautheit mit dem Ganzen; erst diese Vertrautheit mit dem Ganzen befähigt Sie dann beim linearen Durchlesen des Textes alle Informationen sachlich richtig einzuordnen.

Erst nach diesen Vorarbeiten sollten Sie mit dem Lesen im üblich verstandenen Sinn beginnen. Wie gesagt, es gibt tatsächlich nicht wenige Studenten, die an Fachtexten scheitern, weil sie sie wie Romane lesen. Die Kunst der guten populärwissenschaftlichen Literatur ist es, Themen „wie Romane" aufzubereiten. Damit kann man anregen, stimulieren. Aber die Sache in Ihrem Kern trifft man so gerade nicht. Man fördert ein gewisses Laienverständnis, was ja außerhalb der Wissenschaft gar nicht schlecht ist; außerhalb.

Ein Text muss einer bestimmten Textlogik folgen; der gute Fachtext bringt dabei so gut wie möglich die Sachlogik zum Ausdruck. Dennoch bleibt ein Text immer, zwingend linear. Auch der Hypertext im Internet bleibt linear. Deshalb kann ich nur durch freies, an der Sache orientiertes Bewegen im Text die Sachlogik aufschließen. Wenn ich aber von der Sache keinen Begriff habe, so kann das nicht funktionieren.

Literatur

Wer sein Verständnis für Formellesen vertiefen möchte, muss sein Verständnis für Sprache und Kommunikation vertiefen. Dafür empfehle ich zwei Titel:

1. Eco, U.: Einführung in die Semiotik. Wilhelm Fink, München (1994)
2. Eco, U.: Die Grenzen der Interpretation. Deutscher Taschenbuch Verlag, München (1995)

Abschnitt: Woraus besteht eine Formel? 2

2.1 Formelelemente – Die Grammatik einer Formel

Theorem von der begrenzten Komplexität von Formeln

Schon bald nachdem ich an diesem Formelleselernbuch zu arbeiten begonnen hatte, begab ich mich auf die Suche nach den verschiedensten Arten von Formeln. Es fanden sich recht rasch so circa 10 bis 15 oder ein paar mehr verschiedenartige Formeltypen, aber es stellte sich als schwierig heraus, so richtig große und schwierige und komplizierte Formeln zu finden. Formeln aller Art, die mir bei der ersten Begegnung noch als kompliziert erschienen waren, stellten sich immer als lesbar heraus. Und zwar sogar als leicht lesbar, wenn ich in der Weise an die Formel heranging, die ich hier vorstelle.

Es stellte sich heraus, dass es kaum wirklich schwierige Formeln gibt. Schwierig ist vielleicht der Sachverhalt, der sachliche genauso wie der mathematische. Aber schwierig heißt auch hier nur: Es wird schon einiges an Wissen und Fähigkeiten vorausgesetzt.

Diese Behauptung scheint Ihnen unglaubwürdig? Betrachten Sie einmal die Sprache, die ganz „normale" gesprochene und geschriebene Sprache. Sie verstehen alle Sätze, auch kompliziertere. Manche müssen Sie vielleicht zweimal lesen, aber im Kern wissen Sie, wie Sie jeden Satz verstehen können. Auch dann, wenn Sie von der Sache, über die da gesprochen wird, wenig oder keine Ahnung haben. Ob Sie den Zusammenhang dieses Satzes mit anderen Sätzen verstehen, hängt wesentlich von Ihrem Sachverständnis ab, nicht von Ihrem Sprachverständnis.

Außer natürlich in einer Fremdsprache. Und das sind Formeln für viele noch immer. Wenn Sie aber einmal gelernt haben, eine Formel *als Formel* zu lesen, so wird Ihnen die Formel selbst so wenig mehr auffallen wie die grammatische Struktur eines Satzes in einer Ihnen vertrauten Sprache. Sie werden den Satz (die Formel) verstehen und zugleich erkennen, wo Sie inhaltliche (fachliche oder mathematische) Verständnisschwierigkeiten haben.

So, wie man im Deutschen oder Lateinischen, besonders lange und komplizierte Sätze bilden kann, die dann keiner mehr versteht, weil man sie kaum mehr *lesen* kann, so könnte

R. Höfer, *Das Formelleselernbuch*, DOI 10.1007/978-3-658-01608-1_2,

man natürlich auch sinnlos komplizierte Formeln schreiben. Aber die sind dann einfach *unlesbar*. Da kein Autor von Formeln will, dass man einen Ausdruck nicht lesen kann, so gibt es auch kaum unlesbare Formeln mehr. Nicht zuletzt, weil in den letzten dreihundert Jahren die Technik der mathematischen Notation, also der *mathematischen Schrift* auch deutlich verbessert und vereinfacht wurde.

Wenn jemand einen Satz wie „tentavit, sed non solvit" nicht versteht, so ist jedem klar, dass das daran liegt, dass er diese *Sprache* nicht beherrscht und nicht daran, dass er den *Inhalt* nicht versteht. Dieser Unterschied ist äußerst wichtig, er wurde schon anhand des Verständnisdreiecks angedeutet.

Genau dieser Unterschied ermöglicht es uns jetzt, unter Ausnutzung der begrenzten Schwierigkeit von Formeln, tatsächlich in höchst allgemeiner und universell einsetzbarer Weise das Lesen von Formeln als definierte Fähigkeit zu erlernen.

Im Abschnitt über Formelbilder haben wir zum ersten Mal von „Repertoire" gesprochen. Eine überschaubare Grundausstattung von Formen und Elementen, die uns immer wieder in unterschiedlichsten Kombinationen begegnen. Wenn also Formeln insgesamt rein schreib- und lesetechnisch über eine bestimmte Anzahl von unterschiedlichen Elementen und über eine bestimmte Größe nicht hinauswachsen (können), so genügt ein Repertoire von wenigen Elementen, gleichsam ein „Grundwortschatz" um fast jede Formel aufzubauen.

Betrachten wir jetzt also Formeln weiterhin als eine sprachliche Struktur, ein Objekt der geschriebenen Sprache. Kurz, als einen ganz normalen Satz. Die Satzelemente sind Ihnen vertraut, nur *dass* Sie sie als Satzelemente betrachten sollen sind Sie nicht gewohnt.

Das Zeitwort ist meist „ist gleich", „ist größer", dann dominieren Mittelworte der Vergangenheit, bzw. passive Formen: Verbformen wie „addiert zu", „summiert mit", „multipliziert mit", „gebrochen durch", „abgezogen von", „subtrahiert von" „potenziert mit" bzw. „hoch" bzw. die zugehörigen Hauptworte: Summe, Produkt, Quotient, Differenz, Potenz, und sprachlich eher einsame, ohne gebräuchliches Verb wie „Wurzel aus" und „zum Quadrat".

Mit diesen Worten kommt man grammatisch sehr weit. Was hier nicht vorkommt, sind Subjekte und Objekte.

Für diese grammatische Struktur – Formeln *sind* Sprache – sind bekanntlich folgende Zeichen in Verwendung:

$=$	„ist gleich",
$>$	„ist größer",
$:=$	„definiert",
$+$	„addiert zu", „summiert mit",
$\cdot$ oder $\times$	„multipliziert mit",
/ oder —	„gebrochen durch",
$-$	„abgezogen von", „subtrahiert von",
$\surd$	„Wurzel aus".

Kein Zeichen, nur die Position: „potenziert mit“, „hoch“.
Kein Zeichen, nur die Position ^{2} zeigt das „Quadrat“.
Das Produkt $a \times b$ wird gerne auch einfach als ab geschrieben.

In jeder Formel finden sich im Wesentlichen drei Arten von Zeichen: Objekte, mathematische Operatoren und grammatische bzw. Strukturzeichen.

Objekte werden fast immer mit Buchstaben gekennzeichnet, egal, ob es mathematische Objekte sind oder Gegenstände der „Wirklichkeit“. Dass mathematische Objekte genauso „real“ sind wie andere „reale“ Objekte, etwa der Botanik, der Wirtschaft, der Physik erwähne ich der Vollständigkeit halber. Doch diese sprachliche Unterscheidung ist üblich, zweckmäßig und die kleine sachliche Unstimmigkeit stört uns hier überhaupt nicht.

Mathematische Operatoren werden meistens auf zweierlei Art gekennzeichnet: Die Operatoren der Grundrechenarten sowie die Wurzel werden durch einfache graphische Zeichen dargestellt. Sie sind Ihnen völlig vertraut. So gut wie alle anderen Operatoren werden als Buchstaben oder als Kombination aus mehreren Zeichen dargestellt.

Und die grammatischen bzw. Strukturzeichen? Das sind oft Klammern, Beistriche, Vertikale Striche aber auch die einfachen Zeichen =, +, −, /, × bzw. · erfüllen diese Funktion.

Operatoren und Strukturinformation werden durch *einfache Zeichen*, Objekte durch *Buchstaben* dargestellt. Das gilt zumindest für den Anfang. Dadurch gewinnen wir wieder eine rein optische Gliederung einer Formel, die Sie bewusst nutzen sollten!

Was ein Gebilde wie

$$n = \sqrt{1 - \frac{N_e e^2}{4\pi^2 \varepsilon_0 v^2 m_e}}$$

zu einer Formel mit einem sinnvollen Inhalt macht, ist ganz einfach:

$$\cdot = \sqrt{\cdot - \frac{\cdot \times \cdot}{\cdot \times \cdot \times \cdot \times \cdot}},$$

wobei die Punkte Platzhalter für diverse Objekte darstellen.

Wie Sie deutlich sehen, wurden hier alle konkreten Zahlen sowie Buchstaben gestrichen und Sie sehen dennoch eine Formel vor sich.

$$= \times + \qquad = - \qquad \text{also} \qquad = \times + \qquad = -$$

Was Formeln besser können als andere Sprachformen: Schachtelsätze auch dann noch lesbar halten, wenn Sie in üblicher Schrift tatsächlich schon unlesbar wären, denn die Hauptstruktur einer Formel ist immer als ein übersichtlicher Satz formulierbar. Die Feinstruktur wird dann beim ersten Lesen ignoriert und dennoch bleibt die ganze Formelstruktur lesbar. Die einzelnen Formelelemente werden nur als Ganzes betrachtet, ihre innere Feinstruktur überlesen wir zuerst einmal.

Formelelemente ihrerseits können allein schon aus zeichentheoretischen Gründen einen bestimmten Grad an Komplexität nicht überschreiten. Durch die Grundoperatoren +, ×, /, −, $\sqrt{}$ entstehen nämlich sofort Gebilde, die als Ganzes entweder als eine Summe, ein Produkt, ein Quotient, eine Differenz oder ein Wurzelausdruck erfasst werden können, der dann seinerseits immer und zwingend von einer dieser Grundformen dominiert wird und selbst wieder eine Summe, ein Produkt, ein Quotient, eine Differenz oder einen Wurzelausdruck darstellt. Es ist daher möglich, jede noch so komplizierte Formel als einfache Struktur mit weiteren Substrukturen darzustellen. Deshalb kann jede Formel prinzipiell einfach gelesen werden. Das wird im Kapitel „Formelhierarchie" genau ausgeführt.

Zwei einfache Beispiele. Diese Beispiele sind einfach, denn Sie achten jetzt nur auf die grammatischen Zeichen.

$$\frac{h}{2}g(x_0) + h\sum_{i=1}^{n-1} g(x_i) + \frac{h}{2}g(x_n) = \int_a^b g(x)\,\mathrm{d}x + \sum_{j=2}^{k} \frac{h^j}{j!}B_j(g^{(j-1)}(b) - g^{(j-1)}(a))$$

$$+ \ldots + (-1)^{k-1}\frac{h^{k+1}}{k!}\int_0^n \tilde{B}_k(t)g^{(k)}(a+th)\,\mathrm{d}t.$$

Stellen Sie zuerst einmal einfach die Gleichheit zweier Summen fest:

$$\frac{h}{2}\ldots + h\sum_{i=1}^{n-1}\ldots + \frac{h}{2}\ldots = \int_a^b \ldots + \sum_{j=2}^{k}\ldots + \ldots\int_0^n \ldots$$

Also: $A + B + A' = C + D + E$. Säähr schwierig.

Dass einige Summanden Produkte, andere Summen sind, ist irrelevant. Die Faktoren einiger dieser Produkte sind Funktionswerte, andere einfache Quotienten. Diese Formel ist also weder in ihrer Gesamtstruktur noch in ihren Elementen irgendwie schwierig.

Was die Sache bei Formeln so interessant macht, ist dann zu untersuchen, welche Eigenschaften aus dem Zusammenspiel der einzelnen Elemente hervorgehen und vor allem dadurch sichtbar gemacht werden, dass man ein oder mehrere dieser Elemente verändert, mit ganz bestimmten Werten versieht und dann schaut, was passiert.

$$n = \sqrt{1 - \frac{N_e e^2}{4\pi^2 \varepsilon_0 v^2 m_e}} \qquad \text{lesen wir einfach so:} \qquad \cdot = \sqrt{\cdot - \frac{\cdot\times\cdot}{\cdot\times\cdot\times\cdot\times\cdot}}.$$

Irgendein Ausdruck (links vom =-Zeichen) entspricht einem Wurzelausdruck. Der Wurzelausdruck besteht aus einer Differenz zwischen einem Wert und einem Quotienten. Der Quotient besteht aus zwei Produkten, wobei das Produkt im Zähler zwei, das im Nenner vier Faktoren hat. Das ist die „Grammatik" dieser Formel. Oder das Gerüst.

Noch einfacher, wenn wir das lesen als

$$n = \sqrt{1 - \text{zusammengesetzter Ausdruck}}.$$

Diese Formel hat allein auf Grund dieser Struktur schon eine ziemliche Menge von interessanten Eigenschaften; wir werden diese bald kennenlernen.

Beginnen wir nun mit „echten" Formeln, an denen auch was dran ist, die einen Inhalt haben. Denn genau dieses *Zusammenspiel* aus Inhalt und Struktur, von „realen" Objekten und mathematischen Operatoren bringt sinnvolle und anwendbare Formeln hervor.

2.2 Buchstaben – die Akteure

Jetzt gehen wir die Sache von der inhaltlichen Seite an. Die Struktur der Formel ist uns zuerst einmal völlig egal, wir wollen uns nur einmal einen Überblick verschaffen, *worum es überhaupt geht*. Worum es wirklich geht. Jetzt werden Inhalte, Begriffe und Konzepte wichtig. Wer sind die Akteure, welche Objekte, Gegenstände spielen eine Rolle?

Und – das wird Sie nicht mehr überraschen – wir fragen nach den wichtigsten Eigenschaften dieser Akteure. Denn bereits *ohne Berücksichtigung der Struktur* der Formel werden auch durch die ganz spezielle Zusammenstellung der Akteure bestimmte Beziehungen nahegelegt, andere ausgeschlossen. Und zwar aus rein sachlichen Gründen. Je besser Sie also die Objekte, ihre Akteure verstehen, umso erhellender wird dann für Sie die anschließende strukturelle Formelanalyse.

Ich vermute, dass Sie nicht Astrophysik *und* Volkswirtschaft *und* Biologie *und* Medizin *und* Mathematik studieren. Schauen Sie sich bitte dennoch alle diese Beispiele an, weil Ihnen dann – vor allem in Ihnen eher fremden Bereichen – diese Bedeutung des Verständnisses des Inhalts leichter auffällt. Man versteht das eigene Gebiet oft besser, wenn man in ein anderes hineinschnuppert. Weil wir am besten durch deutliche Unterschiede lernen. Wie Sie sehen, sind alle Beispiele als Formeln höchst einfach, dennoch stehen alle Akteure jeweils in sehr unterschiedlichen Beziehungen. Die wir uns im nächsten Kapitel dann genau ansehen.

$$n = \sqrt{1 - \frac{N_e e^2}{4\pi^2 \varepsilon_0 v^2 m_e}}$$

$$Y = C + I + G + Ex + Im$$

$$\frac{\Delta y}{\Delta x} = \frac{-my + bxy}{rx - axy}$$

$$J_{\text{diff}} = F \cdot D \cdot \frac{\mathrm{d}C}{\mathrm{d}x}$$

$$y' = a(x)y + b(x) \quad \text{oder auch} \quad y' = f(x, y)$$

$$\beta = Cy + a, \quad C = (X'X)^{-1}X'.$$

Ohne Kenntnis der Bedeutung der Buchstaben haben Sie keine Ahnung, wovon die Rede ist. Keine Formel sagt Ihnen von sich aus, zu welchem Fachgebiet sie gehört. Denn das liegt niiieee an der Formel, immer nur am Inhalt. Und los geht's:

$$n = \sqrt{1 - \frac{N_e e^2}{4\pi^2 \varepsilon_0 v^2 m_e}}$$

n Brechungsindex (für Lichtstrahlen in elektrisch leitenden Schichten)
N_e Elektronendichte in m^{-3}
e Elementarladung $1{,}602 \cdot 10^{-19}$ A s ($\cong$ Coulomb)
π tja, ist tatsächlich die Zahl Pi, also 3,141592654 ...
ε_0 absolute Dielektrizitätskonstante $8{,}85 \cdot 10^{-12}\,\mathrm{A\,s/(V\,m)}$
ν Frequenz
m_e ... man muss nicht alles verraten. Wenn Sie nämlich die Beteiligten genau anschauen, und dann noch (siehe Abschn. 2.3 „Formel und Wirklichkeit" weiter unten) die Einheiten berücksichtigen, ... aber nur, wenn Sie von *Physik* etwas verstehen. Die Formel besagt also, dass dieser Brechungsindex, also ein bestimmtes Verhalten von Licht bei Eintritt in ein anderes lichtdurchlässiges, elektrisch leitendes Medium auf eine bestimmte Art und Weise von der Elektronendichte, der Frequenz und einigen anderen Parametern abhängt. Davon sind wiederum e, π, ε_0 und m_e unveränderliche Größen, leger gesprochen so etwas wie „Naturkonstanten".

Also sind Elektronendichte und Frequenz gleichsam die „dynamischen" Akteure, wogegen Elementarladung, absolute Dielektrizitätskonstante und die Elektronenmasse (m_e) gleichsam den Rahmen festlegen; eine mindeste Vorstellung des Umfelds ermöglichen, innerhalb dessen sich was ändert. Das heißt, ein physikalisches Verständnis des Zusammenspiels von Elementarladung, Dielektrizitätskonstante und Elektronenmasse einerseits, eine Vorstellung der Wirkung von Elektronendichte und Frequenz andererseits. Stellen Sie sich den Lichtstrahl förmlich vor, wie er auf eine elektrisch leitende Schicht trifft, die Wechselwirkung zwischen den Teilchen, die dabei auftretenden Kräfte usw.

Thema: Die Brechung des Lichts an einer elektrisch leitenden Schicht in Abhängigkeit von der Frequenz, der Teilchendichte und anderer Größen.

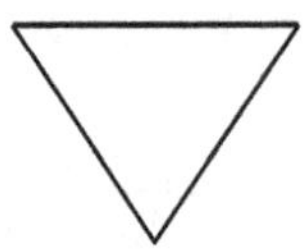

Mathematik: Grundrechenarten und Wurzel

Formel:

$$n = \sqrt{1 - \frac{N_e e^2}{4\pi^2 \varepsilon_0 \nu^2 m_e}}$$

Das müssen Sie präsent haben, bevor Sie in die Formel einsteigen. Erst, wenn Sie die Akteure und ihre Eigenheiten gleichsam vor sich sehen, steigen Sie mit diesen wieder in die Formel ein.

$$Y = C + I + G + Ex - Im$$

Y Volkseinkommen (engl. yield). Wird, soviel sei hier doch angemerkt, in dieser Formel *definiert*. Man hätte die Formel daher auch so schreiben können: $Y \equiv C + I + G + Ex - Im$
C Konsum, gesamter Konsum aller Haushalte einer Volkswirtschaft (engl. consumption)

I Investitionen, gesamte Investition aller Unternehmen in einer Volkswirtschaft
G die wirtschaftliche Aktivität der Regierung, „Staatsanteil" (engl. gouvernmental)
Ex Exporte
Im Importe

Diese Worte sind alle so wohlvertraut. Gerade deshalb besteht die Gefahr zu glauben, man habe eine wissenschaftliche, also eine sachlich angemessene Vorstellung davon. Hier gilt es zum einen jeden Begriff wirklich zu durchdenken und mit dem zu verbinden, was man jeden Tag sieht, in der Zeitung liest und selbst tut. Zum anderen gilt es, das Zusammenspiel dieser verschiedenen Bereiche des Wirtschaftens zu verstehen. Wenn dies eine Definition von Y ist, so muss man in diesem neuen Wort „Volkseinkommen" all die anderen Begriffe mitdenken. Also nicht etwa sinngemäß einen riesengroßen Geldhaufen vor sich sehen, sondern diese in sich strukturierte Entstehung des Begriffs Volkseinkommen erkennen. Ob diese Definition „richtig" oder „brauchbar" ist, hängt zum einen vom Zweck ab, zum anderen davon, ob die obigen fünf Begriffe auch Phänomene der wirtschaftlichen Wirklichkeit richtig erfassen. Wenn Sie z. B. an einem Terminal eines großen Frachtenbahnhofs stehen, so können Sie die Tätigkeiten, die Sie dort sehen unmittelbar mit dem Begriff des Exports oder Imports verbinden.

Thema: Definition des Gesamteinkommens einer Volkswirtschaft unter Berücksichtigung privater, staatlicher und internationaler Wirtschaftsaktivitäten

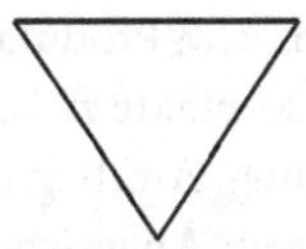

Mathematik: Addition, Subtraktion

Formel: $Y = C + I + G + Ex - Im$

Außerdem haben Sie selbstverständlich einen guten und anschaulichen Begriff, von welchem „Volk", also von welchem Gebiet, von welcher Bevölkerung da genau die Rede ist. Die Menschen, die Sie täglich sehen, die um Sie herum sind, Sie selbst. Finden Sie das alles wirklich wieder in diesen Begriffen? Oder sind es im Moment doch noch mehr „Worte" für Sie?

$$\frac{\Delta y}{\Delta x} = \frac{-my + bxy}{rx - axy}$$

Jetzt wird's tierisch. Diese Formel stellt ein einfaches Modell der Beziehung zwischen Tiergruppen dar, und zwar ist die eine Gruppe die der Jäger, die andere die der Gejagten.

x Anzahl der vorhandenen Beutetiere (fachsprachlich: Größe der Population)
y Anzahl der vorhandenen Raubtiere/Jäger
r die pro Kopf-Wachstumsrate der Beute bei Abwesenheit von Feinden.
Sie stellt die absolute Differenz Geburten minus Todesfälle der Gesamtpopulation gegenüber, wodurch eine *relative* („prozentuelle") Wachstumsrate angegeben werden kann. Sie erinnern sich an Thomas Robert Malthus?

m sinngemäß das gleiche für die Jäger, wenn es keine Beute gibt. Auch eine prozentuale, d. h. relative Größe.

a gibt die Wirkung eines Jägers relativ auf die Beutepopulation an, gleichsam wie „erfolgreich" ein Jäger durchschnittlich ist.

b gibt andererseits an, wie sehr sich die Vermehrung der Anzahl von Beutetieren auf die Zahl der Jäger auswirkt. Grob gesagt: Ab wie viel mehr möglichen Beutetieren gibt es einen Jäger mehr.

Hier gilt es vor allem zu durchdenken, wie das Zusammenspiel zweier so miteinander verbundenen Tiergruppen aussieht. In Abhängigkeit ihrer jeweiligen Größe, der Frage, wie viele Beutetiere benötigt ein jagendes Tier zum dauerhaften Überleben, wie hängt das alles mit den jeweiligen Geburten- und Sterberaten zusammen. Ohne noch in die Formel einzusteigen, kann man, ja muss man sich ein lebhaftes Bild davon machen. Ob man in der Phantasie mehrere Rudel Löwen der Serengeti und Herden von Gnus vor sich sieht. Oder – was ich für viel besser halte – einen nahegelegenen Park aufsucht und aus einer Mischung von Beobachtung und Vorstellung in Gegenwart des „lebenden Objekts" das Zusammenspiel zwischen Vögeln und Insekten durchdenkt. Oder im Keller mal über die Größe der Hausspinnenpopulation nachdenkt. Aber was fressen die bloß, ich meine wirklich? Bei uns im Keller?

Ich verrate ihnen, dass der Ausdruck xy, also das Produkt aus den beiden Populationsgrößen sachlich eigentlich kein Produkt, sondern ein selbständiger Ausdruck ist. Nämlich die (maximale) Zahl der Kontakte zwischen Beutetieren und ihren Jägern.

Kleine Nebenbemerkung: Am Beginn der Entwicklung der Evolutionstheorie standen genau solche Überlegungen: Angesichts der ungeheuer großen Zahl von Nachkommen, die viele Tierarten hervorbringen, müsste die Erde von einigen dieser Tierarten innerhalb weniger Jahrzehnte vollständig bevölkert sein. Ist sie aber nicht. Was aber begrenzt deren Wachstum, und vor allem wie? Wenn Sie darüber nachdenken, bei jedem einzelnen Individuum zugleich einen Repräsentanten einer spezifischen Population vor sich sehen und beim Aufeinandertreffen von einer Wespe und einer Spinne im Todeskampf sich nicht nur von diesem einzelnen Schauspiel beeindrucken lassen. Dann denken Sie auch biologisch. Diesmal hat die Wespe gesiegt, die Spinne liegt tot im Gras, zweieinhalb Meter unter dem Netz, das der Wespe hätte zum Verhängnis werden sollen. In einem anderen Spinnennetz finden Sie eine Wespe, bereits feinsäuberlich verpackt. Ihre Überlegungen jetzt: Wie oft treffen Spinnen und Wespen dieserart aufeinander? Wie oft endet die Begegnung mit Flucht und es gibt keine Verletzten? Wie oft endet sie tödlich für die Wespe, für die Spinne?

Ja, soweit von der Form der Formel sollen Sie weg sein, und so tief im Inhalt, in der Sache, um die es geht. Denn erst von der Sache her können Sie beurteilen, welche Sachverhalte einer mathematischen „Behandlung" überhaupt zugänglich sind, wo Mathematik hilfreich und sinnvoll ist und wo nicht. Dazu müssen – müssen! – Sie aber auch eine Ahnung von Mathematik haben. Davon ab dem nächsten Kapitel mehr.

Thema: Die Abhängigkeit des Wachstums einer Population jagender Tiere von Größe, Wachstum und Kontaktintensität mit der Population ihres Beutetieres

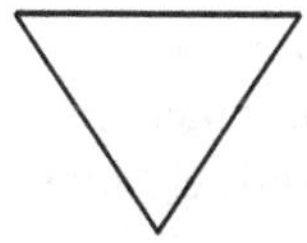

Mathematik: Differenzen, Quotienten

Formel:

$$\frac{\Delta y}{\Delta x} = \frac{-my + bxy}{rx - axy}$$

Nach dieser dramatischen Geschichte auf Leben und Tod holen wir jetzt mal tief Luft. Und schon fragen wir uns, wie denn der Sauerstoff der Luft von der Lunge ins Blut kommt. Und zwar wirklich aus dem Luftraum der Alveole in den Flüssigkeitsraum der Kapillaren und Arterien. Natürlich durch Diffusion, also durch den Transport eines bestimmten Stoffes innerhalb oder zwischen Gasen und Flüssigkeiten. Dabei gilt …

$$J_{\text{diff}} = F \cdot D \cdot \frac{\mathrm{d}C}{\mathrm{d}x}$$

J_{diff} die Diffusionsrate, angegeben in Mol pro Sekunde
F Fläche. Die Kontaktfläche, die für die Stoffübertragung zur Verfügung steht
D Diffusionskoeffizient
C Konzentration des Stoffes, um den es geht
x die Dicke der Trennwand, z. B. einer biologischen Membran zwischen zwei Bereichen unterschiedlicher Konzentration

Wir befinden uns hier im Bereich der Physiologie.

Die Diffusionsrate wird angegeben in Mol pro Sekunde. Der Physiologe (in Biologie wie Medizin) sieht natürlich sofort, dass es sich hier um einen Stofftransport handelt. Sie sehen förmlich zwei Räume, in denen dieser Stoff vorkommt vor sich. Einer ist mit Luft gefüllt und enthält eine bestimmte Konzentration z. B. von Sauerstoff O_2, der andere ist ein Flüssigkeitsraum mit einer niedrigeren Mengenkonzentration O_2. Moleküle sind nicht gerade groß. Also genügen auch relativ kleine Kontaktflächen? Die Kontaktfläche zwischen Gas und Flüssigkeit in der menschlichen Lunge macht ca. 100 m^2 aus. Klein? Wir betrachten zwar zum einen hier die molekulare Ebene, es werden natürlich einzelne Moleküle durch die Membran der Alveolen transportiert. Aber zum anderen betrachten wir ja Stoff*mengen*. Sie spüren als Physiologe förmlich beim Einatmen auch das Einströmen mehrerer Deziliter Luft, was einer bestimmten Stoffmenge in Mol molekularem Sauerstoff entspricht. Dieser vorhandene Sauerstoff trifft auf ca. 100 Quadratmeter Kontaktfläche, aber immer nur ganz kurz. Denn – habe ich das noch nicht erwähnt? –: Definition: Diffusion bedeutet Transport eines Stoffes aufgrund der zufälligen thermischen (Brownschen) Bewegung seiner Moleküle oder Ionen. Das heißt, dass eine gewisse Zeit an der Kontaktfläche gegeben sein muss, damit dieser Konzentrationsunterschied auch zu einer wirksamen Bewegung führt. Und da ist natürlich klar, je dünner die Trennwand, umso kürzere Zeiten reichen zum Wirksamwerden dieser Kräfte aus. Und der – ein schönes Wort – Diffusionsweg beträgt hier bei uns so circa 1 bis 2 µm. Mikrometer, also „millionstel Meter". Vielleicht fällt Ihnen die Vorstellung von einem „tausendstel Millimeter" leichter. Und wie groß ist im Vergleich dazu ein O_2-Molekül?

Hundert Quadratmeter hier, aber nur 1 bis 2 millionstel Meter da. Das sind die Vorstellungen, die Sie entwickeln müssen, ja, bei jedem Atemzug zum Teil bewusst erleben können. Dann verstehen Sie die Akteure.

Und der Diffusionskoeffizient? Der tut, was viele seiner Koeffizientenkollegen tun: Als wortwörtlich „Mitwirkender" fasst er in einer Zahl einige konstante und einige je stoffspezifische Eigenschaften zusammen. Und dient dazu den Wert, den eine Formel auf-grund ihrer sachorientierten Grundform nicht vollständig in allen Details wiedergibt, entsprechend zu korrigieren bzw. zu ergänzen.

Thema: Welche Stoffmenge eines gelösten Stoffes wird durch ein Konzentrationsgefälle in Abhängigkeit vom Diffusionsweg und einiger anderer Größen transportiert?

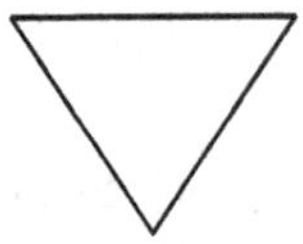

Mathematik: Produkt, Differenzen und Quotienten (Differenzenquotient)

Formel:

$$J_{\text{diff}} = F \cdot D \cdot \frac{\mathrm{d}C}{\mathrm{d}x}.$$

Sie sehen hier einen rein physikalischen Vorgang in einer physiologischen Umgebung. Das Verständnis derselben Formel in einem physikalischen Zusammenhang ist ein anderes, muss ein anderes sein als eben in einem physiologischen. Es ist für Ihr Formelverständnis extrem wichtig, den jeweiligen Sachzusammenhang voll in die Formel hineinzutragen.

$$J_{\text{diff}} = F \cdot D \cdot \frac{\mathrm{d}C}{\mathrm{d}x}.$$

Für das Verständnis der Formeln aus jeweils fachlicher Sicht ist es also unumgänglich, dass Sie die Buchstaben wirklich als die Akteure in der Wirklichkeit erfassen, durchdenken, sich vorstellen. Tun wir das auch bei der nächsten Formel:

$$y' = a(x)y + b(x)$$

y irgendeine Funktion
y' die Ableitung dieser Funktion y
a eine andere, aber bestimmte Funktion
b noch eine andere, aber ebenso bestimmte Funktion
x eine beliebige Zahl, auch bekannt als „Variable"

Wir haben, was unschwer zu erkennen ist, nun das Gebiet der Mathematik betreten. Und es hat sich nichts geändert. Wir müssen genauso, wie in den obigen Beispielen die Akteure kennen, ihre Eigenschaften, uns zu jedem der Akteure etwas vorstellen können.

Aber „sagt" ihnen das Wort Funktion wirklich etwas? Können Sie mehr als eine nur mehr oder weniger „richtige" Definition dahersagen? Eine Funktion ist genauso ein Objekt wie das Volkseinkommen, der Brechungsindex, die Kontakthäufigkeit zwischen Beute und Jäger oder der Diffusionsweg. Einem Mathematiker ist das völlig klar. Er behandelt diese mathematischen Objekte nicht anders als der Chemiker seine Stoffe oder der Astrophysiker seine Sterne. Was ein Stern ist, ist schnell erklärt; zumindest im Sinne der Definition, die es uns ermöglicht, uns auf das gleiche Objekt in der Wirklichkeit zu beziehen. Was ein Stern dann aber „wirklich" ist, welche Eigenschaften er hat, wie viel verschiedene Formen und Typen es gibt, wie er sich mit anderen Sternen verträgt oder nicht verträgt, wie er entsteht oder vergeht. Davon eine Vorstellung zu haben bedeutet erst, Sterne verstehen. Sinnvoll davon reden zu können.

Von der Mathematik haben viele nun die Vorstellung – aufgrund der üblichen Ausbildung auch verständlich – dass die Definition eines mathematischen Objekts zu kennen heißt, von diesem Objekt auch etwas zu verstehen. Wer dann gleich mit dem Objekt arbeiten will, erkennt sehr rasch, dass er das Objekt doch nicht versteht. Aber dies fast immer deshalb, weil er gar nicht versteht, **dass es sich hierbei um ein Objekt handelt**.

$y' = a(x)y + b(x)$ ist eine ziemlich gewöhnliche Differentialgleichung. Wenn ich Ihnen noch das Wort „inhomogene lineare Differentialgleichung erster Ordnung" hinwerfe, schmeißen Sie vielleicht gleich alles hin. Völlig unnötig. Blättern Sie zurück an den Anfang, zu „Formeln und Gefühle".

Die Gleichung selbst ist wie Sie selbst sehen, extrem einfach. $\cdot = \cdot + \cdot$; viel leichter geht's wirklich nichtmehr. Sie verstehen diese Gleichung aus zwei Gründen nicht oder nicht in aller Tiefe: Sie sind mit dem Objekt „Funktion" noch nicht ausreichend vertraut und mit noch einem Objekt, das Sie aber schon lange und auch erfolgreich verwenden. Nämlich mit dem Objekt „Gleichung". Fast jede Formel ist eine Gleichung (oder Ungleichung). Aber es gilt folgenden Unterschied zu beachten:

▸ Wenn ich von „Formel" spreche, so rede ich von einem sprachlichen Objekt, wenn ich von „Gleichung" spreche, so rede ich von einem mathematischen Objekt.

In $y'(x) = a(x)y + b(x)$ wird einfach gesagt, dass es einen bestimmten Zusammenhang gibt zwischen einer Funktion, ihrer Ableitung und einer weiteren, davon unabhängigen Funktion. Das ist das Thema, mehr nicht.

Noch zwei extrem einfache Formeln:

$$\beta = Cy + a,$$
$$C = (X'X)^{-1}X'$$

Ich mache es kurz: Alle Kleinbuchstaben, ob griechisch oder lateinisch, sind *Vektoren*. Alle Großbuchstaben sind *Matrizen*. Dass bei den Matrizen auch die inversen Matrizen, gekennzeichnet mit $^{-1}$, sowie die transponierten Matrizen, gekennzeichnet durch $'$ ignorieren wir. Ich nehme wieder an, dass Sie wissen „was" eine Matrix ist. Die meisten von Ihnen wissen vermutlich aber nicht (viel) mehr. Das mathematische Objekt haben Sie noch nicht persönlich kennengelernt.

Die erste Formel erzählt uns einfach, dass der Vektor β aus dem Zusammenspiel der Matrix C und den Vektoren y und a entsteht. Und die zweite Formel erklärt uns, wie diese Matrix „C" aus dem Zusammenspiel der Matrix X mit deren eigener transponierten Form X' und der Inversen aus deren beider Produkt entsteht. Technische Details sind hier völlig uninteressant. Einfach schauen, was da steht.

… wenn Sie das sehen, denken Sie natürlich sofort an … + *Ex* – *Im*.

Denn das ist in der Formel abgebildet. Nicht Buchstaben und Zahlen. Diese sind nur die erforderlichen Werkzeuge für diese Abbildung.

2.3 Formel und Wirklichkeit

Wir haben uns jetzt mit den Akteuren vertraut gemacht. Wie aber kommen diese Akteure in die Formel? Wie werden daraus mathematische Akteure? Welche mathematischen Akteure gibt es überhaupt? Fragen über Fragen, die wir leicht beantworten können.

Dieser Frage widme ich etwas mehr Raum, weil viele Missverständnisse über Formeln, über das, „was Mathematik kann" und über die Besonderheiten eines Sachgebiets jenseits seiner mathematisch erfassten Seite hier ihren Ursprung haben.

Dazu werfen wir einen Blick auf den Gesamtzusammenhang aus dem heraus Formeln überhaupt erst entwickelt werden. Formeln sind nicht nur stets Teil eines Textes, sondern sind gemeinsam mit diesem Teil einer Wissenschaft, einer Anwendungstechnik usw. Die folgende Graphik soll Sie kurz an diesen Gesamtzusammenhang erinnern, der sich auch in dem Detail „Formel" stets als ganzer wiederspiegelt.

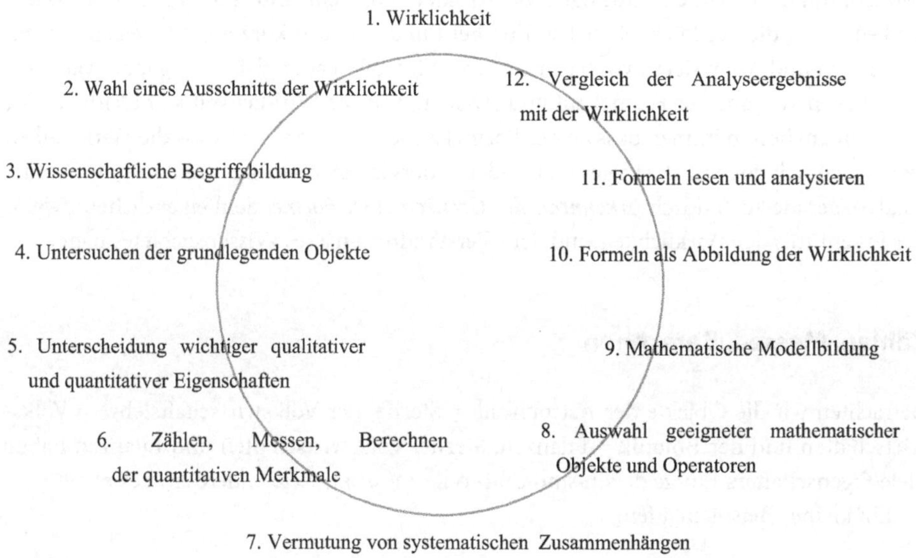

Die Punkte 2 bis 5 stellen den Sachzusammenhang dar, wir befinden uns im Verständnisdreieck „links oben". Bei Punkt 6 kommen unsere Objekte erstmals so richtig mit Zahlen in Berührung, deshalb werden wir auf den Punkt „Messen" einen etwas genaueren Blick werfen. Im Punkt 7 verbergen sich bei mathematischer Sichtweise schon die Begriffe der Korrelation (aus der Statistik) und der mathematisch wesentlich verlässlichere Verwandte der Funktion. Damit wir aber mit unseren Messergebnissen und unseren Zusammenhangsvermutungen wirklich etwas anfangen können, müssen wir vollends den Sprung in die Mathematik wagen und die für unseren Zweck passenden mathematischen Objekte und Operatoren auswählen.

Da diese Arbeit für uns längst erledigt ist, müssen wir bei Punkt 8 nur wissen:

- Welche Objekte und Operatoren stehen eigentlich zur Verfügung?
- Wie sehen sie innerhalb einer Formel aus?
- Was können sie?

Dieses Wissen genügt uns hier vollkommen, und gleich zur Beruhigung vorweg: Wir kommen mit 7 einfachen mathematischen Objekten aus, und als „Operatoren" sind wir mit unseren Grundrechenarten aus der Grundschule bereits sehr gut ausgestattet.

Wenn die mathematische Modellbildung, erledigt ist, dann liegen zum ersten Mal Formeln vor. Richtige, echte Formeln. Sie sehen an dieser Kurzdarstellung bereits, wie viele Schritte, wie viel Gedankenarbeit, wie viel Forschung in einer Formel zusammengefasst sind. Machen Sie sich damit zugleich auch klar, dass Formeln als Ergebnis eines solchen Prozesses gut und schlecht, zweckmäßig und nicht zweckmäßig, richtig oder falsch sein können; mit allen „Grauabstufungen" dazwischen. Formeln sind Abbildungen der Wirklichkeit, nicht die Wirklichkeit selbst. Erst bei Punkt 11, also kurz vor 12 steigen *wir* mit dem Lesen und Analysieren von Formeln ein. Wir wollen aber gleich die ganze Wahrheit, und blicken von unserer Formel auf und schauen, was die Wirklichkeit so bereithält. Wir erwarten am besten immer, dass an der Formel zwar einiges dran ist, dass die Wirklichkeit wahrscheinlich doch noch einiges mehr oder anders ist. Dann bringt uns eine gute Formelanalyse gerade auch durch *Erkenntnis der Grenzen einer Formel* dem eigentlichen Zweck, der Erkenntnis der Wirklichkeit und dem Verständnis unseres Wissensgebietes näher.

Zählen, Messen, Berechnen

Betrachten wir die Objekte der Astrophysik = Sterne, der Volkswirtschaftslehre = Volkswirtschaften und der Botanik = Pflanzen. Sterne, Volkswirtschaften und Pflanzen haben viele Eigenschaften. Einige davon sind zähl- oder messbar, viele andere sind es nicht

Ein kleiner Beispielhaufen:

Sterne

Farbe	keine messbare Eigenschaft
Masse	messbar → Einheit: Kilogramm, kg
Volumen	messbar → Einheit: Kubikmeter, m^3

Volkswirtschaft

Das Handeln wirtschaftender Menschen in einem Gebiet	keine messbare Eigenschaft
Der Export von Gütern	zählbar → Einheit: Stückzahl. Meist aber keine sinnvolle Größe

Der Wert aller exportierten Güter	messbar → Einheit: Geldeinheiten.
Die Exportbeziehung von Land A zu Land B	keine messbare Eigenschaft

Pflanzen

Standort	keine messbare Eigenschaft
Wuchsform	nicht messbar
Höhe	messbar → Einheit: Meter, Zentimeter, m, cm
Trockensubstanz	messbar → Einheit: Kilogramm, Gramm, kg, g
Größe einer Population	messbar → Einheit: Stück

Sie sehen an dieser kleinen Auflistung bereits, dass einige Eigenschaften der Objekte sehr gut, manche gar nicht und manche mit Schwierigkeit zählbar oder messbar sind. Und eben-so, dass nicht alles, was messbar ist, auch für das jeweilige Objekt interessant ist oder sinnvolles Wissen ergibt.

Wenn wir also mit unseren Objekten in die Mathematik einsteigen, so lassen wir einiges zurück: Die Sterne haben keine Farben, die Volkswirtschaften sind keine Länder mehr, es gibt keine konkreten Güter und Menschen mehr, die Pflanzen haben keine Orte mehr und keine Formen. Das alles bleibt draußen. Das alles finden Sie in den Formeln nicht wieder. Wenn Sie die Formeln mathematisch betrachten. Wir müssen aber all das, unsere wirklichen Sterne und wirklichen Volkswirtschaften und wirklichen Pflanzen gegenwärtig haben. Dann verstehen wir, was wir durch die Formel für unser Fachgebiet gewinnen können, wenn und insofern wir unsere Akteure zu mathematischen Akteuren machen. Und wir wissen damit auch, was das besondere unserer Wissenschaften ist, was genau nicht allgemein mathematisch, was nicht durch zählen und messen allein begriffen werden kann.

Unser Objekt der Wirklichkeit hat viele interessierende Eigenschaften. Einige davon sind zähl- oder messbar. Diese allein können wir zu mathematischen Akteuren werden lassen.

Wie aber messen wir? Messen erfordert zuallererst ein Maß. Dieses wird in irgendeiner Form verkörpert. Es gibt einen Gegenstand, z. B. ein gerades Stück Holz, dessen Länge wir als „Maß" für Länge schlechthin festlegen. Das Stück Holz hat die Eigenschaft „Länge" und wir nehmen dieses Stück Holz als Maß. *Damit hat dieses Stück Holz den Wert 1.* Das Maß ist immer die Einheit, englisch unit. Wir messen durch Zählen: Wollen wir etwa die Länge eines Gebäudes messen, so legen wir den „Zollstock" so oft nacheinander parallel an der Gebäudeseite an, bis wir von einem Ende zum anderen gelangt sind. Dabei zählen wir ganz einfach.

Die Länge des Gebäudes entspricht z. B. der 15-fachen Länge des Zollstocks. Als Formel:

$$\text{Länge des Gebäudes} = \text{Länge des Zollstocks 15mal.}$$

Formen wir um, so erhalten wir eine für unser Verständnis grundlegende Beziehung:

$$\frac{\text{Länge des Gebäudes}}{\text{Länge des Zollstocks}} = \frac{15}{1}.$$

Der Zollstock ist ja das Maß, die Einheit unserer Messung. Dass mathematisch 15/1 dasselbe ist wie 15, ist klar. Stellen Sie sich jetzt aber vor, wir nehmen ein Metallrohr, das genau doppelt solange ist, wie der Zollstock. Wenn wir aber weiterhin dabei bleiben, dass nur der Zollstock die Maßeinheit sein soll, so ist das Metallrohr 2 Zollstock-Einheiten lang. Messen wir nun mi dem Metallrohr, so erhielten wir

$$\frac{\text{Länge des Gebäudes}}{\text{Länge des Metallrohrs}} = \frac{7{,}5}{1}.$$

Was insofern richtig ist, als das Gebäude 7,5-mal so lang ist wie das Metallrohr. Aber wir wissen nicht, was das in Maßeinheiten bedeutet, denn wir haben ja den Zollstock als Maßeinheit gewählt. Also:

$$\frac{\text{Länge des Gebäudes}}{\text{Länge des Metallrohrs}} = \frac{\text{15 Zollstocklängen}}{\text{2 Zollstocklängen}}.$$

Vielleicht passt uns aber in Zukunft das Metallrohr besser, und wir erklären das Metallrohr zum Maß der Länge „1“. Das ist, nebenbei bemerkt, der Grund für die weltweit angestrebte Vereinheitlichung verschiedener Maßsysteme!

Was Sie sehen: Jedes Maß ist relativ, und jedes Maß kann ich in einem Bruch ausdrücken, wobei der Nenner das Maß, die 1 darstellt. Diese 1 hat keine Größe mehr, die man messen könnte, denn sie „ist“ das Maß, und **das Maß selbst kann man nicht messen**. Wie schwer ist 1 Kilogramm, wie lange ist 1 Meter, wie lange dauert 1 Sekunde?

Die beiden elementaren Tätigkeiten des Zählens und des Messens bringen Objekte der Wirklichkeit unmittelbar zu Zahlen in Beziehung. Dadurch werden Objekte der Wirklichkeit zugleich Objekte der Mathematik. Aber – und das bitte ich Sie, immer zu beachten, wenn Sie eine Formel studieren – „mathematisch“ ist an der Wirklichkeit immer nur der Teilaspekt, der gezählt oder gemessen wurde. Das Sachobjekt hat noch hunderte andere Eigenschaften; nur diejenigen, die gezählt oder gemessen wurden, können in einer Formel vorkommen.

- Durch das Zählen und Messen werden bestimmte Aspekte der Wirklichkeit auf Zahlen abgebildet.

Um sich das umständliche und aufwendige Zählen zu erleichtern, hat man vorgefertigte Abbildungen mehrerer Einheiten erfunden – nämlich Skalen und verwandte Anzeigen. Ich zähle nicht mehr, sondern lese von der Skala eine einfache Zahl, einen so genannten Skalar ab. Welche Einheit dieser Skalar hat – Meter, Kilogramm, Sekunden, Newton usw. – interessiert *beim Ablesen* gar nicht. Denn – siehe oben – eigentlich wird mit dieser Zahl nur das Verhältnis Gemessene Größe: Maß angegeben!

Die Skala sagt mir: Dieser Gegenstand wiegt 65mal soviel wie das Maß. Das sagt mir natürlich erst dann etwas, wenn ich weiß, was das Maß überhaupt ist. Zum Beispiel ist das Maß das Kilogramm; die Einheit des Gewichts. Gewicht ist also die Eigenschaft, die gemessen werden kann, das Ergebnis der Messung wird als Zahl verbunden mit dem Maß (der Einheit) angegeben. Wir haben ab jetzt immer die Wahl, entweder die „Größe" z. B. das Gewicht zu verwenden, oder deren Messwert, also Zahl × Maßeinheit, etwa 65 kg. In Formeln zur Darstellung und Untersuchung von Zusammenhängen sind Größen zweckmäßiger, wollen wir konkret etwas ausrechnen, so wählen wir Messwert × Maßeinheit. Und vergessen Sie nie: Die Maßeinheit selbst ist die relative „1", auf die alles bezogen wird, und sie selbst ist nicht messbar. Sie wird durch irgendetwas in der Wirklichkeit verkörpert.

Wenn Sie eine Formel genauer verstehen wollen, so sollten Sie stets überlegen, wie denn diese Größen, die da in einer Formel vorkommen, überhaupt gemessen werden können. Überlegen Sie genau: Was wird da gemessen?

Die beiden Formeln $V_D = V_T \cdot \frac{(F_{A_{CO_2}} - F_{E_{CO_2}})}{F_{A_{CO_2}}}$ und $F = g \cdot \frac{m_1 \cdot m_2}{r^2}$ sind für uns hier insofern interessant, als Sie mit V_D dem Totraumvolumen in der Lunge, und der Gravitationskraft F_G zwischen zwei Sternen etwa, zwei Größen nennen, die man nicht direkt messen kann. Man muss sie aus gegebenen Daten *berechnen.* Diese „gegebenen Daten" müssen aber ihrerseits irgendwie ermittelt werden: Gezählt, gemessen, wieder berechnet. Für V_D müssen wir also das Atemzugsvolumen messen und den CO_2-Gehalt sowohl der Ausatem- als auch der Einatemluft. Für F_G müssen wir Sternmassen, den Abstand der Sterne und die Gravitationskonstante kennen. Für das Volkseinkommen $Y = C + I + G + Ex - Im$ sollten wir eine Idee haben, wie wir alle seine Komponenten messen können. Denn direkt ist Y nicht ermittelbar. Wenn Sie das erste Mal mit einer Formel zu tun haben, wissen Sie das alles nicht. Das macht auch nichts. Es genügt völlig zu wissen, dass es da etwas zu wissen gibt.

Weiter oben haben wir bemerkt, dass dieselbe Formel einen Sachverhalt unterschiedlich betonen kann. So findet sich im Physiologiebuch etwa

$$\text{Totraum } V_D = \frac{V_T(F_{A_{CO_2}} - F_{E_{CO_2}})}{F_{A_{CO_2}}} \quad \text{statt} \quad \ldots = V_T \cdot \frac{(F_{A_{CO_2}} - F_{E_{CO_2}})}{F_{A_{CO_2}}}.$$

„Unsere" Darstellung trennt in der Formel deutlich zwischen den unterschiedlich zu messenden Größen, denn das Atemzugsvolumen ist eine ganz andere Größe und wird daher ganz anders gemessen als die CO_2-Fraktion der Einatem- und Ausatemluft. Auch legt die erste Formel eine andere Berechnungsreihenfolge nahe als die zweite. Die erste Formel betont stärker das Verhältnis der Volumenanteile CO_2 in der Einatem- bzw. Ausatemluft, unsere Formel mehr die relative Veränderung des CO_2-Gehalts, die erst danach mit dem Atemzugsvolumen in Verbindung gebracht wird. Für die Betonung der zusammenhängenden Messkreise „passt" unsere Formel besser, in anderen Zusammenhängen formuliert die erste besser – und fürs bloße Ausrechnen ist es völlig egal. Nur zur weiteren Schärfung ihres Blicks eine Variante, die Ihnen jetzt als sachlicher Unsinn völlig klar ist, obwohl rechnerisch noch immer der richtige Wert herauskommt:

$$\text{Totraum } V_D = \frac{V_T}{F_{A_{CO_2}}} \cdot (F_{A_{CO_2}} - F_{E_{CO_2}}).$$

Die glorreichen Sieben

In der Formel finden wir stets Zeichen, ganz einfache Zeichen. Unsere glorreichen Sieben sehen darin meist so aus:

Zahlen	Reihen	Funktion	Ableitung	Integral	Vektoren	Matrizen
a, b, x	$\sum_{i=1}^{n} a_i$	$f(x)$	$f'(x)$	$\int_a^b f(x)\,\mathrm{d}x$	$v, \vec{x} \in R^n$	A, B, M

Bis auf die beiden speziellen Zeichen $\sum$ und $\int$ lauter ganz normale Buchstaben aus unserem ganz vertrauten Alphabet. Ergänzen wir das um die schon vertrauten für $+$, $-$, $=$, $\times$, $/$, $>$ und $\surd$ so haben wir alle, wirklich alle „Zutaten", die wir für das Lesen von Formeln brauchen. Dass einmal statt f auch g oder h stehen kann, und eine Matrix auch mal X heißen darf, brauch ich wohl nicht zu erwähnen. Diese sieben Objekte, dazu die 4 Grundoperationen und die $\surd$, also gerade mal 12 Stück. Mehr sind es nicht.

Die Sache wird noch übersichtlicher, wenn wir diese Objekte wie folgt gliedern:

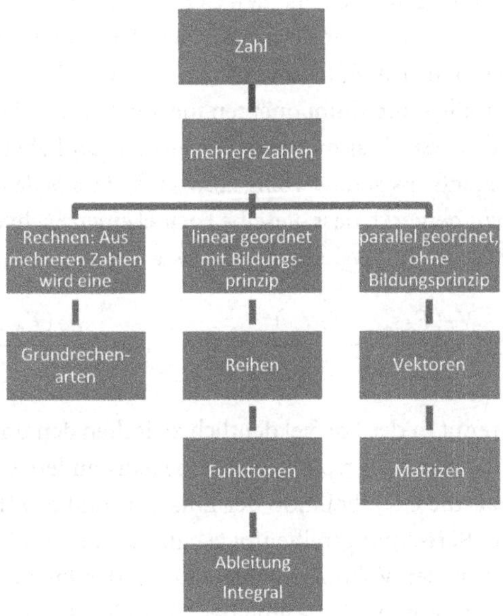

Damit uns diese Zahl von sieben Akteuren nicht gar so willkürlich erscheint, betrachten wir ihre grundsätzlichen Eigenschaften: Alle, wirklich alle gehen aus den einfachen Zahlen hervor. Wir können jetzt überlegen, was wir mit mehreren Zahlen so alles anstellen können.

Wir können – das ist uns wohl am besten vertraut – rechnen. Pointiert gesagt heißt Rechnen: Mache aus zwei oder mehr Zahlen wieder eine einzige Zahl. Damit werden alle üblichen Rechenoperationen gemeinsam mit den einfachen Zahlen zu unseren ersten mathematischen Akteuren.

Wir können mehrere Zahlen auch auf andere Weise zueinander in Beziehung setzen. Wir können Zahlen und Werte so nacheinander anordnen, dass wir ein Bildungsprinzip darin er-kennen können. Wenn wir etwa den Zahlen 1, 2, 3, 4, ... einfach ihr Quadrat zuordnen, so erhalten wir eine Folge von 1, 4, 9, 16, ... Wir erkennen in der Aufeinanderfolge dieser Zahlen eine *Ordnung*. Und zwar eine Ordnung, die sich auf die natürliche Zahlenfolge 1, 2, 3, ... zurückführen lässt. Alles, was irgendwie mit „Funktion" zu tun hat, geht auf solch eine lineare Ordnung mit einem erkennbaren Bildungsprinzip zurück.

Wir können mehrere Zahlen aber auch nebeneinander anordnen. Dabei ist allein die räumliche Anordnung von Bedeutung, ein lineares Bildungsprinzip gibt es dabei nicht. Wir betreten die Welt der Vektoren und Matrizen. Vektoren benötigen wir immer dann, wenn uns eine einzelne Zahl zu eindimensional ist. Die Angabe ihrer Wohnadresse ist bekanntlich mehrdimensional. Lebten Sie in New York, so kämen Sie mit 415, 71, 8 schon fast bis vor Ihre Wohnungstür. Hausnummer, Straße, Stockwerk. Die Angabe Ihrer Adresse erfordert mehr als eine Zahl, bildet aber dennoch eine Einheit. Wenn uns sogar Vektoren zu wenige Dimensionen bieten oder wir die Zusammenhänge zwischen mehreren Vektoren darstellen wollen, so können wir mehrere gleichgroße Vektoren zu einem neuen mathematischen Objekt zusammenfassen und wir erhalten eine Matrix.

Es folgen Kurzportraits der glorreichen Sieben.

Zahlen

Alles beginnt mit den natürlichen Zahlen: 1, 2, 3, 4, ... Mit der Folge der natürlichen Zahlen werden wir groß und unser Verständnis von Reihenfolge ist dadurch sehr stark geprägt. Das wollen wir bei den Objekten Reihe und Funktion bald nutzen.

In Formeln begegnen uns Zahlen im Wesentlichen in drei verschiedenen Formen: Als Zahl in konkreter Form, etwa wie in $a^{\underline{2}} + \underline{2}ab + b^{\underline{2}}$. Viel häufiger begegnen wir aber der *allgemeinen* Schreibweise, hier werden Buchstaben für Zahlen verwendet. Ist eine beliebige, aber genau bestimmte Zahl gemeint, die genau einen Wert und keinen anderen hat, so sind die Buchstaben vom Anfang des Alphabets a, b, c sehr beliebt: $\underline{a}^2 + 2\underline{ab} + \underline{b}^2$. Gelegentlich wird auch die Mitte des Alphabets m, n, o, p verwendet. Ist aber eine so genannte *Variable* gemeint, also eine Zahl die viele verschiedene Werte annehmen kann, so ist das Ende des Alphabets mit x, y, z der Buchstabenlieferant.

Aber auch die Reihe, die Funktionen, das bestimmte Integral sind „eigentlich" Zahlen, wenn ihre Elemente Zahlen sind. Nur schreiben wir nicht die Zahlen selbst, sondern deren Bildungsprinzip hin, die Vorschrift, wie aus vorgegebenen „echten" Zahlen wie a, b oder x die entsprechenden Funktionswerte bzw. die Reihensumme zu ermitteln ist. Deshalb treffen wir bei Reihe, Funktion, Ableitung und Integral immer auch auf allgemein geschriebene *Zahlen*.

Schauen wir uns das gleich bei der Reihe an.

Reihen

Reihen können oft faszinierende bis erschreckende Formelbilder annehmen, dabei ist alles ziemlich einfach:

$$\sum_{k=0}^{\infty}(-1)^k\frac{(\omega t)^{2k}}{(2k)!},\quad \text{oder}\quad \textstyle\sum_{k=1}^{n} \mathrm{e}^{ikt} = \mathrm{e}^{ikt} + (\mathrm{e}^{it})^2 + \ldots + (\mathrm{e}^{it})^n \quad \text{oder gar}$$

$$h(x) = h(a) + \tfrac{(x-a)}{1}h'(a) + \tfrac{(x-a)^2}{1\cdot 2}h''(a) + \tfrac{(x-a)^3}{1\cdot 2\cdot 3}h'''(a) + \ldots + \tfrac{(x-a)^{n-1}}{(n-1)!}h^{(n-1)}(a) + \tfrac{1}{(n-1)!}\textstyle\int_a^x h^{(n)}(t)(x-t)^{n-1}\,dt$$

wirken beeindruckend, nicht zuletzt wegen ihrer Größe. Und das soll einfach sein? Ja, denn eine Reihe ist eine ganz spezielle Summe, die nach einem bestimmten Bildungsprinzip aufgebaut ist.

Das bedeutet dreierlei:

Als Summe stellen diese ganzen Ausdrücke nur *eine einzige Zahl* dar. Mehr nicht. Das ist auch der Hauptzweck von Reihen. Sie dienen der Ermittlung eines Wertes, der anders nur schwer oder gar nicht ermittelt werden kann. Wenn Sie also nicht an der Reihe selbst interessiert sind, so versuchen Sie sie wie eine einzige Zahl zu betrachten.

Bildungsprinzip bedeutet, dass ich die ganze Reihe, alle ihre Elemente verstanden habe. wenn ich dieses Bildungsprinzip verstanden habe. Und das orientiert sich immer an der einfachen Zahlenfolge 1, 2, 3, 4, 5, … Wenn Sie die einzelnen Formelglieder in den obigen Beispielen betrachten, so sehen Sie, wie irgendwo ein Wert immer um 1 größer wird. Gibt es einen größten Wert, so wird dieser entweder konkret genannt, z. B. die Zahl 5, oder wie in den Beispielen oben mit der allgemeinen Zahl n, oder auch $n - 1$ bezeichnet.

Da eine Reihe eine Summe mit einem bestimmten Bildungsprinzip ist, so kann ich die Schreibweise auch extrem abkürzen. Ich schreibe nämlich einfach das Bildungsprinzip selbst „ganz allgemein" hin und gebe nur an, für welchen Abschnitt aus der Folge der natürlichen Zahlen dieses Bildungsprinzip angewendet wird. Und das schreibt man so:

$$\sum_{i=1}^{n} a_i$$

„i" ist der so genannte Laufindex, er gibt an, welcher Bereich der natürlichen Zahlen gemäß dem Bildungsprinzip in der Reihe „verarbeitet" wird. Hier etwa von 1 bis n. Könnte aber auch $\sum_{i=3}^{8}$ also von 3 bis 8 laufen. Das „a" mit dem Index i ist nun die allgemeine Beschreibung der Reihenglieder. Steht da z. B. $\sum_{i=2}^{4} i^2$ so setzen wir für i der Reihe nach die Werte 2 bis 4 ein und Summieren, also:

$$\sum_{i=2}^{4} i^2 = 2^2 + 3^2 + 4^2.$$

Interessant sind in Anwendungen oft unendliche Summen, also $\sum_{i=1}^{\infty}$, die dennoch einen endlichen Wert ergeben. Nur so als Beispiel ergibt etwa die unendliche Summe

$$\sum_{i=1}^{\infty} \frac{1}{2^i} = \frac{1}{2} + \frac{1}{4} + \frac{1}{8} + \frac{1}{16} + \frac{1}{32} + \ldots = 1$$

Wichtige unendliche Summen sind die Reihendarstellungen von Zahlen wie den Winkelfunktionen sinus und cosinus oder der Eulerschen Zahl e.

$\sum$ Wann immer Sie eine Reihe ausgeschrieben sehen oder mit einem sehr komplizierten Ausdruck, denken Sie daran: Es ist im Prinzip immer dasselbe, es genügt, wenn Sie nur das $\sum$-Zeichen sehen und den Rest zuerst gar nicht beachten. Sie wissen nämlich schon, worum es geht. Und das genügt.

Funktionen

Falls Sie bei „einheitlichem Bildungsprinzip" schon an Funktionen gedacht haben, liegen Sie natürlich richtig. Funktionen beschränken sich aber nicht auf die natürlichen Zahlen, sondern lassen üblicherweise alle Zahlen, meist alle reellen Zahlen zu. Deshalb, und das ist das entscheidende für uns, kann man mit Funktionen viele Eigenschaften der Wirklichkeit abbilden. Alles, was sich irgendwie kontinuierlich z. B. in der Zeit oder im Raum verändert, kann mit einer Funktion abgebildet werden.

Funktionen gibt es unendlich viele; wenn man sie in verschiedene Typen einteilen wollte, kommt man mit so ca. 10 bis 15 Grundtypen schon ziemlich weit. Ob $f(x) = \frac{1}{\sqrt{2\pi}\sigma} e^{-\frac{(x-\mu)^2}{2\sigma^2}}$ oder $\Phi_{\text{tide}} \cong \frac{1}{2}\frac{\gamma M R_E^2}{R^3}(3\cos^2\theta - 1)$ oder $f(x) = \sin^2 x$, oder ganz einfach $f(x) = ax + b$.

Für das sachlich verständige Lesen sollten Sie auch hier zuerst nur lesen, *dass* es sich um einen funktionalen Zusammenhang handelt, Sie lesen also bei *jedem* der obigen Beispiele einfach nur

$$\boxed{y = f(x)}$$

Dabei ist die Analogie: x entspricht dem Index des Folgeglieds, f benennt das Bildungsprinzip und y ist daher der Wert des entsprechenden Folgeglieds.

Wenn Sie also eine Formel lesen, in der vielleicht sogar mehrere Funktionen vorkommen, konzentrieren Sie sich zuerst nicht auf Details. Was für ein komplizierter Ausdruck da auch stehen mag, es steht da immer zugleich: y ist eine Funktion von x. Sie sehen bei jeder Funktion, dass Sie immer um eine Variable (meist x, gelegentlich auch t) herum aufgebaut ist.

▸ Es ist zehnmal wichtiger zu verstehen, *dass* da zwischen y und x ein funktionaler Zusammenhang besteht als zu verstehen, wie dieser Zusammenhang genau aussieht.

Außerdem hat die Schreibweise $f(x)$ den Vorteil, dass Sie sich tatsächlich auf die Sache, nämlich das Objekt konzentrieren, nicht auf belanglose Details oder sich in falscher Weise vom komplizierten oder nicht komplizierten Formelbild beeindrucken lassen.

Ableitungen

Die Ableitungen zu den obigen Formeln schreibe ich Ihnen jetzt ganz sicher nicht hin; denn es geht um den Begriff der Ableitung. Und den gewinnen wir, indem wir uns ganz allgemein mit „(irgend)einer Funktion $f(x)$" beschäftigen. Ableitungen sind selbst Funktionen. Also gilt zum einen einmal alles, was für Funktionen überhaupt gilt.

Ableitungen sind insofern „speziell", als Sie uns sagen, wie sich eine bestimmte bereits vorgegebene Funktion ändert. Änderung eines Wertes, einer Größe im Hinblick auf die Änderung eines anderen Wertes. Das ist die Kernaussage von Ableitungen, und deshalb sind Ableitungen so extrem wichtig.

Sprachlich reden wir ständig in Ableitungen. Wann immer wir von Änderungen reden. Je weiter wir den Berg hinaufgehen, umso kühler wird es. Es wird wärmer. Die Preise steigen jedes Jahr. Sie erinnern sich noch an das Konzentrationsgefälle des Sauerstoffs in Ihrer Lunge? Also die Änderung der Konzentration über eine bestimmte räumliche Strecke hin? All diese Themen sind Kandidaten für die Ableitung einer Funktion.

Wenn also irgendwo eine Ableitung ein $f'(x)$ oder $y'(x)$ und ähnliches steht: Es ändert sich irgendeine Größe im Hinblick auf eine andere.

Wenn wir irgendwo einen Zusammenhang zweier Größen erkannt haben – also eine Funktion $y = f(x)$ gebildet haben – interessiert uns fast immer auch, wie sich y relativ verändert, wenn sich x relativ verändert. Die Funktion und ihre Ableitungen treten im Sachzusammenhang oft beide auf. Wir beobachten in einer Zeitreihe etwa das Wachstum einer Pflanze, also

$$\text{Höhe der Pflanze} = f(\text{Wachstumsperiode}).$$

Wir wollen aber auch wissen, wie die Veränderung der Höhe von Wachstumsperiode zu Wachstumsperiode, also ihr relatives Wachstum, nicht bloß ihre absolute Höhe, aussieht. Ob es auch da einen *funktionalen* Zusammenhang gibt.

Oder wir stellen fest, welcher Luftdruck in welcher Höhe in der Atmosphäre üblicherweise herrscht. Die Frage ist auch hier: gibt es einen Zusammenhang, wie der Luftdruck sich mit zunehmender Höhe ändert?

Das Interessante an Ableitungen ist nämlich, dass sich viele Dinge, die sich absolut gesehen *ändern*, dies in einer *konstanten* relativen Weise tun.

Integrale

Dass es schöne Ausdrücke wie $f(z) = \frac{1}{2\pi i} \int_{|\zeta - z| = \varepsilon} \frac{f(\zeta)}{\zeta - z} \, d\zeta$ gibt, ist zwar nett, aber um über Integrale und ihre Eigenschaften zu reden, genügt das Wort, oder einfach

$$\int_a^b f(x)\,dx.$$

Das wissen wir bereits. Wozu aber Integrale? Integrale haben drei häufige Funktionen in Formeln:

1. Es wird einfach ein Wert ausgerechnet, der anders nur schwer berechnet werden kann, oder die Berechnung vorbereitet (Können wir also sachlich fast ignorieren). Wichtig sind dabei – wie bei der Reihe – die Grenzen des Integrals, a und b.
2. Das Integral ist ja der stetige Bruder der diskreten, d. h. auf die Folge der natürlichen Zahlen fußenden, Reihe. Das Integral sammelt viele, viele kleine Einzelwerte in einem bestimmten Bereich auf. (Genau genommen sind es unendlich viele unendlich kleine Werte, die zusammen erstaunlicherweise eine konkrete Zahl ergeben). Überall dort, wo in der Natur oder der Wirtschaft oder der Technik. viele kleine Effekte oder Größen auftreten, die – und das ist entscheidend – einen gemeinsamen funktionalen Zusammenhang haben, können wir die Gesamtwirkung, die Gesamtgröße mithilfe eines Integrals ermitteln. Beliebt ist auch die Variante, dass wir einfach *alle Veränderungen* zusammenzählen. Denn vielleicht können wir einen Wert nicht direkt beobachten, wohl aber diese Änderungen. Mithilfe der Summe aller Änderungen können wir dann doch einen Wert ermitteln.
3. Das Integral ist ganz einfach die Umkehrung der Ableitung. Kenne ich also etwa das relative Änderungsverhalten einer Größe in Bezug auf eine andere, so habe ich ja eine Funktion. Diese Funktion betrachte ich nun als die Ableitung einer anderen, denn sie beschäftigt sich ja mit Änderungen. Will ich aber nicht das relative Verhältnis der beteiligten Größen verstehen, sondern eine absolute Beziehung analysieren, so bilde ich durch Integrieren jene Funktion, deren Ableitung die mir schon bekannte Funktion ist.

Vektoren und Matrizen

Vektoren und Matrizen treten entweder auch ganz unauffällig als einfache Buchstaben auf, wie etwa in

$$\beta = Cy + a,$$
$$C = (X'X)^{-1}X'$$

Dabei sind die Kleinbuchstaben Vektoren, die Großbuchstaben Matrizen. Oder wir finden Sie in ihrer beeindruckenden Größe voll ausgeschrieben:

$$\nabla := \begin{pmatrix} \frac{\partial}{\partial x_1} \\ \frac{\partial}{\partial x_2} \\ \frac{\partial}{\partial x_3} \end{pmatrix} \quad \text{bzw.} \quad \begin{bmatrix} 1 & 0 & -\gamma_{13} \\ 0 & 1 & -\gamma_{23} \\ -1 & -1 & 1 \end{bmatrix} \quad \text{oder} \quad \begin{bmatrix} -\beta_{11} & 0 & 0 & -\beta_{14} & 0 \\ -\beta_{21} & 0 & 0 & 0 & -\beta_{25} \\ 0 & -1 & -1 & 0 & 0 \end{bmatrix}$$

Ein Vektor fasst mehrere Größen zusammen, die irgendwie zusammengehören und auch mathematisch gemeinsam behandelt werden können. Beliebt sind z. B. die drei Raumkoordinaten. Das sind nämlich 1. mehrere 2. gleichartige Eigenschaften 3. desselben Objekts, die 4. sogar in sinnvolle Beziehungen zueinander gebracht werden können.

In Formeln treten Vektoren sehr oft wie ganz einfache Zahlen auf, sowohl als allgemeine Zahlen als auch als Variable. Zahlen können ein Objekt nur eindimensional abbilden, und daher sind „skalare" Größen stets nur eindimensional. Wollen wir mehr, so müssen wir zum mehrdimensionalen Vektor greifen. Der Vektor leistet für die Abbildung der Wirklichkeit nicht mehr als eine „normale" Zahl, eine skalare Größe. Er bietet nur mehr Dimensionen. Behandeln Sie das Objekt, das er darstellt aber genauso als *ein* Objekt, wie alle anderen. Denn das Objekt ist wichtig, das er darstellt, erst nachrangig die verschiedenen Teilaspekte.

Matrizen sind so eine Sache:

Allein für sich stellen Sie oft ganze Gleichungssysteme dar. Das haben wir so in der Schule gelernt. Sie können aber auch mehrdimensionale Zusammenhänge (dargestellt als Vektoren) über z. B. verschiedene Zeiträume erfassen. Wenn Sie damit beschäftigt sind, haben Sie über Matrizen sowieso schon mehr gelernt, als wir hier benötigen. In $\beta = Cy + a$ treffen wir auf die Matrix C, die hier in einer Weise verwendet wird, die vielen anfangs fremd ist. Die Matrix ist hier in gewisser Weise das, was eine Funktion für eine „normale" Variable ist. Denn die Matrix C formt den Vektor y um in einen anderen Vektor z.

So, wie ich $f(y) = z$ schreiben kann, so kann ich $Cy = z$ schreiben. Im ersten Falle sind y und z einfache Zahlen, im zweiten Falle Vektoren. Wenn Sie nicht mehr benötigen oder sowieso schon tiefer in der Materie stecken, dann lesen Sie Matrizen in diesem Zusammenhang wie eine Funktion, oder – um das schöne Wort wieder zu bemühen, wie einen Operator. Die wichtigsten Operationen bleiben aber nach wie vor Addition, Multiplikation, Subtraktion und Division. Betrachten wir unser Verständnisdreieck noch einmal, so sehen wir, dass wir uns ganz elementar nurmehr um die Formellogik kümmern müssen. Denn die mathematischen Objekte dienen ja nur dem Zweck, die Sachobjekte mathematisch handhabbar zu machen, sie vertreten in der Formel die Sachobjekte. Außer innerhalb der Mathematik sind sie selbst nicht von Interesse.

Das dynamische Geschehen, wie also diese Akteure zusammenspielen, hat fast immer die Form von „plus", „minus", „mal, „geteilt durch".

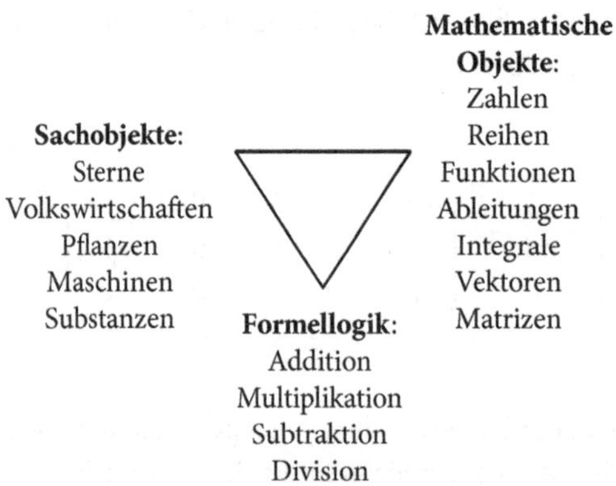

Der Sachzusammenhang folgt der jeweiligen Sachlogik, die sehr unterschiedlich sein kann. Die mathematischen Zusammenhänge sind vielfältig und interessant, aber deren Sachlogik ist für uns hier völlig unwichtig. Uns interessiert hier ganz und ausschließlich die reine Formellogik.

Der Hauptinhalt der folgenden beiden Abschnitte ist es daher, Sie mit den *Ihnen längst vertrauten* Formelelementen und Grundrechenarten *als mathe-*

matische Objekten vertraut zu machen. Sie lernen nichts Neues kennen, sondern – was viel wertvoller ist – eine neue Sichtweise. Die hier aufgezählten mathematischen Objekte sollen Sie genau als das sehen. Als Objekte wie andere Sachobjekte auch, die wir aber nur gemäß der Grundrechenarten verstehen müssen, um eine Formel grundlegend zu verstehen. Sie werden dabei so nebenbei mathematisch sehen lernen. Das soll der mathematische Ertrag für Sie aus diesem Buch sein.

$f(\Sigma) = \Sigma(f)$: Die Akteure

Wir betrachten wieder „unsere" Formel: $f(x+h) = f(x) + h \cdot f'(x) + h \cdot g(x,h)$.

Jetzt werden die Bildelemente endlich zu Objekten. Und zwar zu mathematischen.

Wir ignorieren die Gesamtstruktur der Formel, denn damit haben wir uns noch überhaupt nicht beschäftigt. Uns interessiert nicht das „=", nicht die diversen + Zeichen, sondern uns interessieren nur die einzelnen Objekte, die Akteure:

Wie gewohnt, es ist da überhaupt nichts anders als bei den anderen Formeln. Die Akteure von $f(x+h) = f(x) + h \cdot f'(x) + h \cdot g(x,h)$ sind:

$f(\,)$	eine Funktion
$f'(\,)$	eine Funktion
$g(\,)$	eine Funktion
x	eine Größe
h	eine Größe

Wir sehen als Akteure drei verschiedene Funktionen und zwei Größen. Als Objektarten haben wir mit den Größen einfache Zahlen, Skalare. Als „neues" Objekt gibt es nur die Objektart „Funktion". Diese Formel erzählt uns also ganz einfach etwas über das Zusammenspiel von Funktionen. Und von einem bestimmten Zusammenspiel verschiedener Funktionswerte der Größen x und h.

Betrachten Sie wie in

$$\mathbf{f(x + h),} \qquad \mathbf{f(x),} \qquad \mathbf{f'(x),} \qquad \mathbf{g(x, h)}$$

die verschiedensten Kombinationsmöglichkeiten von Funktion und Argument (das ist der Ausdruck in der Klammer beim Funktionszeichen) durchgespielt werden. Dabei bemerken wir, dass x mit jeder der drei Funktionen „etwas hat", mit einer sogar zweimal, nämlich mit $f(\,)$. Einmal ist x dabei aber allein, das andere Mal in Gesellschaft von h. Mit diesem macht es auch in $g(\,)$ gemeinsame Sache.

Wir sehen weiterhin vier Bildgruppen, aber nur drei unterschiedliche Funktionen. Die Funktion $f(\,)$ kommt zweimal vor, und daher überrascht es nicht, dass hier der Unterschied im Argument liegt. Einmal x allein, einmal x und h.

Betrachten wir nun kurz das Verhalten von h. Wir sehen, dass h nicht nur als Argument von Funktionen auftaucht, sondern auch außerhalb der Klammer aktiv ist, im Gegensatz zu x.

Wenn Sie genauer hinschauen, bei welchen Funktionen h auch von außen wirkt, verstehen Sie noch mehr von dieser Formel. Für jetzt genügt es uns zu sehen, dass hier mehrere Funktionen zueinander in Beziehung gesetzt werden, mit mehreren verschiedenen Kombinationen von nur zwei verschiedenen Argumenten.

2.4 „=" ist nicht immer gleich

Ein Kapitel nur für das =-Zeichen? Mittlerweile würden Sie sich wohl eher darüber wundern, wenn wir diesen unscheinbaren zwei Strichen kein eigenes Kapitel widmen würden.

In Anwendungen tauchen Formeln fast ausschließlich als Rechenformeln auf. Die Formel gibt an, wie ein oder mehrere unbekannte Werte aus gegebenen anderen Werten ermittelt werden kann. Der Anwender setzt die gegebenen Werte in die Formel ein, formt diese je nach Erfordernis um und rechnet dann konkrete Zahlenwerte aus. Das =-Zeichen bedeutet dann soviel: Die Größe X hat den Wert Y. Gelegentlich soll auch etwas „bewiesen" werden in dem Sinne, dass man untersucht, ob zwei verschieden aussehende Ausdrücke „gleich" sind. Man setzt diese Ausdrücke dann eben „gleich", rechnet wieder herum bis am Ende dann $a = a$, oder, auch sehr beliebt: $0 = 0$ dasteht. Rechnen ist zwar für die praktische Anwendung wichtig, aber hier tauchen Formeln nur als Rezept auf. Das Reich der Berechnungsformeln ist auch das Reich der Tabellen und Diagramme.

Denn vielen Tabellen und Diagrammen liegen Formeln zugrunde. Für verschiedene Eingangsgrößen sind dann die entsprechenden Ergebnisse in der Tabelle oder dem Diagramm dargestellt.

Das =-Zeichen als Zuordnung eines Wertes, der berechnet werden kann, nutzt das Konzept der Formel wie ein Rezept. Dieses Rezept funktioniert nur, wenn für alle Beteiligten konkrete Zahlenwerte eingesetzt werden können. Denn etwas ausrechnen heißt letztlich, konkrete Zahlen addieren, multiplizieren usw.

Was aber heißt etwas ausrechnen? Eine der ersten Formeln, die wir überhaupt kennenlernen ist $2 + 2 = 4$. Oder $2 + 3 = 5$. „Ausrechnen" heißt in der uns vertrauten Form, wir ordnen meist zwei oder mehr Zahlen genau eine andere zu, die deren Summe, Produkt, Differenz, Quotient oder Wurzel ist. Die Erfahrung die wir dabei machen ist, dass konkrete Zahlen wieder konkrete Zahlen liefern und wir die Beziehung verstehen, wie diese neue Zahl, das so genannte *Ergebnis* zustande kam.

In den Köpfen vieler hält sich nun diese Bedeutung des = als „Berechnung". Ausschließlich als Rechnung, die die Gleichheit mehrerer Zahlen und Operationen mit genau einer Zahl, dem Ergebnis, gleichsetzt. Wenn wir vielleicht statt der Zahlen dann „Variable", wie x, y und Funktionen in Gleichungen benutzen, denken wir oft noch genauso, und blicken wie fasziniert auf das Rechenergebnis, das wir in diesen gehobenen Kreisen dann gern als „Lösung" bezeichnen. Wichtig ist das alles, ohne Zweifel, aber diese Sicht verstellt leicht den Blick auf Formeln als Instrument der Analyse, der Erklärung, der Darstellung von Zusammenhängen.

Es hat ziemlich lange gedauert, bis man diesem Phänomen des Rechnens selbst die mathematische Aufmerksamkeit gewidmet hat. Man fand, dass man auch mit ganzen Funktionen, mit Vektoren, Matrizen usw. rechnet. Wenn man nämlich die Zahlen nicht mehr einfach als Zahlen, sondern selbst als mathematische Objekte zu untersuchen beginnt, entdeckt man Faszinierendes und extrem Hilfreiches.

Man findet, dass „Rechnen“ im Kern das *Verknüpfen* von zwei oder mehr Objekten *nach gewissen Regeln* ist, sodass daraus ein neues Objekt (meist derselben Art) entsteht. Diese Regeln muss man kennen, deren Anwendung und Umgang üben.

Man muss Sie aber für die Anwendung weder verstehen geschweige denn beweisen können. Sie müssen eben „nur“ rechnen können. Wenn Ihnen klar ist, dass „Rechnen“ genau das ist: Objekte, ein paar Regeln, diese darauf anwenden, so verliert folgende Formel viel von ihrem ersten Schrecken:

$$\begin{aligned} M^2 = M \cdot M &= [I - X(X'X)^{-1}X'][I - X(X'X)^{-1}X'] \\ &= I - X(X'X)^{-1}X' - X(X'X)^{-1}X' + X(X'X)^{-1}X'X(X'X)^{-1}X' \\ &= I - 2 \cdot X(X'X)^{-1}X' + X(X'X)^{-1}X' = I - X(X'X)^{-1}X' = M. \end{aligned}$$

Denn in diesem kleinen Ungetüm kommen nur vor M, I, X sowie die altbekannten Grundrechenarten und zwei spezielle Matrix-Operationen, nämlich die Transposition, geschrieben X' und die Invertierung, geschrieben X^{-1}. Es wird mit diesen Operationen fleißig umgeformt und herumgerechnet, aber eben nur mit diesen drei Objekten und ganzen sechs Operationen. Beeindruckt Sie die Formel immer noch?

Dann schreiben wir mal einfach $(1+1)^3$ ganz ausführlich aus. Also statt kurz:

$$(1+1)^3 = (2)^3 = 8$$

zeigen wir ganz ausführlich:

$$\begin{aligned} (1+1)^3 &= (1+1) \cdot (1+1) \cdot (1+1) \\ &= (1 \cdot 1 + 1 \cdot 1 + 1 \cdot 1 + 1 \cdot 1) \cdot (1+1) \\ &= (1 \cdot 1 + 1 \cdot 1 + 1 \cdot 1 + 1 \cdot 1) + (1 \cdot 1 + 1 \cdot 1 + 1 \cdot 1 + 1 \cdot 1) \\ &= (1+1+1+1) + (1+1+1+1) = 4 + 4 = 8. \end{aligned}$$

Das Beispiel ist vielleicht ein wenig übertrieben, dafür ist es umso deutlicher. Das zugleich aufwendige und doch wenig strukturierte Formel*bild* kommt im Wesentlichen durch die ganze Rechnerei und die Umformungen zustande. Die letztendliche Aussage ist ziemlich trivial, ein bestimmter Wert, eben $(1+1)^3 = 8$, oder die Bestätigung $M^2 = M$. Damit sehen wir am deutlichsten, was das Ziel einer Rechenformel oder einer solchen Umformung ist, ein „=“ das ziemlich wenig sachlich oder mathematisch aussagt. Wir erhalten einen Wert oder eine Bestätigung. Mehr nicht.

Nach dieser doch etwas langen Einleitung für diese zwei Striche, die gelegentlich auch einander an der einen oder anderen Seite berühren, ist Ihnen klar, worauf ich hinaus will. Bevor Sie eine Formel näher analysieren, machen Sie sich klar, was für eine Art Formel Sie vor sich haben. Und da ist die erste Aussage die, welche Bedeutung diese zwei Striche haben.

Das kann ich natürlich nur erkennen, wenn ich einerseits den Inhalt der Formel und andererseits die Struktur der Formel mit einem Überblicksblick in Beziehung zueinander setze.

Neben der Bedeutung als = betragsmäßig gleich/ungleich beschreiben Formeln

- Beziehungen verschiedener Objekte zueinander,
- ein Gleichgewicht zwischen verschiedenen Objekten,
- Identitäten zweier Objekte,
- ein Objekt; geben also eine sachliche oder mathematische Definition,
- Umformungen,
- Gleichungen.

Diese Einteilung ist weder zwingend noch vollständig, Sie soll Ihnen jedoch helfen, von Anfang an zu sehen, dass eine Formel sehr Unterschiedliches sein kann, obwohl die Sache mit dem „=“ ähnlich aussieht.

Es ist klar, dass die Beziehungen, Identitäten, Gleichgewichte, Definitionen und Umformungen sowohl die Eigenschaften realer Gegenstände als auch mathematische Objekte betreffen können.

Gleichungen betrachten eine Formel mit „=“ als ein mathematisches Objekt, also in Hinblick auf seine mathematischen Eigenschaften. In den folgenden Abschnitten dieses Kap. 2 werde ich daher meist von Gleichungen sprechen, da ja *sachliche* Identitäten, Gleichgewichte, Definitionen etc. in mathematischer Form dargestellt sind und wir diese *Darstellungsart* verstehen wollen und daher *Formeln als Gleichungen* untersuchen.

Wenn ich mich auf die sprachlich-bildhaften Eigenschaften beziehe, spreche ich natürlich von Formel.

Was für eine Art von Gleichung ich vor mir habe, darauf gibt mir – mit großen Einschränkungen – das Formelbild einen Hinweis.

Jede Gleichung hat zwei Seiten. Eine links vom = und eine rechts davon. Es können nun auf jeder Seite eines oder mehrere Zeichen stehen. Damit gibt es grundsätzlich vier Möglichkeiten:

Links ein Zeichen, rechts ein Zeichen. Fast immer eine Identität.

Links ein Zeichen, rechts mehrere: Definitionen.

Links mehrere Zeichen, rechts ein Zeichen: Oft eine Rechenbeziehung, oder allgemein eine Beziehung von zwei oder mehr Objekten, die auf ein ganz bestimmtes Objekt, das „Resultat“, hinführen.

Links mehrere Zeichen, rechts die 0, seltener die 1. Beliebte Darstellungsform von Gleichgewichten, oft von relativ vielen Beteiligten.

Links mehrere Zeichen, rechts mehrere Zeichen. Oft Gleichgewichte zweier Objekte, oder zweier vergleichbarer Beziehungen. Ja, zweier (oder mehrerer) Beziehungen.

Das sind alles Formen, die durch Umformungen ineinander übergeführt werden können. Dennoch haben sich bestimmte Anordnungen und Verteilungen der Zeichen links und rechts vom „=“ für die Darstellung bestimmter Zusammenhänge als zweckmäßig erwiesen.

Im Rahmen von Umformungen und Berechnungen können natürlich alle „Zustände“ erreicht werden, die dann aber sachlich oft ohne eigene Bedeutung sind. Die Zwischenergebnisse stellen nur die Gleichheit verschiedener Beziehungen zueinander, oder Identitäten fest. Erst das Umformungsergebnis muss auch wieder sachlich angemessen sein.

Diese Verteilung der Akteure, der Objekte wie der Operatoren zu beiden Seiten einer Gleichung erfassen Sie leicht, wenn Sie einfach das „=“ und die Objekte beachten. Rein optisch. Also nur das Formelbild sehen und nicht darüber nachdenken.

pV	$=$	const	F	$=$	$g \cdot \frac{m_1 \cdot m_2}{r^2}$	Y	$=$	$C + I + G + Ex - Im$
pV	$=$	const	F	$=$	$g \cdot \frac{m_1 \cdot m_2}{r^2}$	Y	$=$	$C + I + G + Ex - Im$
pV	$=$	const	F	$=$	$g \cdot \frac{m_1 \cdot m_2}{r^2}$	Y	$=$	$C + I + G + Ex - Im$

Die dritte Gleichung ist übrigens die Definition des Einkommens einer offenen Volkswirtschaft.

Ungleichungen kommen oft im Verbund mit Umformungen oder einem oder mehreren =-Zeichen vor. Da gibt es für Nichtmathematiker oft ungewohnte Formelbilder, die aber auch nicht leichter oder schwerer zu lesen sind als andere Formeln.

Hier also mehrere =-Zeichen in einer Formel, oder wie man eine kleine mathematische Geschichte erzählen kann.

Wenn uns Ausdrücke wie

$$\begin{pmatrix} a & -b \\ b & a \end{pmatrix} = r \begin{pmatrix} a/r & -b/r \\ b/r & a/r \end{pmatrix} =: r \begin{pmatrix} \cos\varphi & -\sin\varphi \\ \sin\varphi & \cos\varphi \end{pmatrix},$$

$$n(n-1)\binom{n-2}{k-2} = k(k-1)\binom{n}{k} \geq \binom{n}{k} \qquad \text{oder}$$

$$F(x \mid N(\mu,\sigma^2)) = \int_{-\infty}^{(x-\mu)/\sigma} \frac{1}{\sqrt{2\pi}} \cdot \mathrm{e}^{-x^2/2}\,\mathrm{d}y = F\left(\frac{x-\mu}{\sigma} \;\middle|\; N(0,1)\right)$$

begegnen, so kommen wir mit unserem Gleichungslatein zuerst einmal nicht so recht voran. Eine Kombination von mehreren = bzw. = und >, oder auch < . Wie lese ich so etwas? Natürlich können statt < und > auch ≤ und ≥ vorkommen.

Zuerst ist wie immer die Gesamtstruktur wichtig, und die ist gar nicht wirklich aufregend:

$$\begin{pmatrix} a & -b \\ b & a \end{pmatrix} = r\begin{pmatrix} a/r & -b/r \\ b/r & a/r \end{pmatrix} =: r\begin{pmatrix} \cos\varphi & -\sin\varphi \\ \sin\varphi & \cos\varphi \end{pmatrix}$$

$$\begin{pmatrix} a & -b \\ b & a \end{pmatrix} = r\begin{pmatrix} a/r & -b/r \\ b/r & a/r \end{pmatrix} =: r\begin{pmatrix} \cos\varphi & -\sin\varphi \\ \sin\varphi & \cos\varphi \end{pmatrix}$$

$$\begin{pmatrix} a & -b \\ b & a \end{pmatrix} = r\begin{pmatrix} a/r & -b/r \\ b/r & a/r \end{pmatrix} =: r\begin{pmatrix} \cos\varphi & -\sin\varphi \\ \sin\varphi & \cos\varphi \end{pmatrix}$$

oder

$$n(n-1)\binom{n-2}{k-2} = k(k-1)\binom{n}{k} \geq \binom{n}{k}$$

$$n(n-1)\binom{n-2}{k-2} = k(k-1)\binom{n}{k} \geq \binom{n}{k}$$

$$n(n-1)\binom{n-2}{k-2} = k(k-1)\binom{n}{k} \geq \binom{n}{k}$$

oder

$$F(x\,|\,N(\mu,\sigma^2)) = \int_{-\infty}^{(x-\mu)/\sigma} \frac{1}{\sqrt{2\pi}} \cdot \mathrm{e}^{-x^2/2}\,\mathrm{d}y = F\left(\frac{x-\mu}{\sigma}\,\middle|\,N(0,1)\right)$$

$$F(x\,|\,N(\mu,\sigma^2)) = \int_{-\infty}^{(x-\mu)/\sigma} \frac{1}{\sqrt{2\pi}} \cdot \mathrm{e}^{-x^2/2}\,\mathrm{d}y = F\left(\frac{x-\mu}{\sigma}\,\middle|\,N(0,1)\right)$$

$$F(x\,|\,N(\mu,\sigma^2)) = \int_{-\infty}^{(x-\mu)/\sigma} \frac{1}{\sqrt{2\pi}} \cdot \mathrm{e}^{-x^2/2}\,\mathrm{d}y = F\left(\frac{x-\mu}{\sigma}\,\middle|\,N(0,1)\right)$$

Da steht also nichts anderes als

.... ::: .... ::: ....

.... ::: .... ::: ....

Hier wird üblicherweise eine kleine Geschichte beschrieben, so nach dem Motto: Diesen Ausdruck können wir auch so schreiben, das heißt aber nichts anderes als dass der kleiner ist als … und dieser andere Ausdruck kann auch so geschrieben werden. Und schon haben wir in Kurzform einen Ausdruck in einen anderen übergeführt. Es handelt sich also schlicht um Umformungen, die aber zusammengefasst werden.

Die erste Umformung mit der Matrix endet in einer Definition.

Die zweite beschreibt auf einem kleinen Umweg, dass der erste Ausdruck größer als der letzte ist; was man durch den Umweg über den Zwischenschritt gut sieht.

Und die dritte zeigt, wie eine bestimmte Formel, die als Integral bestimmter Art geschrieben werden kann dadurch in eine andere Formelform umgewandelt wird.

Um diese Geschichten zu lesen, müssen Sie gerade mal die Objekte erkennen; also dass es sich um Matrizen, um Zahlen (ja, das zweite Beispiel besteht nur aus Zahlen!), dass es sich um Funktionen bzw. dass es sich um ein Integral handelt. Diese Information reicht, um bereits zu verstehen, welche Geschichte hier erzählt wird.

Diese Dynamik, die sollen Sie aus diesen Formeln mitnehmen: Was wird in was umgewandelt, auf welche Weise, was sind die Zwischenschritte?

Falls Sie glauben, so zwei = und also drei Ausdrücke wäre alles, es geht noch länger.

$$A' = R' = p + q \cdot \frac{\mathrm{d}p}{\mathrm{d}q} = p - (-q) \cdot \frac{\mathrm{d}p}{\mathrm{d}q} = p - p \cdot \left(-\frac{q}{p}\right) \frac{\mathrm{d}p}{\mathrm{d}q} = p - \frac{p}{\eta} = p\left(1 - \frac{1}{\eta}\right)$$

$$\boxed{A'} = \boxed{R'} = \boxed{p + q \cdot \frac{\mathrm{d}p}{\mathrm{d}q}} = \boxed{p - (-q) \cdot \frac{\mathrm{d}p}{\mathrm{d}q}} = \boxed{p - p \cdot \left(-\frac{q}{p}\right) \frac{\mathrm{d}p}{\mathrm{d}q}} = \boxed{p - \frac{p}{\eta}} = \boxed{p\left(1 - \frac{1}{\eta}\right)}$$

$$A' \boxed{=} R' \boxed{=} p + q \cdot \frac{\mathrm{d}p}{\mathrm{d}q} \boxed{=} p - (-q) \cdot \frac{\mathrm{d}p}{\mathrm{d}q} \boxed{=} p - p \cdot \left(-\frac{q}{p}\right) \frac{\mathrm{d}p}{\mathrm{d}q} \boxed{=} p - \frac{p}{\eta} \boxed{=} p\left(1 - \frac{1}{\eta}\right)$$

Sechs =-Zeichen, also sieben Teile!

Das Gleichheitszeichen ist auch der Dreh- und Angelpunkt für Operationen an der Gleichung; die gleichsam von außen kommen. Was immer ich mache, wenn ich mit beiden Seiten der Gleichung die identische Operation durchführe, so bleibt diese neu entstandene Gleichung genauso richtig wie die Gleichung, aus der Sie hervorgegangen ist. Jedenfalls mathematisch.

Sagen Sie nicht, Sie bringen etwas von der einen auf die andere Seite. Das ist vielleicht das (scheinbare) Ergebnis, aber tatsächlich, und dass muss Ihnen bewusst sein, führen Sie an beiden Seiten ein und dieselbe Operation aus.

$$a - b = c \quad \to \quad a = b + c.$$

Sie haben hier nicht „b auf die andere Seite gebracht". Sie haben zu beiden Seiten b addiert:

$$(a - b) + b = c + b.$$

Dadurch entsteht hier auf der linken Seite ein Ausdruck, den Sie „*kürzen*" können, d. h. den Sie durch 0 ersetzen können. Umformungen haben oft den Zweck, kürzbare Ausdrücke herzustellen. In diesem Falle ist das so trivial, dass darüber zu reden gar nicht erforderlich ist. Aber das Prinzip wird bei komplizierteren Formeln und vor allem bei verschiedenen mathematischen Objekten genauso gefordert, ohne genauso leicht anwendbar zu sein. Wenn Ihnen dann aber nicht das Prinzip klar ist, wissen Sie nicht, was Sie tun sollen. Ganz allgemein. Mehr davon im Abschn. 3.3 „Formelmechanik“. Das alles steckt in dem „Ist-gleich-Zeichen“.

Also widmen Sie heute vor dem Einschlafen eine Gedenkminute dem =.

Zwischenbemerkung: Die Zeichen < bzw. ≤ haben oft nicht die eigentliche Bedeutung, dass ein Ausdruck kleiner als ein anderer ist. Wenn Sie in einer ganz bestimmten typischen Anordnung auftreten, so bedeuten sie „der Wert x liegt zwischen … “ und dann werden die Grenzen dieses Wertes angegeben. $a \leq x \leq b$ können Sie natürlich lesen als „a kleiner oder gleich x kleiner oder gleich b“. Im Zusammenhang mit manchen Umformungen oder längeren Ketten von =, >, < ist das sinnvoll. Hier aber heißt das einfach, der Wert x liegt zwischen a, b. Es wird also jenes *Intervall* angegeben, *in dem* x liegt.

Damit lesen Sie nämlich eine viel übersichtlichere Struktur, denn dieses „x“ steht nicht umsonst in der Mitte. Gleich ein paar Anschauungsbeispiele, die ohne diesen Hinweis vielleicht erschreckend aussehen. Die haben nämlich noch eine weitere Eigenschaft. Die Grenzen sind selbst mehr oder weniger komplizierte Ausdrücke, wodurch das ungeübte Auge sich leicht von der Struktur verwirren lässt. Die ist in folgenden Fällen aber insofern sogar einfacher als $a \leq x \leq b, \ldots$ aber sehen Sie selbst.

$$\bar{x} - z\sigma_{\bar{x}} \;\leq\; \mu \;\leq\; \bar{x} + z\sigma_{\bar{x}} \,.$$

Wir „sehen“ wieder in bewährter Weise zwei Varianten:

$$\bar{x} - z\sigma_{\bar{x}} \;\leq\; \mu \;\leq\; \bar{x} + z\sigma_{\bar{x}}$$

$$\bar{x} - z\sigma_{\bar{x}} \;\leq\; \mu \;\leq\; \bar{x} + z\sigma_{\bar{x}}$$

Wir sehen sehr schön, wie in diesem Falle unser „μ“ da *zwischen* zwei Ausdrücken liegt. Das ist die Hauptaussage. In Schritt zwei schauen wir uns dann in aller Ruhe diese beiden Ausdrücke an, und sehen, dass sie gleichsam spiegelbildlich zu einander sind. $x - \ldots$ und $x + \ldots$

Mit dem geschärften Blick für die Struktur dieser „Zwischenbemerkung“ ist auch ein solcher Ausdruck nicht mehr unübersichtlich:

$$\frac{(n-1)s^2}{\chi^2_{1-\frac{\alpha}{2};n-1}} \;\leq\; \sigma^2 \;\leq\; \frac{(n-1)s^2}{\chi^2_{\frac{\alpha}{2};n-1}} \,.$$

Und wir sehen mit

$$\frac{(n-1)s^2}{\chi^2_{1-\frac{\alpha}{2};n-1}} \;\leq\; \sigma^2 \;\leq\; \frac{(n-1)s^2}{\chi^2_{\frac{\alpha}{2};n-1}}$$

und

$$\frac{(n-1)s^2}{\chi^2_{1-\frac{\alpha}{2};n-1}} \leq \sigma^2 \leq \frac{(n-1)s^2}{\chi^2_{\frac{\alpha}{2};n-1}}$$

nichts Neues.

Dass sich die Symmetrie diesmal in der „Randbemerkung“ zu χ (sprich „chi“) versteckt, haben Sie rein optisch schon bemerkt. Hier $1 - \alpha/2$ und da einfach $\alpha/2$.

Ein Beispiel noch, damit Sie sehen, dass sich auch in der Mitte etwas mehr tun kann:

$$(\bar{x}_1 - \bar{x}_2) - z\hat{\sigma}_D \leq \mu_1 - \mu_2 \leq (\bar{x}_1 - \bar{x}_2) + z\hat{\sigma}_D,$$

nämlich:

$$(\bar{x}_1 - \bar{x}_2) - z\hat{\sigma}_D \leq \mu_1 - \mu_2 \leq (\bar{x}_1 - \bar{x}_2) + z\hat{\sigma}_D.$$

All diese Intervalle hier stammen übrigens aus der Statistik, wo Sie als so genannte Konfidenzintervalle oder mit dem deutschen Wort „Vertrauensbereich“ bezeichnet werden. Wie nun sogar der Wert in der Mitte mit seinen Grenzen in diesen statistischen Fällen in besonderer Weise zusammenhängt, das wäre auch ein interessantes Thema, das gehört aber nicht zum Thema dieses Buchs.

Damit wir aber nicht außer Übung geraten, fassen wir diese Formel in Worte. Dazu benötigen wir die üblichen Informationen über die Akteure: μ_1 und μ_2 sind die Mittelwerte von zwei Stichproben, die aus den beiden Grundgesamtheiten 1 und 2 gezogen wurden. x_1 und x_2 sind die Mittelwerte der jeweiligen Grundgesamtheiten. σ ist ein Streuungsmaß, und z ist eine so genannte Zufallsvariable. Wir beachten, dass diese Formel nichts über die Mittelwerte x_1 , x_2 und μ_1 , μ_2 selbst aussagt, sondern nur über deren Differenzen. Dann können wir – wieder so ungefähr – zusammenfassen: Die Differenz der Stichprobenmittelwerte liegt mit der Wahrscheinlichkeit von z zwischen der Differenz der Mittelwerte der Grundgesamtheiten minus z-mal die Streuung und der Differenz der Mittelwerte plus z-mal die Streuung.

2.5 Die Grundoperationen

Summen

2 + 2 = 4, der Inbegriff von Rechnen: die einfache Summe.

Eine Summe kann ich auf drei verschiedene Arten auffassen: Als eine Rechenoperation, als Strukturinformation, als mathematisches Objekt. Im ersten Fall wird ganz klassisch etwas ausgerechnet, es gibt ein Ergebnis. Im zweiten Fall erfahre ich etwas über die Struktur der Zusammenhänge von mehreren Objekten. Und im dritten Fall, der den meisten am wenigsten vertraut sein dürfte, untersuche ich die Summe selbst, erforsche ihre Eigenschaften.

Die Summe als mathematisches Objekt ist eine bestimmte Art von Einheit, nämlich der Objekte, Summanden genannt und einer Operation, hier Addition genannt. Die Addition fügt stets gleichartige Objekte zusammen, die gleichzeitig ein ziemlich unabhängiges Dasein führen. Diese relative *Unabhängigkeit* von den anderen Summanden ist für das Verständnis von Formeln (auch von „rein" mathematischen) sehr wichtig. Der Summand in einer Summe ist viel weiter von seinen Nachbarn entfernt als etwa die Faktoren eines Produkts zu den ihren oder der Ausdruck unter einer Wurzel. Das Verhältnis Summand zu Summand ist extrem einfach.

Wird ein Summand um den Wert 2 größer, so wird auch die Summe um den Wert 2 größer. Dabei ist es völlig gleichgültig, welche Werte die anderen Summanden haben. Das ist z. B. bei den Faktoren eines Produktes völlig anders. Genau diese allgemeinen Eigenschaften und Beziehungen der klassischen vier Grundoperationen gilt es aber zu verstehen. Die stehen nicht bloß zeitlich am Anfang, sondern bilden die Grundlage, die Basis für Ihr gesamtes weiteres mathematisches Verständnis. Da die meisten von Ihnen die Grundoperationen „nur" als Rechenwerkzeuge benutzen, haben Sie diese wahrscheinlich nie genauer analysiert.

Wenn also ein Sachzusammenhang dargestellt werden soll, so ist bei der Wahl der Rechenoperation immer darauf zu achten, wie dieser Zusammenhang aussieht.

Geht es um das Zusammenwirken relativ unabhängiger Einzelgrößen ohne irgendeine Wechselwirkung, so ist die Darstellung als Summe meist völlig angemessen.

Beispielsweise setzt sich das Einkommen einer geschlossenen Volkswirtschaft idealtypisch aus Einkommen, Investitionen und Konsum zusammen. Diese drei Größen sind voneinander nicht abhängig; natürlich gibt es Zusammenhänge, sonst stünden sie ja nicht in einer Formel beisammen.

$Y = C + I + G$. Dass dies eine Definitionsgleichung sein kann, ist Ihnen mittlerweile klar. Vergleichen Sie aber auch das lose Formelbild im Unterschied zum Produkt. (siehe Abschn. 1.5 „Elementare Mathematik": Die ersten mathematischen Objekte). Die offene Volkswirtschaft ist eine bloße Erweiterung der geschlossenen, es wird einfach an diese Struktur etwas angehängt $\ldots + Ex - Im$. Also „plus Exporte, minus Importe". Das einfache Anhängen ist nur durch diese lose Struktur möglich. Bei anderen Operationen hätte das viel radikalere Auswirkungen.

Ein anderes Beispiel, das auf den ersten Blick komplizierter aussieht:

$$\vec{v} = \frac{\mathrm{d}\vec{s}}{\mathrm{d}t} = \frac{\mathrm{d}x}{\mathrm{d}t}\vec{\imath} + \frac{\mathrm{d}y}{\mathrm{d}t}\vec{\jmath} + \frac{\mathrm{d}z}{\mathrm{d}t}\vec{k}.$$

Ihr Blick ist aber schon längst geschult, und Sie sehen daher natürlich folgende Struktur:

$$\vec{v} = \frac{\mathrm{d}\vec{s}}{\mathrm{d}t} = \ldots \boxed{\frac{\mathrm{d}x}{\mathrm{d}t}\vec{\imath}} + \boxed{\frac{\mathrm{d}y}{\mathrm{d}t}\vec{\jmath}} + \boxed{\frac{\mathrm{d}z}{\mathrm{d}t}\vec{k}}$$

$$\vec{v} = \frac{\mathrm{d}\vec{s}}{\mathrm{d}t} = \ldots \frac{\mathrm{d}x}{\mathrm{d}t}\vec{\imath} \boxed{+} \frac{\mathrm{d}y}{\mathrm{d}t}\vec{\jmath} \boxed{+} \frac{\mathrm{d}z}{\mathrm{d}t}\vec{k}$$

Die Hauptaussage der Beziehung *als Summe* ist ganz einfach die, dass die Änderungen der Größen x, y, z nach der Zeit voneinander nichts wissen. Die Bewegung eines Körpers z. B. von Ost nach West sagt überhaupt nichts aus über die Bewegung desselben Körpers nach oben oder unten. Gesprochen ist Ihnen das klar, aber *lesen* Sie das auch in der Formel, wenn da eine Summe steht?

Wir haben jetzt einen Blick auf die Summe geworfen, genauer gesagt, in ihre innere Struktur und ein paar Eigenschaften festgehalten. Wie aber wirkt eine Summe nach außen? Wenn bei einer Summe nicht nur ihr Gesamtwert, sondern ihre innere Struktur wichtig ist, so setzt man alle Summanden in eine Klammer; damit wird dann die Summe $a + b + c$ als *ein Objekt* $(a + b + c)$ behandelt, das man z. B. multiplizieren, potenzieren, aus dem man die Wurzel ziehen kann und noch vieles mehr. Dieses ausdrückliche Erhalten der Struktur einer Summe sollten Sie bewusst wahrnehmen, wenn Sie z. B. einen Ausdruck wie $x(a+b+c)$ lesen. Die Größen stehen da alle in einem ganz anderen Zusammenhang. Sogar schon, wenn ich $xa + xb + xc$ schreibe. Denn da steht dann wieder eine Summe; die besteht zwar aus lauter Produkten, ist aber eine Summe.

Wogegen $x(a + b + c)$ ein Produkt ist, und betont wird, dass x mit einer ganz bestimmt strukturierten Summe multipliziert wird.

Betrachten Sie jetzt nur aus diesem Blickwinkel den Unterschied zwischen $x(a+b)$ und $x(a \cdot b)$. Im ersten Fall muss sich „x" um jeden Summanden extra kümmern: $\ldots = xa + xb$. Jeder Summand will eigens gebeten werden. Im Fall des Produkts genügt es, wenn sich x um den einen, oder den anderen Faktor kümmert $= xa \cdot b = a \cdot xb = xab = \ldots$ usw. Kurz, beim Produkt genügt ist, wenn sich unser x einfach nur dazustellt, *einmal* genügt. Dieser Unterschied zeigt, wie lose die innere Struktur einer Summe ist, auch und gerade in der Wirkung nach außen.

Deshalb sind auch alle Summenbildungen (sofern sie jeweils möglich sind) $a + b + c$ beliebig vertauschbar, … $a + c + b$ … $c +$ usf. Und zwar ganz egal, ob Zahlen, Funktionen, Vektoren, Matrizen, … Etwas leger ausgedrückt: Summen stellen die Zusammenfassung gleichartiger Objekte zu einer Einheit dar, die eigentlich nur eine rein äußerliche ist. Ziemlich lose eben. Eine Summe wird von außen zusammengehalten.

Mathematisch wie sachlich.

Man kann Summen auch problemlos abspalten, trennen, zusammenfügen. Das berührt die anderen Summanden nicht. Wenn die Elemente der Summe *nicht anderweitig* verknüpft sind, gibt es nur eine Gesamtwirkung, keine Wechselwirkung. $Y = C + I + G$ ist daher eine Definitionsgleichung. Diese Aussage ist nur aus der gemeinsamen Kenntnis der Eigenschaften einer Summe und der Sachbedeutung der Zeichen möglich.

Was heißt nun „anderweitig verknüpft"? Folgende drei Fälle treten sehr häufig auf:

a) Die Summe ist Teil einer Formel, die nicht nur aus Summen besteht. Wie in $\frac{a+b}{a}$.
b) Die Summe ist eine Differentialgleichung z. B. der Form $y' = ay + b$.
c) Die Summe stellt ein Gleichgewicht dar, beliebt ist die Form $a + b + c = 0$.

Den mathematisch wichtigen Fall $y'' + by' + cy = 0$ behandle ich hier nicht. Er stellt ja eine (bestimmte) lineare Differentialgleichung dar, geschrieben wie ein Gleichgewicht. Also kombiniert er die Fälle b und c.

Ad a) Das Verhältnis der Summanden zueinander ist irrelevant, aber ihre Gesamtwirkung nach außen nicht. Kann jeder Summand tun und lassen, was er will, so wird die Außenwirkung eine zufällige sein. Die klassische Statistik zählt daher sehr viel. Überlegen Sie – falls Sie mit Statistik zu tun haben, warum dort soviel mit Summen gearbeitet wird.

Es macht für die Wirkung in der Formel nur dann einen Unterschied, wenn ein oder mehrere Summanden der Summe auch woanders in der Formel vorkommen und dort ihre Wirkung individuell entfalten können.

Ad b) Wenn die einzelnen Summanden aus irgendwelchen Funktionen und deren Ableitungen bestehen, kann Unabhängigkeit gegeben sein. Siehe im Beispiel $\vec{v} = \ldots$ oben das so nette „totale Differential". Es bleiben alle Summanden unabhängig. Nicht aber im Falle einer Differentialgleichung. Da tritt nämlich nicht irgendeine Funktion als Summand auf, sondern eine, deren Ableitung ebenfalls ein Summand ist. Zwei an sich unabhängige Summanden, aber einer soll die Ableitung des anderen darstellen. Damit hängen die beiden *funktional* zusammen. Ändert sich der Wert (oder die Struktur) des einen, so auch des anderen. Die Bewegung eines Summanden bewirkt automatisch die des anderen. Das würde uns ja auch noch nicht so sehr stören. Im einfachen Beispiel $y' = a(x)y + b(x)$ gibt es einen von y unabhängigen Ausdruck: $b(x)$. Dieser unabhängige Ausdruck sorgt nun dafür, dass die Funktion y und ihre Ableitung y' nicht ungestört unter sich sind. Die Angelegenheit ist nicht einheitlich, sie ist „inhomogen" und der Mathematiker nennt denn diesen unabhängigen Summanden $b(x)$ die „Inhomogenität" und den Rest, wo Ypsilons ganz unter sich sind, homogen. Würde sich – und auf diesen Punkt allein kommt es mir hier an – $b(x)$ einfach als Faktor zu $a(x)y$ gesellen, so wäre auch mathematisch alles viel einfacher. Denn $b(x)$ ist ja dadurch auch mit $a(x)y$ verbunden, dass es auch Teil der Ableitung von y ist.

Sie werden oft bemerken, dass gerade Summen Ausdrücke ziemlich verkomplizieren können. Man formt dann gerne um, bis man – wieder eine Eigenschaft der Summe ausnützend – einfach einen lästigen Summanden abtrennt. Meist mit den Worten „dieser Ausdruck geht gegen Null" oder „... kann vernachlässigt werden". Schon geht er über Bord und das Schiff ist lästigen Formelballast los. Wenn die Richtung stimmt und das Schiff dennoch das Ziel erreicht, ist alles gut. Das geht leider nicht immer.

Ad c) Dieser Fall schreibt sich leicht, ist sehr leicht zu lesen. Und wird daher oft sachlich ebenso leicht genommen und nicht konsequent genug durchdacht. Im Gleichgewicht wird die Summendarstellung wie eine Nebenbedingung benutzt, für relativ unabhängige Summanden. Die Nebenbedingung spricht zu den Summanden, „macht was ihr wollt, aber euer Gesamtwert muss X oder konstant („$\cong$ const") sein.

Es ist mathematisch der Wert 0 sehr beliebt. Es gibt aber auch einen Sachgrund. Stünde hier ein anderer Wert als Null, so hieße das, dass dieser Ausdruck, diese Summe hier alles erklärt bis auf eben den Restbetrag bzw. -wert in dieser Höhe. Wie es zu dieser Größe kommt, bliebe ungeklärt. Also tabula rasa, wir schreiben alle Effekte auf, der Gesamteffekt sei Null. Denn bei einem Gleichgewicht (!) heben sich ja alle Größen zu Null auf. Genauer: Die Wirkung aller beteiligten Größen nach außen ist gleich Null. Sei es in der VGR (Volkswirtschaftliche Gesamtrechnung), beim Kräftegleichgewicht nach Newton oder in einer chemischen Reaktion.

Das richtige Lesen von Summen als Gleichgewicht erfordert folgende Überlegung: $a + b + c = 0$ bedeutet z. B. der Gesamteffekt von $b + c$ ist dem Einzeleffekt von a entgegengesetzt. Mathematisch daher als $-a$ geschrieben. Hier hat das Minus-Zeichen tatsächlich eine eigenständige Bedeutung! Das gleiche gilt aber auch für die anderen Kombinationen: $b = -(c + a)$.

Wenn in einem Gleichgewicht eine Größe sich ändert, oder geändert wird, so muss sich zwingend immer mindestens eine andere Größe ebenfalls ändern, und zwar so, dass diese erste Änderung ausgeglichen wird. Die zweite Änderung ist also der ersten Änderung *genau* entgegengesetzt. Deshalb das Minuszeichen. Was soviel heißt, wie: Gesamtwirkung ist 0. Das heißt aber auch, dass Gleichgewichte (innerhalb von Formeln) nach außen keine weitere Wirkung haben.

Und spätestens jetzt ist Ihnen klar, warum $Y = C + I + G$ eine Definitionsgleichung ist und nicht etwa ein Gleichgewicht.

$f(\Sigma) = \Sigma(f)$: Die Summe

Wir betrachten wieder „unsere" Formel, $f(x + h) = f(x) + h \cdot f'(x) + h \cdot g(x, h)$.

Seit unserem letzten Blick auf die Formel hat sich viel verändert. Wir haben unseren Blick für die elementare Grammatik geschärft und so einige Eigenschaften von Addition und Summe wieder aktiviert. Damit können wir mit dieser Formel jetzt so richtig durchstarten. Schauen Sie sich zur Einstimmung aber durchaus nochmal den Abschn. 2.2 „Buchstaben – die Akteure" an, denn es geht mir auch darum, dass Sie den Wechsel der Perspektive bewusst wahrnehmen.

Sie sind zurück?

Blicken wir mit unserem erworbenen Strukturverständnis auf die Formel und fassen das, was wir da sehen, in Worte. Dann erklärt sich auch gleich die Kapitelbezeichnung. Denn was ist das Thema dieser Formel?

Der Funktionswert einer Summe entspricht der Summe von Funktionswerten.

Hier ist die Verschränkung in der Struktur der Formel zwar sichtbar, spricht man das Thema dieser Formel aber auch aus, so wird es noch deutlicher und besser erkennbar.

$$f\overbrace{(x + h)}^{\text{Summe}} = \overbrace{f(x) + h \cdot f'(x) + h \cdot g(x, h)}^{\text{Summe}}.$$

Die Details sind auch hier wieder zuerst viel weniger wichtig, als dieses grundlegende Verständnis, das nur scheinbar eine relativ „grobe" Darstellung des mathematischen Sachverhalts ist.

Diese Formel ist keine Definition, sondern zeigt eine bestimmte Beziehung zwischen den Objekten. Da wir wissen, dass das Zusammenwirken von Summanden eine ziemlich lockere, fast beliebige Angelegenheit ist, schließen wir: Das Geheimnis dieser Beziehung muss in funktionalen Zusammenhängen liegen, also eigentlich in direkten Beziehungen von

$$
\begin{aligned}
&f(x+h) \to f(x),\\
&f(x+h) \to f'(x) \quad \text{und}\\
&f(x+h) \to g(x,h).
\end{aligned}
$$

Erst die Summe dieser Einzelbeziehungen, ergänzt um die äußerliche Anwendung von

$$
\begin{aligned}
&h \to f'(x) \quad \text{und}\\
&h \to g(x,h)
\end{aligned}
$$

führt zu jener Gesamtkonstellation. Da wir hier für das weitere Verständnis aber die Multiplikation benötigen: Fortsetzung folgt in „$f(\Sigma) = \Sigma(f)$: Das Produkt".

Produkte

(1) $Y_t = \alpha \cdot L_t^{\beta} \cdot K_t^{\gamma} \cdot e^{u_t}$
(2) $J_{\text{diff}} = F \cdot D \cdot \frac{dC}{dx}$
(3) $p_s \cdot q_s = p_d \cdot q_d$
(4) $p \cdot V = \text{const}$
(5) $F = k \cdot \frac{Q_1 \cdot Q_2}{r^2}$
(6) $S = 4\pi \cdot r^2$
(7) $\cos\theta = \cos\varphi \cos(\lambda + \Omega t - \omega t)$

Diese 7 Formeln sind im Kern alle Produkte. Ihre Elemente stehen in einer viel engeren Beziehung zu ihren Kollegen als die Summanden innerhalb einer Summe. Sie wirken direkt und ungebremst auf das Produkt, wogegen die Summanden sich gerade mal nach ihrer relativen Größe „gewichtet", wie man so sagt, einbringen.

Beispiel: In $Y = C + I + G$ mit Werten $Y = 1 + 1 + 1 = 3$. Wenn sich ein Wert verdoppelt, so fällt das doch kaum ins Gewicht. $Y = 1 + 1 + 2 = 4$. Verdoppelt sich in einem Produkt nur der allerkleinste Faktor, so verdoppelt sich auch das ganze Produkt.

Extrembeispiel: $100.000 \times 0{,}1 = 10.000$. Erhöhe ich den Wert von 0,1 auf sein Doppeltes, also auf 0,2, so ist das gerade mal eine Erhöhung um ein Millionstel des ersten Faktors. Dennoch wird das ganze Produkt auf $100.000 \times 0{,}2 = 20.000$ verdoppelt. Diese Veränderung um 0,1 hat hier eine Wirkung von 10.000!

Die Wirkung eines *beliebigen* Faktors entspricht dem Produkt aller übrigen Faktoren. Eine gewaltige Verstärkung! Zugleich heißt das aber, dass kein Faktor einfach weggelassen werden kann, weil er „klein" ist. Denn die relative Veränderung eines beliebigen Faktors hat die völlig gleiche relative Wirkung auf das ganze Produkt. Da gibt's keine Gewichtung.

Ich möchte Ihren Blick auf diese enge Bindung der Faktoren aneinander und damit auch die ebenso enge Bindung der realen Elemente eines solchen Sachverhalts lenken. Das Produkt zeigt gleichsam eine intensive *Wechselwirkung*. Diese Wirkung ist proportional. Nehmen Sie das wörtlich: Pro Portion, also pro Einheit eines Körpers beispielsweise. In

$$F = g \cdot \frac{m_1 \cdot m_2}{r^2}.$$

Pro Einheit der Masse des Körpers 1 wird also der ganze Körper 2 angezogen. Hat m_1 z. B. 5 Sonnenmassen, so zieht er den anderen Körper gleichsam 5-fach an. Jedenfalls 5-fach stärker als „unsere" Sonne es täte. Für den anderen Körper gilt aber dasselbe. Hat er 10 Sonnenmassen, so wirkt er eben *pro seiner Einheit* auf den anderen Körper. Beziehungsweise genauso auch auf jede Einheit des anderen Körpers.

5 Sonnenmassen pro … 10 Sonnenmassen pro … bzw. 5 Sonnenmassen × 10 Sonnenmassen ergibt dann in Bezug auf die wirkende Gravitationskraft 50 … ja, aber nicht Sonnenmassen, sondern eben Sonnenmassen × Sonnenmassen, genannt „Sonnenmassen zum Quadrat". Hätten wir die Sonnenmassen „nur" addiert, so wären es tatsächlich ebenso „nur" $5m_\odot + 10m_\odot = 15m_\odot$. Dabei steht $m_\odot$ eben für „Sonnenmasse". Da die Wechselwirkung zwischen zwei Größen ja nicht selbst diese Größen ist, so ergeben solche Wechselwirkungen *neue Einheiten*. Das ist die Sachlogik dahinter, die wohl auch mathematisch ziemlich leicht verständlich ist. Damit haben wir einen weiteren wesentlichen Punkt von Produktbildungen berührt. Ihr *Zusammen*wirken schafft neue Gebilde, z. B. eben die Masse „zum Quadrat": m^2. Von Summen kennen wir so etwas nicht. Aber dort war auch die Bedingung, dass alle Beteiligten die gleichen Arten von Einheiten haben.

Sonnenmassen zum Quadrat? Hier ist das Quadrat tatsächlich ein Hinweis, dass dasselbe, bzw. etwas von gleicher Art auf sich selbst wirkt. Die *Einheit* dieser Wirkung der Massen aufeinander, das steht da durch $m_1 \cdot m_2$ geschrieben, die Massen stehen eben nicht unabhängig einfach so nebeneinander in der gleichen Ecke der Galaxie herum.

Der Unterschied der Einheiten ist uns aus der Unterscheidung von Längenmaß und Flächenmaß wohlvertraut. Messen wir z. B. in Metern, wieder (!) geschrieben als „m", so wissen wir

2 × 3 m ist etwas völlig anderes als 2 m × 3 m.

Im ersten Falle haben wir vielleicht zwei drei Meter lange Stücke Gartenschlauch aneinandergefügt und erhalten 2 × 3 m = 6 m Schlauch. Die Einheit bleibt m, also eine reine Längeneinheit.

Im zweiten Fall haben wir die beiden Seiten des Gemüsebeets ausgemessen, die beide in Metern gemessen wurden, als 2 m × 3 m = 6 m^2. Daher erhalten wir als Einheit das Flächenmaß m^2, obwohl wir nur Längen gemessen haben. Bleibt zu hoffen, dass der 6 Meter *lange* Gartenschlauch auch bis zum 6 Quadratmeter *großen* Beet reicht.

Summen schaffen keine Einheit der Beteiligten, Produkte hingegen schon. Lesen Sie jetzt die Formeln am Beginn dieses Kapitels unter genau diesem Aspekt noch einmal.

Eine noch engere Beziehung als Produkte schaffen nur Potenzen; mit einer entsprechend noch intensiveren Wechselwirkung. Das wundert uns überhaupt nicht, denn die Potenz ist ja der Entstehung nach gleichsam ein „Produkt-Produkt". Ändert sich der Wert eines Beteiligten, so reagiert die Summe meist ziemlich gelassen, nimmt nur sehr deutliche Änderungen zur Kenntnis. Das Produkt reagiert proportional, und noch stärker die Potenz, nämlich z. B. exponentiell. Oder quadratisch, oder kubisch und unterschiedlich, je nachdem, ob Mantisse oder Exponent geändert werden.

Bleiben wir beim Produkt. Wir haben davon gesprochen, dass in einem Produkt jeder Faktor eine direkte Wirkung auf die Veränderung des Ganzen hat. Diese Wirkung ist wohl dann am deutlichsten, wenn ein Faktor 0 wird. Dann wird das ganze Produkt 0. Diese Eigenschaft ist sowohl beim Studium als auch bei der Weiterverarbeitung von Ausdrücken mit komplizierteren Produkten wichtig bis hilfreich. In komplizierten Formeln kann man so ganze Ausdrücke gegen Null gehen lassen, wenn man das bereits bei einem einzigen Wert begründen kann.

$$\cos\theta = \sin\varphi\sin\delta + \cos\varphi\cos\delta\cos(\lambda + \Omega t - \omega t).$$

So lautet die „Originalformel". Diese Formel, eine Summe mit zwei Summanden, die ihrerseits Produkte sind, sieht vielleicht beeindruckend aus. Man kann die Eigenschaften dieses $\cos\theta$ unter anderem dadurch untersuchen, indem man für den Winkel δ einmal 0 Grad, und einmal 90 Grad einsetzt und so einmal $\sin\delta = 0$ und einmal $\cos\delta = 0$ erhält. Damit fällt zuerst das erste Produkt weg und für den Fall $\delta = 0$ gilt $\cos\theta = \cos\varphi\cos\delta\cos(\lambda + \Omega t - \omega t)$. Da bei $\delta = 0$ natürlich auch $\cos\delta = 1$ gilt, können wir noch verschönern: $\cos\theta = \cos\varphi\cos\delta\cos(\lambda + \Omega t - \omega t)$.

Im zweiten Fall gehen wir gleich vor. Jetzt schreiben wir uns die Sache übersichtlicher auf. Sie sehen, wie allein wieder der Unterschied in der Darstellungsweise denselben Vorgang viel besser erkennbar macht.

$\cos\theta = \sin\varphi\cdot\sin\delta + \cos\varphi\cdot\cos\delta\cdot\cos(\lambda + \Omega t - \omega t)$

wird für

$\delta = 90^\circ$, also $\sin\delta = 1$, $\cos\delta = 0$

$\cos\theta = \sin\varphi\cdot \sin\delta + \cos\varphi\cdot \cos\delta \cdot\cos(\lambda + \Omega t - \omega t)$

$\cos\theta = \sin\varphi\cdot 1 + \cos\varphi\cdot 0 \cdot\cos(\lambda + \Omega t - \omega t)$

$\cos\theta = \sin\varphi$

Und schon sieht die Welt einfacher aus. Beachten Sie in diesem Beispiel, dass wir von jener Eigenschaft der Summe Gebrauch gemacht haben, dass wir von ihr etwas abspalten können. Ein Summand weniger, was soll's?

Bleiben wir noch ein wenig bei diesen beiden genannten Produkten „$\sin\varphi\sin\delta$" und „$\cos\varphi\cos\delta\cos(\lambda+\Omega t-\omega t)$". Lassen wir einmal das Thema Vorzeichen beiseite, so haben alle diese Produkte eine interessante Eigenschaft. Keiner der Faktoren kann größer als 1 werden, meist sind sie kleiner. Das heißt aber, dass das Produkt insgesamt betragsmäßig stets zwischen 0 und 1 liegt. Immer. Nie anders. Aus der Formel wissen wir auch, dass die Summe dieser beiden Summanden ebenso nicht größer als 1 werden kann, denn sie ergibt ja $\cos\theta$.

Und bei Potenzen? Wird der Exponent 0, so wird der Wert des gesamten Ausdrucks ... 1. Egal, welchen Wert die Mantisse aufweist: $10^0 = 2^0 = e^0 = 1$.

Ihr Blick für Unterschied und Gemeinsamkeiten der Wirkungsweise von Summe und Produkt ist nun geschärft. Nutzen wir ihn auch für unser Sachverständnis. Sie *sehen* jetzt wieder, wie gut die lose Bindung von $a + b$ auch *bildhaft* umgesetzt ist im Gegensatz zur viel engeren von $a \cdot b$ oder gar gleich als ab geschrieben. Und völlig untrennbar das Bild von a^b. Auch, wenn das „b" ein bisschen klein geworden ist ... Und die scheinbar äußerliche Schreib*regel* „Punktrechnung vor Strichrechnung" finden wir nun sachlich völlig angemessen.

Die Arten von Formeln sind natürlich die gleichen, wie immer, denn der Zweck, der Inhalt hat ja nichts mit eventuellen mathematischen Objekten oder Operatoren zu tun. Deshalb finden wir hier wie überall:

$$Y_t = \alpha \cdot L_t^{\beta} \cdot K_t^{\gamma} \cdot e^{u_t}$$

ist eine Definitionsgleichung; das kleine $_t$ wird uns allerdings noch beschäftigen. Nur zur Information: Y ist hier wieder das Volkseinkommen. Das Volkseinkommen musste also nicht zwingend als Summe ($Y = C + I + G + Ex - Im$) definiert werden. Diese Darstellung zeigt, das oft verschiedene Perspektiven auf ein und denselben Sachverhalt der Wirklichkeit möglich sind.

$J_{\text{diff}} = F \cdot D \cdot \frac{dC}{dx}$ zeigt eine Beziehung, einen Zusammenhang.

$p_s \cdot q_s = p_d \cdot q_d$ beschreibt ein Gleichgewicht, bzw. eine Gleichheit, die im Gleichgewicht erfüllt wird.

Das ist jetzt der Kollege zur Gleichgewichtsdarstellung à la $a + b + c = 0$. Das ist die Produktvariante. Allerdings geht es hier um die relativen Änderungen, die einander ausgleichen müssen. Verdoppelt sich der eine Faktor, muss der andere halbiert werden. In der Summe ging es dagegen ja um absolute Änderungen. Faktoren und Produkten ist deshalb die *absolute* Größe der Beträge relativ egal.

Wieder gilt natürlich, dass mindestens zwei gegenläufige Veränderungen notwendig sind, um das Gleichgewicht bzw. den konstanten Wert zu erhalten. Diesmal aber ist nicht die Summe dieser absoluten Änderungen 0, sondern, was für eine Überraschung, das Produkt dieser relativen Änderungen 1. Sowohl sachlich als auch mathematisch werden wir das noch oft verwenden.

Sie treten auf die Fußpumpe, um am Strand die Luftmatratze oder das Gästebett bei einem guten Freund aufzupumpen. Das hat zuerst einmal mit $p \cdot V = \text{const}$ zu tun. Wir verkleinern das Volumen in der Pumpe, der Druck steigt. Solange, bis sich das Ventil öffnet und zum Druckausgleich führt. Sonst wäre das ja keine Pumpe. Der Druckausgleich ist eine andere Geschichte, denn ab dem Öffnen des Ventils verlassen wir die Welt von $p \cdot V = \text{const}$ und finden eine Welt vor, in der sich innerhalb des Gesamtvolumens von

Pumpe und Matratze Regionen unterschiedlichen Drucks befinden. Wir haben also durch Verkleinerung des Volumens eine Erhöhung des Drucks bewirkt. Wir könnten aber auch umgekehrt pumpen: Wir vergrößern das Volumen, sodass der Druck fällt. Existiert dann zu einer Umgebung ein Druckgefälle, so saugt diese Pumpe dann die Umgebungsluft ein. Sie sind vom Pumpen außer Atem?

Atmen Sie einmal kräftig ein. Denn irgendwie muss ja jene sauerstoffreiche Luft in die Lungenbläschen gelangen, die wir dann so großzügig mit dem Diffusionskoeffizienten J_{diff} verteilen. Wir vergrößern also das Volumen unsere Lunge z. B. um ein Drittel. Dadurch fällt der Druck, ebenfalls um ein Drittel. $(V \cdot 1{,}333) \cdot (p \cdot 0{,}667) = \text{const}$. Und natürlich … Ja, jetzt ist es passiert: $1{,}333 \cdot 0{,}667$ sind alles Mögliche, ab sicher nicht eins. $4/3 \cdot 2/3 \neq 1$. Ihnen ist das wahrscheinlich schon aufgefallen, wie ich so locker sagte „… vergrößern um ein Drittel, und also fällt … ebenfalls um ein Drittel". Dieser Fehler ist so trivial, und wenn ich nicht wüsste, dass er immer wieder passiert, würde ich ihn hier gar nicht erwähnen. Vergrößern um ein Drittel heißt tatsächlich: $V \to 1{,}333V$. Schreiben wir aber besser $V \to 4/3\,V$. Dann sehen Sie sofort, was passiert ist. Eine relative Vergrößerung um ein Drittel fordert im Gegenzug die relative Verringerung um ein Viertel. Von dem neuen, verringerten Druck aus gesehen, ist der vorherige Druck natürlich wieder … ein Drittel entfernt. Für die neuen Verhältnisse gilt: Wenn ich jetzt den Druck um ein Drittel erhöhe (wie ehemals das Volumen um ein Drittel vergrößerte), so lande ich wieder beim Ausgangszustand. Sprachlich eindeutig wäre also die Formulierung: Eine relative Erhöhung auf 11/3 führt zu einer entsprechenden Verringerung um ein Drittel relativ zu dem neuen Wert. Also ein Viertel. So aber spricht kein Mensch.

Mit dieser Formel können Sie zwar beginnen, einzuatmen, aber Sie werden nicht weit kommen. Denn $pV = \text{const}$ setzt inhaltlich, aus rein sachlichen, nicht mathematischen Gründen bestimmte Temperaturverhältnisse voraus. Nämlich konstante. Mit dieser Technik der mathematischen Modellbildung, eine weitere an der Sache beteiligte Größe, die selbst nicht in der Formel vorkommt, als konstant zu setzen, haben wir diesen Zusammenhang als einfaches Produkt schreiben können. Die Umgebungsluft ist fast immer kühler als die Luft in Mund und Luftröhre und in der Lunge wird's am wärmsten. Und noch dazu interessiert uns ja weniger die Luft als der Sauerstoffgehalt der Luft und der ändert sich noch einmal durch die veränderte Luftfeuchtigkeit.

$F = k \cdot \frac{Q_1 \cdot Q_2}{r^2}$ beschreibt wieder eine Beziehung. Die Formel sieht so aus wie …? Aber ist das dieselbe Formel? Mathematisch und aus der Sicht des Aufbaus der Formel sicher ja, wenn die Buchstaben ungefähr vergleichbare Objekte wie in $F = g \cdot \frac{m_1 \cdot m_2}{r^2}$ bedeuten. Und tatsächlich wird hier ein physikalischer Zusammenhang wiedergegeben, der in *dieser* Beziehung der Beziehung der beiden Sterne unseres Doppelsternsystems gleicht. Die „Q"s sind nur viel, viel kleinere Objekte, nämlich elektrische Ladungen. Punktladungen sogar, damit es übersichtlicher bleibt. Den Radius r als Abstand kennen wir bereits. „k" ist wieder einmal eine Konstante. F ist daher wieder eine Kraft, diesmal die Elektrische, nicht die Gravitationskraft, deren Größe proportional zur Größe der Ladungen (und zu „k") sowie umgekehrt proportional zum Quadrat ihres Abstands ist.

$S = 4\pi \cdot r^2$. Diese Formel haben wir alle in der Schule gelernt. Als Formel zum „Ausrechnen" der Kugeloberfläche bei gegebenem Radius. Selbst wenn Sie diese Formel noch draufhaben, so frage ich Sie hiermit, ob Sie die Formel je anders denn als eine *Rechenformel* gelesen haben?

Diese „Rechenformel" gibt nämlich genauso die Beschreibung eines Zusammenhangs, der Beziehung nämlich, dass die Größe der Kugeloberfläche in einem festen Verhältnis zu ihrem Radius, und zwar zum Quadrat ihres Radius steht. Dieses Produkt besteht so aus dem Radius, gegeben z. B. in Metern und einer konstanten Zahl. Einfach nur Zahl, ganz nackt, ohne irgendeine Einheit. In diesem Produkt gibt es keine Wechselwirkung, π wird nicht mal größer oder kleiner.

Für das Produkt bedeutet das aber, dass das Produkt quadratisch bleibt, obwohl hier r^2 mit „noch einem Ausdruck" multipliziert wird, Der Ausdruck wird nicht kubisch. Eine reine Zahl ist, wie es so schön heißt, „dimensionslos". Und die Dimension eines Produkts ermitteln wir wie gewohnt durch einfaches Zusammenzählen, sprich summieren der Dimensionen aller Faktoren. $A = x \cdot y$. Also ist A quadratisch. $A = x^2 \cdot y$, also ist A kubisch. Dabei sind x, y natürlich eindimensionale Größen, z. B. einfache Längen.

Diese Rechenformel zeigt uns daher einen linearen Zusammenhang, zwischen der quadratischen Größe der Kugeloberfläche und der ebenfalls quadratischen Größe r^2. Bedenken Sie nun, das die Kugel ein Raumgebilde ist, so sehen Sie, wie viel Sie über die Größe dieser Oberfläche bereits wissen, wenn Sie nur die lineare Größe des Radius kennen. Dass die Kugel ein Raumgebilde ist, können Sie aus der Formel nicht ersehen. Denn geometrische Objekte sind aus der Sicht der Formel, aus der Sicht der Algebra streng genommen genauso „außerhalb" und „außermathematisch" wie Sterne, Milchpreise und die Atemluft.

Allerdings war Geometrie, die Vermessung der Erde, bescheidener: der Felder und Grundstücke eine der ersten und extrem erfolgreichen Anwendungen. Und extrem hilfreicher Bezugspunkt innerhalb der Mathematik und für die mathematische Entwicklung ist sie nach wie vor.

Sie sehen die Formel $S = 4\pi \cdot r^2$ schon nicht mehr als bloße Rechenformel, sondern als Beschreibung einer Beziehung? Sie erinnern sich, dass in der Formel der Gravitationskraft zwischen zwei Körpern der Radius, noch dazu in quadratischer Form auftauchte. Als Physiker liest man nun aus diesem $1/r^2$ zugleich Eigenschaften der Ausbreitung bzw. Verteilung der Gravitationskraft ab, weil man eben weiß, dass $S = 4\pi \cdot r^2$ gilt, und mit r^2 ganz automatisch die Oberfläche einer zugehörigen „Wirkungskugel" um die Körper gegeben ist.

Dieses r^2 steht aber im Nenner eines Quotienten, und die schauen wir uns im nächsten Kapitel an.

P.S.: In diesem Abschnitt wird stets nur von Produktbildungen einfacher Größen gesprochen, Produktbildungen anderer mathematischer Objekte gibt es, die müssen wir aber in unserem Zusammenhang des Formellesens nicht verstehen. Es genügt zu wissen, dass es sie gibt, dass so *ungefähr* die gleichen Beziehungen der beteiligten Faktoren zueinander gelten, wie beim „normalen", dem gewohnten Produkt. Auf einige gewohnte Eigenschaften müssen wir dort aber verzichten.

$f(\Sigma) = \Sigma(f)$: Das Produkt

Unsere Formel, die Vierte: $f(x+h) = f(x) + h \cdot f'(x) + h \cdot g(x,h)$.

Einen Blick auf die Produkte mathematischer Objekte wollen wir doch machen, nämlich auf Produkte mit Funktionen. Die Frage lautet: Kann ich Funktionen miteinander multiplizieren? Und die Antwort lautet ganz einfach „JA“.

Denn ein Ausdruck wie $f(x+h)$ stellt ja nichts anderes als einen Wert dar. Also steht da „eigentlich“ fast so etwas wie eine Zahl, nur steht statt der Zahl eben die Vorschrift da, wie diese Zahl, nämlich die Zahl „f von $x+h$“ aus den beiden Zahlen x und h gewonnen wird.

Daher können wir sowohl Funktionen mit Zahlen als auch Funktionen mit Funktionen multiplizieren. Funktionen miteinander zu multiplizieren, ist eine rein äußerliche Angelegenheit und nicht zu verwechseln mit der Anwendung einer Funktion auf eine andere Funktion.

Das sieht auch schon optisch völlig anders aus.

Hier ein paar Beispiele; und damit es interessanter wird, binden wir die Ableitung einer Funktion, gekennzeichnet durch einen einfachen $'$, also $f'(x)$ ist die Ableitung der Funktion $f(x)$, und das Integral $\int f(x)\,\mathrm{d}x$ gleich mit ein. Alle diese drei „sind“ Funktionen, können also in unserem Zusammenhang wie einfache Ausdrücke verwendet werden, wenn sie nicht verschachtelt sind, sondern nur friedlich nebeneinander stehen. Die Liste zeigt in der ersten Spalte das harmlose Produkt, das wir locker beherrschen und die zweite Spalte zeigt die Anwendung des einen auf das andere. Da sieht die Welt dann anders aus. Nicht immer schwieriger, aber anders.

f und g sind Funktionen, x die variable Größe.

$$f(x) \cdot g(x) \neq f(g(x))$$

$$f'(x) \cdot \int f(x)\,\mathrm{d}x \neq f'\left(\int f(x)\,\mathrm{d}x\right)$$

$$\int f(x)\,\mathrm{d}x \int g(x)\,\mathrm{d}x \neq \int f(x) \cdot g(x)\,\mathrm{d}x$$

Auf der linken Seite stehen ganz einfache Ausdrücke. Das merken Sie spätestens wieder dann, wenn Sie die Ausdrücke aussprechen: Das Produkt zweier Funktionen, das Produkt einer Ableitung mit einem Integral. Das Produkt zweier Integrale. Und alle drei sind genau genommen immer nur: Das Produkt zweier Funktionen.

Auf der rechten Seite sprechen wir von der Funktion einer Funktion, von der Ableitung eines Integrals, vom Integral eines Produkts. Dass in diesem deutlichen sprachlichen Unterschied der jeweils völlig andersartige mathematische Sachverhalt gleichsam „unüberhörbar“ ist, brauche ich nicht mehr eigens zu betonen.

Einige technische Eigenschaften des Produkts

Ob wir schreiben

$$a \cdot b$$

oder

$$f_1 \cdot f_2$$

oder

$$f_1(x+h) = f_2(x+h),$$

das ist immer dasselbe, ein ganz einfaches Produkt. Nichts Aufregendes. Viel Interessanteres geschieht hingegen, wenn wir Summen miteinander multiplizieren. Und da wir unsere Funktionen $f_1(x+h)$ und $f_2(x+h)$ miteinander multiplizieren dürfen, können wir auch ihre jeweiligen Äquivalente miteinander multiplizieren.

$$f_1(x+h) \times f_2(x+h) = [f_1(x) + h \cdot f_1'(x) + h \cdot g_1(x,h)] \times [f_2(x) + h \cdot f_2'(x) + h \cdot g_2(x,h)].$$

Was hier ziemlich wild aussieht, fällt uns nicht mehr schwer, optisch zu strukturieren. Es geschieht nichts Besonderes. Zwei gleichartige Summen werden miteinander multipliziert. Noch unübersichtlicher sieht es aus, wenn wir die Sache ausmultipliziert hinschreiben. Das tue ich jetzt auch, aber mit folgendem Hintergedanken. Sie sehen gleich einen Ausdruck, in dem Sie vor lauter Bäumen den Wald nicht sehen werden.

Weil Sie einfach in dieses Rechenergebnis aus einer einfachen Multiplikation ohne Kompass oder GPS hineinlaufen. Erleben Sie ganz bewusst diesen Augenblick der ersten Orientierungslosigkeit. Danach werden wir paar einfache Überlegungen zu Produkten anstellen, die ganz nebenbei auch eine Vorstellung davon geben, was man rein rechentechnisch beachten kann und beachten muss, wenn man aufwendigere Rechnungen anzustellen hat.

$$\begin{aligned} f_1(x+h) \times f_2(x+h) &= [f_1(x) + h \cdot f_1'(x) + h \cdot g_1(x,h)] \times [f_2(x) + h \cdot f_2'(x) + h \cdot g_2(x,h)] \\ &= f_1(x)f_2(x) + h \cdot f_1'(x)f_2(x) + h \cdot g_1(x,h)f_2(x) + f_1(x)h \cdot f_2'(x) \\ &\quad + h \cdot f_1'(x)h \cdot f_2'(x) + h \cdot g_1(x,h)h \cdot f_2'(x) + f_1(x)h \cdot g_2(x,h) \\ &\quad + h \cdot f_1'(x)h \cdot g_2(x,h) + h \cdot g_1(x,h)h \cdot g_2(x,h). \end{aligned}$$

Ordnet man ein wenig um, so sieht die Sache so aus:

$$\begin{aligned} &= f_1(x)f_2(x) \\ &\quad + h \cdot [f_1'(x)f_2(x) + f_1(x)f_2'(x)] \\ &\quad + h \cdot [g_1(x,h)f_2(x) + f_1(x) \cdot g_2(x,h)] \\ &\quad + h^2 \cdot [f_1'(x) \cdot f_2'(x) + g_1(x,h) \cdot f_2'(x) + f_1'(x) \cdot g_2(x,h) + g_1(x,h) \cdot g_2(x,h)]. \end{aligned}$$

Auch nicht viel besser. Viel besser ist, wenn wir verstehen, was rechentechnisch geschieht, wenn wir zwei Summen miteinander multiplizieren. Dann wissen wir nämlich schon vorher, was uns erwarten wird und wir können jeden einzelnen Ausdruck problemlos und einfach verstehen und zuordnen.

Bleiben wir bei unserem Beispiel: Wir multiplizieren zwei Summen, die jeweils drei Summanden haben. Jetzt wird es ganz elementar. Wir beachten:

Wir haben zu Beginn 6 Größen. 3 in jeder Summe. Da wir die Produkte paarweise bilden – es sind ja 2 Summen, so multiplizieren wir jeden Summanden der ersten Summe genau einmal mit jedem Summanden der zweiten Summe.

Es gibt also 3^2 Multiplikationen und damit 3×3 Produkte. Wir *erwarten also von vornherein*, dass wir 9 Produkte sehen werden. Wir wissen, wie lange der Ausdruck sein wird, der aus der ausgeführten Multiplikation entsteht. Wir wissen aber noch viel mehr.

Wenn alle Summanden in den Summen – wie hier – linear sind, so sind alle einzelnen Produkte, ich betone: alle, quadratisch. Blicken Sie auf unser Beispiel, so sehen Sie, dass jedes Produkt quadratisch ist, also aus zwei Funktionen besteht.

Wir erwarten von Anfang an 9 Produkte, die alle aus zwei Funktionen bestehen. Wir wissen aber noch viel mehr. Blicken wir auf die Summanden mit h.

h ist ein Koeffizient, der aber nicht bei jedem Summanden vorkommt. Dort, wo h vorkommt, ist h eine einfache Größe. Wir haben in jeder der beiden Summen genau zwei Summanden mit je einem einfachen h. Betrachten wir nur die Multiplikation dieser beiden Teilsummen, so erwarten wir 2^2 Ausdrücke mit h^2. Und siehe da … oder besser: Siehe oben!

Bleibt die Frage, wie oft h linear und wie oft h überhaupt nicht vorkommen wird. Linear bleibt h dann, wenn ein Ausdruck ein lineares h enthält und der andere gar kein h. Beide Summen enthalten nur einmal h überhaupt nicht, jedoch je zweimal in linearer Form. Damit kann ich den Ausdruck ohne h der ersten Summe genau zweimal mit einem linearen h multiplizieren, und entsprechend umgekehrt. Also wieder 2^2 Ausdrücke für ein lineares h.

Die Mantisse gibt die Anzahl der Summanden an, der Exponent die Anzahl der Summen. Also gilt:

$$\text{Anzahl der Produkte} = \text{Anzahl der Summanden}^{\text{Anzahl der Summen}}.$$

Und gar kein h? Dazu suche ich nur die Kombinationen von zwei Ausdrücken gänzlich ohne h. Da in der ersten Summe nur einer vorkommt, ebenso in der zweiten, so haben wir 1×1 Ausdrücke gänzlich ohne h. Und das alles wissen wir schon, wenn wir nur die beiden Summen etwas genauer anschauen.

„Kombinationen", das ist das Stichwort. Schreiben wir mal die beiden Summen wie folgt, dann sehen Sie rein räumlich all das vor sich:

	$f_2(x)$	$h \cdot f_2'(x)$	$h \cdot g_2(x,h)$
$f_1(x)$	$f_1(x) \times f_2(x)$	$f_1(x) \times h \cdot f_2'(x)$	$f_1(x) \times h \cdot g_2(x,h)$
$h \cdot f_1'(x)$	$h \cdot f_1'(x) \times f_2(x)$	$h \cdot f_1'(x) \times h \cdot f_2'(x)$	$h \cdot f_1'(x) \times h \cdot g_2(x,h)$
$h \cdot g_1(x,h)$	$h \cdot g_1(x,h) \times f_2(x)$	$h \cdot g_1(x,h) \times h \cdot f_2'(x)$	$h \cdot g_1(x,h) \times h \cdot g_2(x,h)$

Diese Produktübersicht zeigt alle Kombinationen. Das sehen Sie schon in der ursprünglichen Formel, wenn Sie mit diesem allgemeinen Vorwissen über Produkte von Summen an die Sache herangehen.

Betrachten wir unseren „Teilbereich" mit h:

	$f_2(x)$	$h \cdot f_2'(x)$	$h \cdot g_2(x,h)$
$f_1(x)$	$f_1(x) \times f_2(x)$	$f_1(x) \times h \cdot f_2'(x)$	$f_1(x) \times h \cdot g_2(x,h)$
$h \cdot f_1'(x)$	$h \cdot f_1'(x) \times f_2(x)$	$h \cdot f_1'(x) \times h \cdot f_2'(x)$	$h \cdot f_1'(x) \times h \cdot g_2(x,h)$
$h \cdot g_1(x,h)$	$h \cdot g_1(x,h) \times f_2(x)$	$h \cdot g_1(x,h) \times h \cdot f_2'(x)$	$h \cdot g_1(x,h) \times h \cdot g_2(x,h)$

Das ist der „quadratische Teil", fehlen noch die linearen Ausdrücke:

	$f_2(x)$	$h \cdot f_2'(x)$	$h \cdot g_2(x,h)$
$f_1(x)$	$f_1(x) \times f_2(x)$	$f_1(x) \times h \cdot f_2'(x)$	$f_1(x) \times h \cdot g_2(x,h)$
$h \cdot f_1'(x)$	$h \cdot f_1'(x) \times f_2(x)$	$h \cdot f_1'(x) \times h \cdot f_2'(x)$	$h \cdot f_1'(x) \times h \cdot g_2(x,h)$
$h \cdot g_1(x,h)$	$h \cdot g_1(x,h) \times f_2(x)$	$h \cdot g_1(x,h) \times h \cdot f_2'(x)$	$h \cdot g_1(x,h) \times h \cdot g_2(x,h)$

Wenn Sie jetzt wieder in den „unübersichtlichen" Teil hineingehen, so können Sie für jedes einzelne Produkt sofort sagen, zu welcher „Produktgruppe" es gehört, und Sie verstehen den ausmultiplizierten Ausdruck insgesamt. Zugleich bemerken wir, dass dieser lange Ausdruck genau die gleiche Information enthält wie die Kurzform.

Wir können noch genauer hinschauen und bemerken noch eine Eigenschaft dieses Produkts: Beide Summen sind völlig gleichartig. Das erkennen wir leicht daran, dass wenn wir die Indizes weglassen, beide Funktionen, beide Summen tatsächlich identisch sind. Das bedeutet aber wieder, dass es verschiedene „Typen" von Produkten gibt. Beispiele: Es werden die Ableitungen f' mit f multipliziert, oder die Funktion g mit g. Wenn Sie in die Formel oder Tabelle schauen, so finden Sie einmal $f \times f'$ und einmal $f' \times f$. Aber keine weitere Kombination dieser Art. Dass es gleichartige Typen gibt bedeutet, dass es bei völlig identischen Summen weniger Typen von Produkten als Produkte selbst gibt. Wir können also mehrere Summanden zusammenfassen.

Das bekannteste Beispiel ist $(a + b) \times (a + b)$.

Die meisten von Ihnen werden schon ganz automatisch $(a + b)^2 = a^2 + 2ab + b^2$ assoziieren. Und vielleicht gar nicht so recht darauf achten, dass hier vier Produkte stehen, nicht drei. Aber eben nur drei verschiedene Typen von Produkten. Bei unserem Beispiel mit den Summen zu je 3 Summanden sind es 6 verschiedene Typen. Betrachten Sie die die Sache rein „geometrisch", so erkennen Sie, dass entlang der Mitteldiagonale lauter „einmalige Typen" herumstehen, wogegen die Typen oberhalb der Mitteldiagonale gleichsam die Spiegelbilder der Typen darunter sind.

Allgemein gilt:

▸ So gut, wie Sie die beiden beteiligten Summen verstanden haben, so gut verstehen Sie das Produkt.

Wenn Sie die Summen nicht durchdacht haben, dann verlieren Sie im Produkt die Übersicht. Da Ihnen das erst beim Produkt auffällt, behaupten Sie womöglich, das Produkt sei kompliziert. Dabei sagt Ihnen das Produkt nur, dass Sie die Summen nicht durchdacht haben; entweder die Summen für sich, oder deren Zusammenspiel im Produkt.

$$\begin{aligned}&f_1(x)f_2(x) + h\cdot f_1'(x)f_2(x) + h\cdot g_1(x,h)f_2(x)\\&+ f_1(x)h\cdot f_2'(x) + h\cdot f_1'(x)h\cdot f_2'(x)\\&+ h\cdot g_1(x,h)h\cdot f_2'(x) + f_1(x)h\cdot g_2(x,h)\\&+ h\cdot f_1'(x)h\cdot g_2(x,h) + h\cdot g_1(x,h)h\cdot g_2(x,h)\end{aligned}$$

Was aber, wenn Produkte über mehr als zwei Summen gebildet werden? Dann gilt „im Prinzip" das Gleiche, allerdings werden die Ausdrücke mit unterschiedlichen Potenzen vielfältiger. Hier hatten wir ja gerade mal „kein h", „h" und „h Quadrat". Für einen ganz speziellen Fall hat man sehr genau untersucht, was geschieht, wenn mehrere, viele, ja sehr viele Summen miteinander multipliziert werden. Dabei hat man die einfachste Möglichkeit untersucht:

Die kleinstmögliche Summe, bestehend aus nur zwei Summanden, $a + b$ einerseits, und alle Faktoren sind gleich andererseits.

Alle Faktoren gleich? Das sind – ich erinnere an die ganz elementaren Zusammenhänge – Potenzen. „Potenzen von Summen" klingt wieder gut. Wie sieht das aus?

$$(a+b)\times(a+b)\times(a+b)\times(a+b)\times\ldots=(a+b)^n.$$

Da $(a + b)$ ein Binom ist, ein Ausdruck, der aus *zwei* Elementen besteht, heißen die Koeffizienten, die die ausmultiplizierten Produkte begleiten, die Binomialkoeffizienten. Damit aber genug von Produkten und wir machen weiter mit

Quotienten und Differenzen

In diesem Kapitel komplettieren wir unsere Grundausstattung. Ein „Extra" gibt es in der kurz darauf folgenden kleinen „Wurzelkunde". Quotient und Differenz zeichnen sich dadurch aus, dass die beteiligten Akteure unterschiedliche Funktion bzw. Wirkung haben. Deshalb haben sie auch unterschiedliche Namen. Zähler und Nenner, alias Dividend und Divisor wirken im Quotienten zusammen, und die Differenz ist gleichsam der Abstand zwischen Minuend und Subtrahend.

$$\frac{\text{Dividend}}{\text{Divisor}},$$

$$\text{Minuend} - \text{Subtrahend}.$$

Ich beschränke mich in diesem Kapitel auf jene Eigenschaften und Besonderheiten, die für das Lesen von Formeln wichtig sind. Wir müssen daher unterscheiden, was Brüche und Differenzen für die Darstellung von Sachverhalten bedeuten, welche rechentechnischen bzw. formelmechanischen Eigenheiten zu berücksichtigen sind und relativ am Rande kümmern wir uns um ihre mathematischen Eigenschaften.

Summen und Produkte waren insofern einfache Gesellen, als sie üblicherweise ein einfaches, unterschiedlich starkes Zusammenwirken darstellen. Brüche und Differenzen sind weniger die Operationen des Zusammenwirkens, sondern die Darstellung von relativen Beziehungen einerseits und des Verminderns einer Wirkung andererseits. So richtig interessant werden viele Formeln erst durch diese beiden.

Dass zwei Massen einander proportional anziehen, ist schön. Doch diese Anziehungskraft wird wieder geschwächt durch die gegenläufige Wirkung des Abstands, hier sogar durch das Quadrat des Abstands. Nachdem die Anziehungskraft „proportional zum Produkt der beteiligten Massen“ wirkt, ergänzt man: und „umgekehrt proportional zum Quadrat des Abstands“. Denken Sie bei „umgekehrt proportional“ einfach an „proportionale Abschwächung“, dann liegen Sie schon mal nicht schlecht.

Diese einfachste Form von Brüchen ist fast immer „Verstärkung oben“, und „Abschwächung unten“. Sehr häufig werden durch Brüche aber ganz andere Beziehungen sichtbar gemacht. Der Nenner (Divisor) wird zum Bezugspunkt, zum Maß aller Größen, die da oben im Zähler stehen. Oft finden wir dann im Zähler einen zusammengesetzten Ausdruck, eine Summe etwa oder eine Differenz. Betrachten wir wieder

$$\frac{1}{2\pi}\int_{-\pi}^{\pi} du \cdot \log_2 \frac{|\int_{-\infty}^{\infty} M(t)e^{iut}\,dt|^2 + |\int_{-\infty}^{\infty} N(t)e^{iut}\,dt|^2}{|\int_{-\infty}^{\infty} N(t)e^{iut}\,dt|^2}$$

Wir betrachten jetzt nur den Quotienten. Wir achten nicht auf Details, wir sehen einfach eine Summe im Zähler und einen einfachen Ausdruck im Nenner. Was Sie natürlich auch „sofort“ sehen, dass der einfache Ausdruck im Nenner genau dem zweiten Summanden im Zähler entspricht. Hier steht also ganz einfach $\frac{A+B}{B}$. Das ist sachlich und mathematisch eine ziemlich interessante Information. Es wird nicht gefragt, wie groß die Summe an sich ist, sondern wie groß sie relativ zu … ist. In diesem Fall sogar in Bezug auf einen Ihrer eigenen Summanden. Wir erfahren hier also die relative Größe dieser Summe in Bezug auf eine andere Größe.

Beachten Sie auch die wichtige Wechselwirkung von Zähler und Nenner: Im *Zähler* kann der zweite Summand nicht 0 werden! Denn dann würde auch der Nenner Null werden. Der erste Summand im Zähler „darf“ hingegen Null werden. Und wenn der erste Summand Null ist? Dann hat der gesamte Quotient klarerweise den Wert 1. Was das für die Gesamtformel bedeutet? Das interessiert uns hier nicht weiter, dass das aber von großem sachliche Interesse ist, dürfen Sie zu Recht vermuten.

Viele Formelleser und Bearbeiter haben gerade mit Brüchen ihre liebe Not, weil sie die klassischen Regeln des Bruchrechnens nicht wirklich draufhaben. Wenn Sie nicht (fast) sofort sehen, dass $\frac{u^2}{u^2+1} = 1 - \frac{1}{u^2+1}$ gilt, lege ich Ihnen sehr ans Herz, sich wieder mit diesen elementaren Umformungen von Brüchen vertraut zu machen.

Bei derlei Umformungen kommen immer wieder Doppelbrüche vor, dennoch wissen wir, dass es letztlich immer möglich ist, alles als einen „einfachen" und „gekürzten" Bruch darzustellen. Das ist die rechentechnische Seite. Aber was ist mit der Information, die in einem Doppelbruch enthalten sein kann? Die einfache und gekürzte Darstellung eines Bruchs verdeckt oft sachliche Zusammenhänge, er ist eben nicht der Weisheit letzter Schluss. Die Information, die in einem Doppelbruch enthalten ist, geht durch diese Umformung verloren, weil sie ganz einfach nicht mehr gelesen werden kann. Ein Beispiel:

$$\eta_{i,n} = \frac{\frac{\mathrm{d}q_n}{q_n}}{\frac{\mathrm{d}p_i}{p_i}} = \frac{\mathrm{d}q_i}{\mathrm{d}p_i} \cdot \frac{p_i}{q_n}.$$

Wenn Sie nur $\eta_{i,n} = \frac{\mathrm{d}q_i}{\mathrm{d}p_i} \cdot \frac{p_i}{q_n}$ lesen, so verstehen Sie überhaupt nicht, wie es dazu gekommen ist. Es werden nämlich relative Mengenänderungen ($\mathrm{d}q/q$) und relative Preisänderungen ($\mathrm{d}p/p$) miteinander verglichen. Im „einfachen" Ausdruck steht aber nurmehr, dass die relativen Mengenänderungen zu den relativen Preisänderungen in Beziehung gesetzt werden; proportional erweitert um den Preis, verringert um die Menge. Das gilt es vor allem sachlich zu durchdenken. Es werden in beiden Darstellungen völlig unterschiedliche Beziehungen betont. Fünf verschiedene Arten von Beziehungen kommen in diesen beiden Schreibweisen zusammengenommen vor. Den Bruch sachlich verstanden haben Sie erst, wenn Sie alle diese Beziehungen für sich durchdenken und das wechselseitige Zusammenwirken.

Mathematisch und rechentechnisch gibt die Sache nämlich gar nicht viel her.

- Gekürzte Brüche sind daher nicht immer das Beste, wenn es um Information geht.

Umgekehrt gibt es das faszinierende Phänomen, dass Sie nach langem Herumrechnen, vielfachen Umformungen letztlich zu einem erstaunlich einfachen Ergebnis kommen. Manchmal fast enttäuschend einfach, weil man dem Ergebnis nun einmal die Entstehungsgeschichte nicht ansieht. Die Geschichte dieser einfachen Formel ist viel aufregender und interessanter als die Formel selbst, ist aber eine andere Geschichte.

Ein bekanntes Beispiel ist der Begriff der Beschleunigung. Die Veränderung der Geschwindigkeit mit der Zeit wird gerne als

$$\text{Beschleunigung } a = \frac{\mathrm{d}v}{\mathrm{d}t}$$

geschrieben (a wie acceleration, v wie velocity). Setzt man für die Geschwindigkeit nun nach der Definitionsgleichung, $v = \frac{\mathrm{d}s}{\mathrm{d}t}$, d. h. Geschwindigkeit ist das Verhältnis von zurückgelegter Wegstrecke s pro Zeit t, so erhält man den Ausdruck:

$$a = \frac{\mathrm{d}^2 s}{\mathrm{d}t^2}$$

Die hochgestellte ^{2} beim d deutet an, dass hier *zweimal* abgeleitet wird, nicht dass hier die Ableitung quadriert würde. Wer mit diesem t^2 vertraut ist, den stört das nicht, im Gegenteil. Aber „eigentlich" steht da, ich lasse die kleinen „d" für Differenz jetzt weg:

$$a = \frac{\frac{s}{t}}{t}$$

Denn es wird zuerst der Weg in eine Beziehung zur Zeit gesetzt, und diese Beziehung als Ganze ihrerseits noch einmal zur Zeit. Auf einen einfachen Bruch gebracht steht dann natürlich nur s/t^2 da, aber ich bringe sachlich nicht den Weg zum Quadrat der Zeit in eine Beziehung, sondern die Geschwindigkeit. Das t^2 ist in Folge eine interessante und wichtige Erkenntnis daraus.

Eine ganz andere wichtige Frage, nicht nur bei Quotienten, hier aber oft nicht ganz so einfach zu sehen ist die Frage, von welchem Grade ein Ausdruck ist. Ist er *insgesamt* quadratisch, oder kubisch oder ganz einfach linear? Der Grad des Zählers und des Nenners für sich sind leicht zu sehen, dennoch vergisst man beim oberflächlichen Lesen, dass der Grad des ganzen Ausdrucks nach außen ein anderer ist als seiner einzelnen Elemente im Inneren; bekanntlich Grad des Zählers minus Grad des Nenners.

$\frac{x^3-2}{x+1}$ enthält zwar eine dritte Potenz, ist nach außen hin aber natürlich quadratisch. Also wäre dann $\sqrt{\frac{x^3-2}{x+1}}$ ganz einfach ein linearer Ausdruck. Nach außen, nicht fürs Nachdenken oder Rechnen „innen drinnen". Immer dann, wenn keine höheren Potenzen angeschrieben sind, aber einzelne Größen mehrfach vorkommen, muss man genau schauen, ob da nicht doch Potenzen in der Struktur des Quotienten versteckt sind.

$\frac{\frac{1}{z_1}-\frac{1}{z}}{z_1-z} = \frac{1}{z_1 \cdot z}$. Also ein quadratischer Ausdruck, alles klar? Hinweis: Vor allem Mehrfachbrüche lösen Potenzen in einfache, lineare Ausdrücke auf, genauso wie Produkte. Man darf auf keinen Fall übersehen, dass etwa der Ausdruck $x \cdot (1-2x)/2$ insgesamt quadratisch ist, obwohl da kein Ausdruck direkt als Quadrat *geschrieben* steht. Lösen wir die Klammer auf, so haben wir $x/2 - x^2$.

Apropos Quadrat. Bei unserem Beispiel $\frac{u^2}{u^2+1} = \ldots$ ist es entscheidend, dass da u^2 steht. Denn dann ist dieser Ausdruck sicher positiv. Schauen wir uns also an, was wir damit anfangen:

Ein möglicher Lösungsweg für $\frac{u^2}{u^2+1} = 1 - \frac{1}{u^2+1}$ liegt in einem jener Handgriffe, die man fast „Trick" nennen könnte. Im Zähler u^2 ist gleichbedeutend, wenigstens rechentechnisch, mit $u^2 + 1 - 1$. Wir haben u^2 mit 0 erweitert. Dann haben wir $\frac{u^2+1-1}{u^2+1}$. Da oben eine Summe steht, können wir beliebig zerlegen. Wir spalten also im Zähler $u^2 + 1$ ab und erhalten damit $\frac{u^2+1}{u^2+1}$ beziehungsweise $\frac{-1}{u^2+1}$.

Der erste Ausdruck ist gekürzt 1, also haben wir $\frac{u^2}{u^2+1} = 1 - \frac{1}{u^2+1}$. Ich habe Ihnen diese einfache Umformung aus einem ganz bestimmten Grund gezeigt. Ich erwähnte, dass sowohl Quotient als auch Differenz sehr oft mit Einschränkungen bzw. Begrenzung von Werten zu tun haben.

Beachten Sie, dass wir hier einen Quotienten in eine Differenz umgewandelt haben. Studieren wir jetzt an beiden diese begrenzende Wirkung. Außerdem möchte ich, dass Sie lernen, Formeln auch ganz leger, rein *qualitativ* betrachten. Wir werfen daher jetzt einen völlig anderen Blick auf dieselbe Formel.

Der Bruch $\frac{u^2}{u^2+1}$ ist offensichtlich kleiner als Eins, denn der Nenner ist größer als der Zähler. Das *heißt automatisch*, dass er auch *irgendwie* als $1 - \ldots$ geschrieben werden kann.

$$\frac{u^2}{u^2+1} = 1 - \ldots$$

Das ist ein für das Verständnis der Struktur sehr wichtiges Ergebnis. Ja, das ist bereits ein Ergebnis. Überlegen wir weiter in entspannter Weise: Wäre der Ausdruck insgesamt tatsächlich Eins, so müsste der Zähler ja auch wie der Nenner $u^2 + 1$ lauten. Wir sehen nun ganz einfach, dass der Zähler um „1" zu groß ist. Und zwar, das ist das wichtige, *relativ* zu groß. Denn wir sind ja innerhalb eines Quotienten unterwegs. Die relative Größe, also das, worauf sich alles bezieht, steht im Nenner, also wissen wir, dass der Wert um $\frac{1}{u^2+1}$ zu groß ist. Es ist mir sehr wichtig, dass Sie dieses Ergebnis tatsächlich *überlegen*, nicht rechnen, nicht umformen. Diese Herangehensweise wird uns bei der Formelanalyse und vor allem bei fortgeschrittenen Anwendungen oft als einzige weiterhelfen.

Sie sehen, dass wir hier die Differenz zwischen Zähler und Nenner tatsächlich in eine Differenz mit Minuend und Subtrahend umgewandelt haben. Damit sind wir (ganz unauffällig) auch schon bei der Differenz angekommen.

Begrenzen einerseits, Korrigieren von Werten andererseits sind häufige Anwendungen von Differenzen. Deshalb konzentrieren wir uns hier auf diese beiden. Die Korrektur von Werten kann sowohl sachlogische, als auch rechentechnische Gründe haben. Man kann auf „direktem" Wege nur einen zu großen Wert ermitteln, den man dann um ebenfalls direkt ermittelbare Werte korrigiert. Ein Beispiel aus der Wahrscheinlichkeitsrechnung: Wie hoch ist die Wahrscheinlichkeit für das Eintreten von mindestens einem von zwei Ereignissen? Geschrieben als $W(A \,\text{oder}\, B)$, oft auch als $W(A \vee B)$ oder wenn man auf Mengen sich bezieht als $W(A \cup B)$. Das „W" soll an „Wahrscheinlichkeit" erinnern. Vielleicht haben Sie auch schon „P" für „probability" bzw. „probabilitas" gelesen. Auf direktem Wege geht das nicht. Wir sagen also, $W(A \cup B) = W(A) + W(B)$. Dieser Wert ist aber sicher zu groß, wenn wir wissen, dass auch die Ereignisse A und B gleichzeitig auftreten können. Wir korrigieren daher diesen Gesamtwert um die Wahrscheinlichkeit dafür, dass A und B gleichzeitig vorkommen.

$W(A \cup B) = W(A) + W(B) - W(A \cap B)$. Wie wir und ob wir jetzt $W(A \cap B)$ „direkt" berechnen können, darauf achten wir jetzt überhaupt nicht. Vielmehr geht es wieder um diese Korrekturfunktion der Differenz.

Auch bei Differenzen ist zwischen mathematisch-rechentechnischer Seite einerseits und sachlicher Seite andererseits zu unterscheiden. Der Ausdruck $a-(-b)$ mag in vielen Fällen völlig zu Recht als gleichwertig mit $a+b$ angesehen werden. Der Temperaturunterschied zwischen 10 °C plus und 5 °C plus ist ja auch ein anderer als der zwischen 0 °C und minus 5 °C. Die Art des Unterschiedes würde aber durch die Umwandlung der Differenz in eine Summe wieder den sachlichen Zusammenhang verdecken. Wir fragen ja nicht, wie viel Grad es hat, wenn es um fünf Grad wärmer wird! Die Temperaturdifferenz ist etwas anderes als die konkrete Temperatur.

Das ist auch der Grund, warum man sehr oft Quotienten, die man rechentechnisch problemlos als Produkte schreiben könnte, eben doch nicht als solche schreibt. Die sachlichen Beziehungen würden viel zu wenig betont. In fortgeschrittenen Fachtexten finden sich solche alternative Formulierungen häufiger, meist um Platz zu sparen.

Differenz und Quotient haben einige weitere Gemeinsamkeiten, wenn man die Sache mehr strukturell sieht. Durch die Ungleichheit der beiden beteiligten Akteure kennen wir ja schon die Gegenläufigkeit der Wirkungen: Werden Divisor oder Subtrahend größer, so wird der Gesamtausdruck kleiner.

Besonders wichtig ist auch die Betrachtung der Größenverhältnisse der beiden Partner, also der Relationen Dividend : Divisor beziehungsweise Minuend : Subtrahend. Was geschieht wenn Minuend und Subtrahend genau gleich groß sind, was geschieht, wenn Divisor und Dividend gleich groß sind?

Die Differenz wird 0 und der Quotient wird 1. Das sind sehr wichtige Fälle, die bei der Analyse von Formeln immer wieder herangezogen werden.

Im folgenden Beispiel begegnen wir einer ganzen Menge dieser elementaren Funktionen von Differenz und Quotienten. Wieder ein guter Bekannter:

$$n=\sqrt{1-\frac{N_e e^2}{4\pi^2\varepsilon_0 v^2 m_e}}.$$

Die Formel für den Brechungsindex an elektrisch leitenden Schichten, Sie erinnern sich. Die erste Beobachtung, die wir machen: Der Ausdruck unter der Wurzel darf nicht negativ werden, dafür haben Mathematiker ein wunderschönes Wort, die „Nichtnegativitätsbedingung". Die ist durch das Wurzelzeichen ausgesprochen. Denn der Brechungsindex kann in diesem Zusammenhang aus sachlichen Gründen nur reell sein. Wird er imaginär, so liegt auch sachlich ein anderes Phänomen vor. Also, alles unter der Wurzel muss positiv sein. Wir treffen sofort auf eine Differenz,

$$1-\ldots$$

Eins als Minuend und die Sache darf insgesamt nicht negativ werden. In solchen Fällen ist der Minuend sehr oft entweder eine Winkelfunktion oder ein Quotient. Hier haben wir unter der Wurzel neben $n=\sqrt{1-\ldots}$ den Quotienten $\frac{N_e e^2}{4\pi^2\varepsilon_0 v^2 m_e}$.

Dieser Quotient steht in diesem Formelzusammenhang jetzt also unter der Nebenbedingung, dass er nicht größer werden darf als 1. Was aber heißt das? Der Zähler darf maximal so groß werden wie der Nenner, im Grenzfalle also Zähler = Nenner:

$$N_e e^2 = 4\pi^2 \varepsilon_0 \nu^2 m_e.$$

Hübsch, und was sagt uns das? So nicht wirklich viel. Wenn Sie zurückblättern und sich wieder die Beteiligten in Erinnerung rufen, so wird klar, dass für uns vor allem die Frequenz ν interessant ist. Wir formen also so um, dass wir die Frequenz ν erhalten, bei der erstens der Quotient 1 und also zweitens die Differenz 0 und also drittens die Wurzel 0 und damit der Brechungsindex 0 wird. Was in der Sache soviel heißt wie: Keine Brechung, daher nurmehr Reflexion. Sie sehen das Bild wieder vor ihrem geistigen Auge? Bei dieser Frequenz dringt die Strahlung nicht mehr in die Schicht ein. Die Teilchen werden allesamt reflektiert. Das geht aus den „Grenzen" dieser Formel hervor.

$$\nu_0 = \frac{e}{2\pi}\sqrt{\frac{N_e}{\varepsilon_0 m_e}} = 9 \cdot 10^{-3}\sqrt{N_e}\,\text{MHz}$$

Der aufmerksame Leser jener Einführung in die Astrophysik liest diese Beziehung aus der angegebenen Formel nach etwas Formeltraining fast direkt heraus. Das ist keine Übertreibung. Dennoch ist der Autor so freundlich und liefert das Ergebnis dieser Umformung mit.

Sogar noch mit konkreten Werten und Einheiten.

Viel wichtiger als die Frage, ob Sie diese Umformung direkt aus der obigen Formel herauslesen können ist: Stellen Sie sich auch sofort die Frage nach diesen Grenzausdrücken, Grenzwerten, wenn Sie eine Formel sehen? Die Antwort lautet ab jetzt wohl „Ja sicher".

Diese und ähnliche Kombinationen mit den Beteiligten Wurzel, Differenz und Quotient mit genau diesen Eigenschaften werden Sie häufiger treffen. Die Begrenzungswirkung kann aber auch nur durch einen Quotienten in Kombination mit einer Differenz etwa in der Form

$$\frac{\text{beliebiger Ausdruck}}{(1 - \frac{1}{x})}$$

gegeben sein. Wenn nämlich x aus sachlichen Gründen nur positive Werte annehmen kann. In diesem Beispiel könnten die beiden Einsen durch beliebige andere Werte ersetzt werden, die Begrenzerfunktion wäre weiterhin die gleiche. Etwas mathematischer würden wir schreiben:

$$\frac{\text{beliebiger Ausdruck}}{(a - \frac{b}{x})} \quad \text{für } a, b, x \in \mathbb{R}^+$$

„a" gibt dann den maximalen Wert vor, den b/x annehmen darf. Wenn Sie einen solchen Ausdruck irgendwo sehen, überlegen Sie die jeweils sachliche Bedeutung der verschiedenen Begrenzer a und b!

Eine der wichtigsten Übungen muss es sein, *allgemeine Zahlen* lesen zu können. Die Buchstaben a, b sind hier einfach ganz konkrete Zahlen. Das x ist ganz konventionell eine Variable.

Formen wir also $a - b/x = 0$ um in $x = b/a$ so ist b/a eine Zahl. Sonst nichts. Und der *Wert* von x muss also immer größer als die *Zahl* b/a und natürlich ungleich 0 sein.

Differenz und Quotient sind die Darsteller der *Unterschiede*. Die Differenz liefert stets einen absoluten Unterschied, der Quotient einen relativen Unterschied. Dieser Unterschied der Unterschiede ist sehr, sehr wichtig.

Beispiel: 1000 minus 997 ergibt einen Unterschied von 3. Aber auch 10 minus 7 ergibt einen Unterschied von 3. Ob Sie vom Balkon oder vom Fenster im ersten Stock auf die Straße hinunterblicken oder am Fünftausender am Gipfel stehend auf Ihren Bergkameraden warten, der gerade die letzten Schritte hinauftut: Die Entfernung bleibt absolut gesehen drei Meter. Oder ob das eine Unternehmen 1,42 Mio. Umsatz macht bei 1,41 Mio. Kosten, das andere 300.000 Umsatz bei Kosten von 290.000. Beide machen den gleichen Gewinn von 10.000. Absolut gesehen.

Was hier absolut dasselbe ist, ist es relativ natürlich noch lange nicht. 10.000 Gewinn bei 300.000 Umsatz sind relativ gesehen ca. 3,4%. Matte 0,7% im zweiten Fall. Dass möglicherweise dort, wo relativ weniger Gewinn erwirtschaftet wurde, dennoch absolut höhere Gehälter gezahlt werden, kann wieder an deren relativer Bemessungsgrundlage liegen.

Wir haben das innige Zusammenwirken von Differenz und Quotient jetzt schon recht ausführlich studiert. Die wohl stärkste Kombination der Grundoperationen überhaupt ergibt sich aus dem Zusammenspiel zweier Differenzen mit einem Quotienten. Kurz, wenn in einem Quotienten sowohl Zähler als auch Nenner aus Differenzen bestehen.

Dann haben wir den Differenzenquotienten und seinen beziehungsvollen und extremen Verwandten den Differentialquotienten. Wir plaudern jetzt ein wenig über den Differenzenquotienten, denn haben sie den einmal mathematisch und vor allem auch sachlich erfasst, dann …

Der Differenzenquotient setzt zwei Differenzen zueinander in Beziehung. Vor allem für das Sachverständnis ist dieses Verständnis des „umgekehrt proportionalen" Zusammenspiels zweier Differenzen wichtig. Wenn Sie das (wieder) so richtig inhaliert haben, dann werden Sie auch später bei Differentialen keine nennenswerten Verständnisschwierigkeiten haben. Technische Schwierigkeiten sehr wohl, aber das ist Übungssache. Dieses technische Wie ist eines, wichtiger ist zuerst das „Was".

Apropos inhalieren, einen Differenzenquotienten hatten wir schon bei unseren Beispielen dabei:

$$J_{\mathrm{diff}} = F \cdot D \cdot \frac{\mathrm{d}C}{\mathrm{d}x}$$

Die Diffusionsrate, also wie viel Luft wir so ins Blut bekommen, hängt auch von $\frac{\mathrm{d}C}{\mathrm{d}x}$ ab. Das kleine „d" für Differenz, gelegentlich lesen wir auch dieses Dreieck, das eigentlich der große griechische Bruder des „d", das „Delta" ist: $\frac{\Delta C}{\Delta x}$.

Wie gewohnt, schauen wir uns die Sache *genau* an. Das ΔC beschreibt also eine Differenz. Die Differenz zwischen einem C und einem anderen C. Bleiben wir gleich konkret. C bedeutet die Konzentration eines bestimmten Stoffes in einem Stoffgemisch. Verglichen wird hier die Konzentration von Sauerstoff in der Atemluft in der Lunge mit der

Sauerstoffkonzentration im Blut. Der Ort der Betrachtung ist die „Biomembran“ der Alveole. Quasi die dünne Trennwand zwischen Lungenraum und Kapillaren. Aus der Sicht dieser Trennwand nenne ich den Luftraum in den Alveolen „draußen“ und entsprechend die andere Seite, die mit dem Blutraum in Berührung steht „drinnen“. Wir vergleichen hier also die Konzentration „hier draußen“ mit der Konzentration „dort drinnen“. Und zwar nicht relativ, sondern absolut: Um wie viel ist die Konzentration „draußen“ größer als die Konzentration „drinnen“? Das kann man sich wieder genau und bildhaft vorstellen. $C_{\text{draußen}} - C_{\text{drinnen}}$ kurz als ΔC geschrieben. Und diese Differenz beziehen wir jetzt auf die Dicke der Wand, auf Δx. Was, bitte schön, ist da eine Differenz? Da wir genau sind, bemerken wir sofort, dass wir die verschiedenen Konzentrationen an den verschiedenen *Orten* (!) „hier“ und „dort“, bzw. „drinnen“ und „draußen“, gemessen haben. Die räumliche Differenz dieser Orte ergibt ein „Delta“ Δ, nämlich einen Abstand. Bezogen auf eine Wand ist der Abstand ihrer jeweiligen Außenseiten ihre Dicke.

Damit wird aber aus „hier“ und „dort“ ein „so lang“. Beachten Sie unbedingt, dass sich bei Differenzen dieser Art sehr oft die Sachobjekte ändern. Im Zähler steht ja auch keine Konzentration mehr, sondern ein Konzentrations*unterschied*, im Nenner stehen keine Orte mehr, sondern die räumliche Differenz, ihr Abstand. Denn an der Wand ist eigentlich nicht ihre Dicke (also eine messbare Länge) an sich interessant, sondern dass sie eben zwei verschiedene Orte voneinander trennt.

Beide Differenzen zusammen bilden eine Größe, die Sie sowohl sachlich als auch mathematisch oft benötigen: Die Veränderung einer Größe in Bezug auf eine andere. Hier ist es ein Gefälle, das Konzentrationsgefälle bezogen auf einen bestimmten Diffusionsweg. Wer einmal zu Jahresbeginn sein Vermögen erfasst, vergleicht auch gerne: Vermögen jetzt zu Vermögen vor einem Jahr. Bezogen auf den Zeitraum eben eines Jahres, ergibt das den Jahresgewinn oder Jahresverlust. Auch hier verwandeln sich die Größen. Vermögen ist eine Zeit*punkt*größe, Gewinn oder Verlust beziehen sich auf einen Zeit*raum*. Gewinn und Verlust werden wie das Vermögen in Geldeinheiten ausgedrückt, die Angaben sind aber immer nur vollständig, wenn für den Gewinn der Zeitraum, für die Vermögen die Zeitpunkte mit angegeben werden. Damit wird klar, dass die Differenz $\text{Vermögen}_{\text{jetzt}}$ minus $\text{Vermögen}_{\text{vor einem Jahr}}$ nicht selbst die gleiche Einheit haben kann wie Vermögen. Die Differenz gehört ja auch niemanden, sie ist kein Vermögen für sich selbst. Durch den jeweiligen Sachzusammenhang fragt man fast wie von selbst, worauf sich diese Differenz denn bezieht. Und in diesen Beispielen tritt der häufigste Fall ein, dass nämlich die Größen im Zähler schon die Merkmale für die Differenz im Nenner mit sich mittragen. Wir messen ja die Konzentration *hier* und *dort*, beziehungsweise erfassen das Betriebsvermögen *jetzt* und *dann*. Genau diese näheren Umstände der Messung der Werte gehen dann in den Zähler und werden dort verglichen.

Aus der *Sachlogik* der Differenz des Zählers ergibt sich fast automatisch das Geschehen im Nenner. In diesem Buch geht es ums Lesen von Formeln, nicht um eine Herleitung oder Analyse von Differentialquotienten und dergleichen. Deshalb lenke ich Ihren Blick vor allem auf diese, in der Formel unmittelbar gegenwärtigen und sichtbaren Zusammenhänge.

Für den Mathematiker existiert eine Sachlogik nur, wenn sie zugleich einen mathematischen Zusammenhang darstellt.

Ein kleiner, aber wichtiger Hinweis zum Thema „Einheiten".

Einheiten verhalten sich bei Summe und Differenz völlig anders als bei Produkt und Quotient. Summen und Differenzen sind nur sinnvoll bildbar, wenn alle Beteiligten, also alle Summanden bzw. Minuend und Subtrahend die gleichen Einheiten haben. Ich kann nur Kilogramm von Kilogramm abziehen und nur Meter zu Metern addieren.

Produkt und Quotient sind da viel offener: Jeder Faktor, jedes Dividend und Divisor darf seine eigenen Einheiten mitbringen. Ich kann Kilogramm mit Metern multiplizieren, Entfernungen durch die Zeit dividieren, Geldeinheiten durch die Anzahl von Menschen teilen und vieles mehr. All das sind mögliche Operationen, die sachlich sinnvoll sind und vor allem auch eine mathematische Weiterverarbeitung ermöglichen. Was bei Summe und Differenz sowohl keinen sachlichen Sinn ergäbe und auch mathematisch nicht weiter bearbeitet werden könnte.

$f(\Sigma) = \Sigma(f)$: Doch der Differentialquotient

Sie ahnten es vielleicht schon längst: Diese Formel hat etwas mit dem Differentialquotienten, also der Ableitung einer Funktion, zu tun.

$$f(x+h) = f(x) + h \cdot f'(x) + h \cdot g(x,h).$$

Wir formen jetzt ganz einfach um. Nicht ohne so nebenbei zu registrieren, dass jede Summe auch als eine Differenz, jedes Produkt auch als ein Quotient dargestellt werden kann – innerhalb einer Gleichung.

Denn wir ziehen auf *beiden* Seiten der Gleichung $f(x)$ ab und dividieren *beide* Seiten durch h. Wir bringen nichts „rüber". Und schon haben wir folgendes Zusammenspiel derselben Beteiligten, derselben Funktion:

$$\frac{f(x+h) - f(x)}{h} = f'(x) + g(x,h).$$

Das stand die ganze Zeit eigentlich auch da, direkt vor unseren Augen. Nur haben wir's nicht gesehen. Es stehen mit jeder Formel auch gleichzeitig all ihre Umformungen da; wenn wir daran denken, ist das ganz leicht. Auch hier sehen wir, dass jede noch so harmlose und einfache Formel schon eine bestimmte Betonung, die Hervorhebung eines ganz bestimmten Zusammenhangs bedeutet. Die einzelnen Gruppen innerhalb der Formel sind aber andere geworden. Wir betrachten jetzt der Reihe nach alle drei Hauptgruppen.

$$\frac{f(x+h) - f(x)}{h}.$$

Das Wichtigste an diesem Quotienten ist, dass zwischen Zähler und Nenner eine Beziehung besteht, die weder aus der Formelstruktur, noch aus den Grundoperationen herrührt. Die Größe h im Nenner ist Teil des Arguments der Funktion $f(x+h)$. Es besteht zwischen Zähler und Nenner eine funktionale Beziehung. Darauf möchte ich Ihre Aufmerksamkeit lenken.

Gelegentlich wird diese Struktur zuerst so geschrieben:

$$\frac{f(x)-f(x_0)}{x-x_0}.$$

Dadurch sieht man die Nähe zum Differenzenquotienten, wie oben skizziert. Erst in einem zweiten Schritt ersetzt man die Differenz $x - x_0$ durch h und passt entsprechend die Argumente der Funktionen an.

$$\frac{f(x+h)-f(x)}{h}.$$

Auch in diesem Fall ist es wichtig, die funktionale Verschränkung zwischen Zähler und Nenner zu verstehen. Die ist mathematisch wichtig, sie ist aber vor allem eine Sachaussage.

Thema: Der Zusammenhang zwischen der Veränderung einer Größe in Abhängigkeit von der Veränderung einer anderen Größe

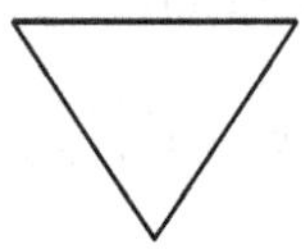

Mathematik: Quotienten und Differenzen, verfeinert im Differenzenquotient (als eigenes mathematisches Objekt)

$$\frac{f(x+h)-f(x)}{h} = f'(x) + g(x,h)$$

Die Sachaussage, auch mathematisch, steckt in der linken Seite. Es wird behauptet, dass es zwischen der Differenz der Funktionswerte und der Größe h sowohl einen elementaren als auch funktionalen Zusammenhang gibt. Dieser Zusammenhang lässt sich als eine Summe der beiden voneinander unabhängigen Funktionen $f'(x)$ und $g(x,h)$ darstellen.

Wenn es uns gelingt, die Funktion g loszuwerden, so steht dann hier:

$$\frac{f(x+h)-f(x)}{h} = f'(x).$$

Wir werden $g(\,)$ dann los, wenn wir Folgendes behaupten: Der Funktionswert von g für $g(x,h)$ ist genau dann Null, wenn h Null ist, das ist Schritt 1. Und in Schritt zwei behaupten wir, h „geht gegen Null". Da Mathematiker eine Division durch Null nicht lieben – in der Schule hieß es sogar, sie wäre verboten – sind sie da vorsichtig. Diese vorsichtige Annäherung eines Wertes z. B. h an den Wert 0 schreiben wir, wie vermutlich bekannt:

$$\lim_{h \to 0} \text{Ausdruck mit } h$$

„lim“ steht für Limes, lat. „Grenze“, an die wir uns in römischer Vorsicht eben nur annähern.

$$f'(x) = \lim_{h \to 0} \frac{f(x+h) - f(x)}{h}$$

In dieser Form haben wir etwas getan, was wir auf keinen Fall übersehen dürfen. Wir haben hier aus einer Beziehungsformel mehrerer Funktionen zueinander etwas ganz anderes gemacht.

Diese Formel hier ist eine Definitionsformel. Wir haben ein Element aus unserer ursprünglichen Formel herausgehoben, eine Funktion, die bisher nur den „Namen“ $f'(x)$ hatte und sonst nicht viel mehr zu bieten hatte, außer dass sie mit h nichts zu tun hatte. Die Bezeichnung $f'(x)$ deutete zwar darauf hin, dass sie mit $f(x)$ funktional etwas zu tun haben sollte. Das war aber mehr „Programm“ als mathematische Wirklichkeit. Denn ohne die zusätzlichen Festlegungen ist das aus der Formel allein nicht ersichtlich.

Die Funktion $g(x, h)$ sind wir unauffällig losgeworden, weil wir mathematisch festgelegt haben:

$$\lim_{h \to 0} g(x, h) = 0.$$

Gesprochen: Wenn h gegen Null geht, so wird auch der Funktionswert von g Null.

Da $g(x, h)$ als Summand auftritt – nicht etwa als Faktor – haben wir damit keine Probleme. g fällt einfach weg.

Ich hoffe, Sie denken immer noch mathematisch, gleichsam „in“ mathematischen Objekten. Denn Thema ist der Zusammenhang zwischen verschiedenen Funktionen, nicht das Ausrechnen. Wenn Sie allzu rasch beim Rechnen landen, habe ich Sorge, dass Sie den Blick nicht mehr auf die Formel richten.

$$\frac{f(x+h) - f(x)}{h} = f'(x) + g(x, h).$$

Nur zur Erinnerung, wie einfach die Sache ist, setzen wir jetzt als Beispiel für $f(x) = x^2$ in unsere Formel ein. Tja, Einsetzen heißt Rechnen, Ausführen eines einfachen Algorithmus und nicht mehr über die Formel nachdenken. Nur die mechanischen Formeleigenschaften nutzen. Jetzt können wir uns das leisten. Also schnell mal:

Zum einen haben wir dann $f(x) = x^2$ und zum anderen natürlich $f(x+h) = x^2 + 2xh + h^2$.

Einsetzen:

$$\frac{x^2 + 2xh + h^2 - x^2}{h} = f'(x) + g(x, h).$$

Bevor wir h gegen Null gehen lassen (und damit rechts auch $g(x,h)$ loswerden), räumen wir im Zähler auf, mit dem einfachen Ergebnis:

$$\frac{2xh + h^2}{h} = f'(x) + g(x,h).$$

Jetzt dürfen wir natürlich kürzen:

$$\frac{2x\not{h} + h^{\not{2}}}{\not{h}1} = f'(x) + g(x,h).$$

Das freut uns hier besonders, weil wir jetzt gar nicht durch ein „h" dass Null wird, dividieren müssen, sondern es fallen nur Summanden weg. $2x + h = f'(x) + g(x,h)$. Und setzen wir $h = 0$, so bleibt

$$2x = f'(x^2).$$

Nichts Aufregendes. Sie sehen, dass wir bisher mit unserer Formel

$$f(x+h) = f(x) + h \cdot f'(x) + h \cdot g(x,h)$$

eine ziemlich weite Wegstrecke gegangen sind, ohne mehr zu wissen und zu beachten, als dass f, f' und g eben Funktionen sind. Welche und wie genau, uninteressant. Wir sind mit den mathematischen Grundoperationen ausgekommen. Sie haben mithilfe der Grundoperationen eine Menge über Formeln gelernt, über ihre Beziehungen.

Nur so zum Drüberstreuen. Sie erinnern sich noch, dass man Produkte von Funktionen bilden kann. Wie sieht es dann mit der Ableitung aus?

Wir nehmen unser Produkt aus $f_1(x+h)$ und $f_2(x+h)$ und setzen in

$$\frac{f(x+h) - f(x)}{h} = f'(x) + g(x,h)$$

ein, wobei wir endlich ein anschauliches Beispiel für das ominöse $g(x,h)$ erhalten.

$$\begin{aligned} f_1(x+h) \times f_2(x+h) &= [f_1(x) + h \cdot f_1'(x) + h \cdot g_1(x,h)] \times [f_2(x) + h \cdot f_2'(x) + h \cdot g_2(x,h)] \\ &= f_1(x)f_2(x) + h \cdot f_1'(x)f_2(x) + h \cdot g_1(x,h)f_2(x) + f_1(x)h \cdot f_2'(x) \\ &\quad + h \cdot f_1'(x)h \cdot f_2'(x) + h \cdot g_1(x,h)h \cdot f_2'(x) + f_1(x)h \cdot g_2(x,h) \\ &\quad + h \cdot f_1'(x)h \cdot g_2(x,h) + h \cdot g_1(x,h)h \cdot g_2(x,h). \end{aligned}$$

Da wir seit dem Abschnitt „$f(\Sigma) = \Sigma(f)$: Das Produkt" wissen, was wir in diesem Bandwurm von Produkten von Funktionen suchen, hier gleich das Ergebnis, ohne alle Zwischenschritte von Umgruppierungen:

$$\frac{f_1(x+h)f_2(x+h) - f_1(x)f_2(x)}{h} = f_1'(x)f_2(x) + f_1(x)f_2'(x) + g(x,h).$$

Sie sehen hier, dass keines der Produkte hier einen Faktor „h“ enthält. Die Produkte links im Zähler hatten sowieso keinen Koeffizienten h, die bereits angeschriebenen Produkte rechts hatten h als linearen Faktor. Den wir elegant durch Division mit h eliminiert und damit links in den Nenner gebracht haben.

Alle Produkte, die jedoch h^2 als Koeffizient hatten, behalten auch nach der Division durch h einen Koeffizienten mit h. Die Funktion $g(x,h)$ hat hier also die Form:

$$g(x,h) = h \cdot [f_1'(x) \cdot f_2'(x) + g_1(x,h) \cdot f_2'(x) + f_1'(x) \cdot g_2(x,h) + g_1(x,h) \cdot g_2(x,h)].$$

Setzen wir h Null, haben wir alle diese Summanden auf einmal erledigt und damit bleibt die bekannte Regel für die Ableitung eines Produkts von Funktionen übrig:

$$(f \cdot g)' = f'g + fg'.$$

Dass dieses „g“ hier nicht das von gerade eben ist, lesen Sie ohne Probleme, weil Sie ja die Formel lesen, und da steht was von einem Produkt der beiden Funktionen f und g, nicht von f_1 und f_2 wie gerade eben.

Da, wie gerade angedeutet, die Ableitung einer Funktion ganz und vollständig durch Anwendung der grundlegenden Rechenoperationen gebildet werden kann, so wird tatsächlich die Funktion $f'(x)$ aus der Funktion $f(x)$ in eindeutiger Weise *abgeleitet*. Man kann sie daher direkt ausrechnen. Wenn Sie von dieser Sicht nicht allzu leichtfertig Gebrauch machen: die Ableitung einer Funktion ist eine ganz bestimmte Funktion dieser Funktion.

Daraus folgt sofort (wieder diese typische Mathematikerformulierung ...), dass der umgekehrte Weg, von einer abgeleiteten Funktion $f'(x)$ zu ihrer Ursprungsfunktion nicht mehr elementar ist. Hier kann nicht mehr elementar gerechnet werden, sondern es müssen verschiedene Regeln anderer Art angewendet werden. Um diesen Fall auch in der Notation und in Formeln besser unterscheiden zu können, so schreibt man oft $f(x)$ für die Ausgangsfunktion, die man als abgeleitete Funktion betrachtet. Die Funktion, von der $f(x)$ abgeleitet wurde, schreibt man $F(x)$ und nennt Sie Stammfunktion.

Den Vorgang der Umkehrung der Ableitung kennen Sie als Integrieren, geschrieben als $\int$, etwas ausführlicher als $F(x) = \int f(x)\,\mathrm{d}x$. Aber hier endet unser elementares Latein, da müssen wir völlig in die funktionale Denkweise wechseln. Das ist nicht unser Thema.

Dass das Ganze auch mit Vektoren p und v und einer Matrix A sowie einer Funktion φ funktioniert, verrät uns die Formel

$$f(\vec{p} + \vec{v}) = f(\vec{p}) + A\vec{v} + |\vec{v}|\varphi(\vec{v}),$$

die wir daher auch mit diesen mathematischen Objekten verstehen. Denn als Formel sehen wir da „eigentlich“ dasselbe, obwohl die Zeichen für andere mathematische Objekte stehen:

$$\begin{array}{ccccccc} f(\vec{p}+\vec{v}) & = & f(\vec{p}) & + & A\vec{v} & + & |\vec{v}|\varphi(\vec{v}) \\ \uparrow & & \uparrow & & \uparrow & & \uparrow \\ f(x+h) & = & f(x) & + & f'(x)h & + & hg(h,x) \end{array}$$

Der Divisor – das Maß aller Dinge

Für das sachliche Verständnis spielt der Divisor eine ganz spezielle Rolle. Er kann nämlich verschiedene Funktionen ausüben. Der Divisor kann einfach eine neue Art von Beziehung zwischen verschiedenartigen Objekten oder Größen herstellen, er kann einen Mittelwert erzeugen oder er kann als Maßstab, als Bezugsgröße dienen. Diese drei Funktionen des Divisors sind nicht alle möglichen; ich möchte hier nur Ihren Blick schärfen.

Die bekannte Definition der Geschwindigkeit als $v = s/t$, also „Geschwindigkeit ist Weg durch Zeit" stellt zwei verschiedenartige Größen – hier Weg, da Zeit – zueinander in Beziehung. Bei verschiedenartigen Größen, wie etwa auch in $F = g \cdot \frac{m_1 \cdot m_2}{r^2}$ wird durch den Divisor des Quotienten eine Beziehung zu einer gegenläufigen Größe hergestellt. Der Divisor ist gleichgewichtiger Partner. Er wirkt nicht anders als die „oben", nur eben entgegengesetzt. Qualitativ sind beide meist unabhängig voneinander und völlig gleichberechtigt.

Beim Mittelwert sieht die Sache schon ganz anders aus. Der Divisor gibt an, wie viele Elemente im Dividenden summiert werden. Er ist so gesehen schon ein *Maß*, ein Zählmaß. Zählen, das ist die Urform allen Messens. Das typische $1/n$ in Kombination mit einer Anzahl von n Summanden zeigt also im Divisor schon eine Information über den Dividenden. Den Zweck des Mittelwertes, die „Gleichmacherei" haben wir schon kennen-gelernt.

Der stetige Bruder der diskreten Summe ist das Integral. Auch da gibt es gelegentlich so etwas wie Mittelwertbildungen. Da ein Integral innerhalb seiner Grenzen $\int_a^b$ aber unendlich viele Werte enthält, wie soll da ein Mittelwert aussehen? Erstaunlich einfach. Als Maß nehmen wir hier nicht die *Anzahl* der Werte, sondern die Länge der Strecke, über die das Integral gebildet werden soll. Also von a bis b. Wie ermittelt man die Länge dieser Strecke? Durch die *Differenz* $b - a$. Sie sehen hier übrigens, wie auch die Differenz die Funktion eines Maßes bekommen kann. Und jetzt ist die Formel für den „Mittelwert" eines Integrals ganz einfach.

$$\frac{1}{b-a} \int_a^b \ldots \mathrm{d}x.$$

Vergleichen Sie nur mit der Mittelwertschreibweise von

$$\frac{1}{n} \sum_{i=1}^{n} x_i.$$

Und was besagt dieser „Mittelwert" beim Integral? Der diskreten Gleichmacherei entspricht ganz stetig die konstante Funktion. Das Ergebnis von $\frac{1}{b-a} \int_a^b f(x)\,\mathrm{d}x$ für jede beliebige *Funktion* $f(x)$ ist ein *Wert* c, der zugleich für das Integral der *konstanten* Funktion $f(x) = c$ *im Intervall* (a, b) denselben Wert wie $\int_a^b f(x)\,\mathrm{d}x$ annimmt. Das „Integral" der konstanten Funktion ist aber schlicht: $(b - a) \times c$. Ein simples Rechteck. Wenn Sie zu jenen zählen, die das Integral gern als die „Fläche unter der Kurve" lesen: Dann ist $b - a$ tatsächlich eine „Strecke". Teilt man eine Fläche durch eine Strecke, so erhält man eine zweite Strecke. Die erste Strecke ist der Abschnitt auf der x-Achse, die zweite, errechnete

Strecke, ist der konstante Abstand von der x-Achse. Also haben wir auch so wieder ein Rechteck: Strecke $|a-b|$ einerseits, Strecke c andererseits.

Welche Funktion übt der Divisor aber in $GFR = \dot{V}_U \cdot \frac{U_{In}}{P_{In}}$ und $V_D = V_T \cdot \frac{(F_{A_{CO_2}} - F_{E_{CO_2}})}{F_{A_{CO_2}}}$ aus? Hier dient der Divisor als Maß, als die Bezugsgröße, die durchaus als Bezugs*einheit* gelesen werden kann. Der Quotient insgesamt ergibt als Wert: In wie vielen Einheiten der Größe des Divisors kann der Dividend ausgedrückt werden. Wie vielen „Einheiten" der Insulinkonzentration im Plasma entspricht die gegebene Insulinkonzentration im menschlichen Urin? Oder wie viele Einheiten ausgeatmetes CO_2 umfasst die Differenz zwischen eingeatmetem zu ausgeatmetem CO_2?

Der *Quotient insgesamt* gibt mir an, das Wievielfache meiner Maßeinheit *im Divisor* das zu messende Objekt, welches im *Dividenden* genannt wird umfasst. Sie sehen hier schön, dass bei einem Quotienten *drei* verschiedene Objekte zusammenspielen – sachlich.

Folgen wir dem Hinweis, den uns die deutsche Sprache mit dem Wort „Einheit" gibt, so stellen wir fest, dass dort, wo der Divisor als Maß dient, er gewissermaßen die *relative* „1" darstellt. Der Dividend, der so ziemlich beliebige Größen und Einheiten haben kann, ist oft in dieser Form für weitere Zwecke nicht brauchbar. Durch die Zuordnung eines brauchbaren Maßes wird er zu einem sinnvollen Wert, der wie in unseren beiden Beispielen zu einem *absolut* gültigen Faktor für das Urinzeitvolumen bzw. das Atemzugsvolumen wird.

So, die Grundausstattung haben wir jetzt. Da uns aber die $\sqrt{}$ schon mehrfach begegnet ist und recht brauchbar zu sein scheint, studieren wir einige ihrer formelspezifischen Fähigkeiten in der folgenden kleinen Wurzelkunde.

Eine kleine Wurzelkunde

Wurzeln bereichern unseren Formelgarten ungemein. $\sum$, Integral $\int$, Klammern, Quotienten und eben Wurzelzeichen bringen so richtig schöne, beeindruckende Formelbilder hervor.

Wir beginnen daher mit einer Betrachtung von … Mittelwerten. Am bekanntesten ist wohl der Mittelwert der Form $m = \frac{a_1+a_2+...+a_n}{n}$, wobei alle a unterschiedliche Werte haben können. „Mittelwert" wird gerne mit dem stylischen griechischen „m", dem mü ausgesprochenen „μ" bezeichnet. Das Zusammenspiel aus Summe und Quotienten weist die bekannte Besonderheit auf, dass der Nenner die Anzahl der Summanden des Zählers nennt. Und was ist das Ergebnis? Jene eine und einzige Zahl, die gesetzt werden müsste, wenn alle Summanden gleich wären. Also $a_1 + a_2 + \ldots + a_n$ ergibt genauso viel wie $\mu + \mu + \mu + \ldots$ n-mal genommen. Genau so wird das zum Beispiel in einem „kleinen Katechismus für Seeleute" im ausgehenden 19. Jahrhundert erklärt.

Das können wir dann bekanntlich auch als Produkt schreiben, nämlich $a_1+a_2+\ldots+a_n = n \times \mu$. Für die sehr grobe Abschätzung der Gesamtsumme ziemlich vieler, relativ ähnlicher Summanden durchaus geeignet.

Was tue ich bei einem Produkt $a \cdot b \cdot c \cdot \ldots \cdot n$? Was ist da der Mittelwert? Ich ziehe die Wurzel, und zwar die „n"-te Wurzel. Das so genannte geometrische Mittel des Produkts anstelle des arithmetischen Mittels der Summe. So, wie die Division zur Summe, so steht hier die Wurzel zum Produkt. Die „n"-te Wurzel liefert mir die eine Zahl, die n-mal als Faktor genommen das entsprechende Produkt liefert.

Wenn alle Faktoren gleich sind, also geometrisches Mittel „g": $g \times g \times g \times \ldots$ eben n-mal. Kurz als Potenzgeschrieben: $g \times g \times g \times \ldots = g^n$. Welche Zahl liefert mir dreimal als Faktor genommen die Zahl vier? $\sqrt[3]{4}$ Denn $\sqrt[3]{4} \cdot \sqrt[3]{4} \cdot \sqrt[3]{4} = 4$.

Diese „Gleichmacherei" über Produkte mit mehreren Faktoren finden wir recht selten, sehr häufig treffen wir die Form $\sqrt[2]{a \cdot b}$ meist einfach als $\sqrt{ab}$ geschrieben.

Der Hauptzweck von $\sqrt{ab}$ ist meist nicht das geometrische Mittel. Man ist nicht so sehr an der Lösung c, wobei c die Eigenschaft hat $c \times c = a \times b$, interessiert, sondern daran, dass durch die Wurzel der quadratische Ausdruck $a \times b$ wieder ein linearer Ausdruck wird.

Diese Wirkung bzw. Funktion (= *gewünschte* Wirkung) wird besonders bei dem sehr häufigen Zusammenspiel von *Wurzel und Summe* deutlich. Ausdrücke der Form $\sqrt{a + b + c + \ldots}$ sind selten, fast immer haben sie die Form $\sqrt{a^2 + b^2 + c^2 + \ldots}$ Eine *Summe* von quadratischen Ausdrücken *bleibt* quadratisch. Die weltweit bekannteste Summe aus quadratischen Ausdrücken ist wohl $a^2 + 2ab + b^2$. Beachten Sie, dass hier alle Summanden quadratisch sind. $2ab$ stellt ja ein Produkt aus zwei linearen Größen a, b mit dem dimensionslosen Skalar, der einfachen *Zahl* 2 dar. Ausgeschrieben $a \cdot b + a \cdot b$. Die „2" bei $2ab$ ist ein bloßer Koeffizient.

Wie schon beim Quotienten, gilt es auch hier zu beachten, welchen Grad ein Wurzelausdruck „nach außen" hat. Der Ausdruck $6x^3 \cdot y$ ist vom Grade 4. Die übliche $\sqrt{}$, die Quadratwurzel macht aus ihm klarerweise einen quadratischen Ausdruck. Und was ist mit $\sqrt[3]{\frac{x^2 y}{x-1}}$?

Der Zähler ist kubisch, der Nenner linear: Also ist der Quotient insgesamt quadratisch. Die Wurzel ist also von einem höheren Grad als dieser Ausdruck unter der Wurzel (Radikand), es bleibt also ein Wurzelausdruck über.

Eine besondere Funktion kommt oft der Quadratwurzel der Summe zweier Quadrate zu. Also der klassischen „Wurzel aus a-quadrat plus b-quadrat", $\sqrt{a^2 + b^2}$. Vermutlich ist das der erste Wurzelausdruck ihres mathematischen Lebens gewesen. (Falls es nicht $\sqrt{2}$ war.) Was ist nun das Besondere an $\sqrt{a^2 + b^2}$? Kleiner Umweg: Jeder Betrag, der kleiner als 1 ist, kann als Sinus oder Cosinus eines zugehörigen Winkels gelesen werden. Entsprechend jeder Quotient aus Zahlen beliebiger Größe, wenn der Betrag des Quotienten insgesamt, also nach außen wieder maximal 1 ist. Das ist für zwei beliebige Zahlen a und b durch die beiden sehr speziellen Ausdrücke

$$\frac{a}{\sqrt{a^2 + b^2}} \quad \text{beziehungsweise} \quad \frac{b}{\sqrt{a^2 + b^2}}$$

gegeben. Kleine Überlegung: $\sqrt{a}^2 = a$, genauso wie $\sqrt{b}^2 = b$. Diese Größen im Nenner bei a bzw. b würden dazu führen, dass die Quotienten insgesamt genau den Wert 1 hätten. Jetzt ist in beiden Fällen aber der Nenner größer, daher – gegenläufig – der Quotient insgesamt kleiner. Also sicher kleiner als 1. Und da beide Größen unter der Wurzel quadratisch sind,

sind uns eventuell negative $-a$, und $-b$ egal. Da ich beide Zahlen in dieser ganz speziellen Weise auf den gleichen Nenner bezogen habe, so beziehen sich beide Brüche auf denselben Winkel. Einer ist der Cosinus, der andere der Sinus. Mit der Erinnerung an Pythagoras wird uns klar, dass die Wurzel als ganze die Hypotenuse eines rechtwinkeligen Dreiecks beschreibt, welches die Seitenlängen a und b hat.

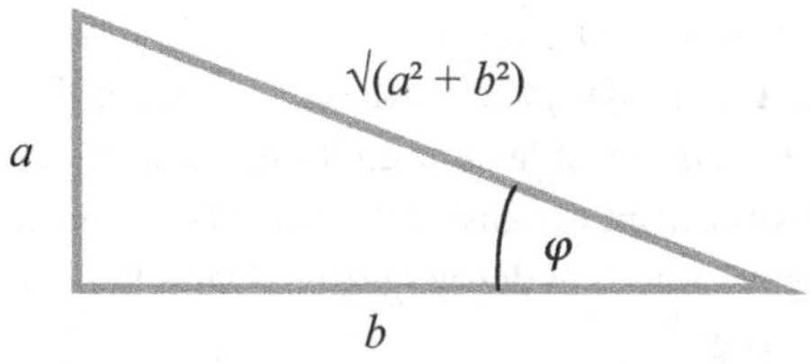

Die Länge der Hypotenuse kann zugleich als die Länge des Radius des Kreises gelesen werden. Machen wir es kurz: Nennen wir $\sqrt{a^2+b^2}$ einfach r (für Radius), so können wir die Zahlen a und b über einen „gemeinsamen Winkel" φ in Beziehung setzen: $a = r \times \sin\varphi$ und $b = r \times \cos\varphi$. Die Wurzel ist plötzlich verschwunden, und es eröffnet sich die ganze Welt der Winkelfunktionen, um die Größen a und b und ihr Zusammenwirken zu analysieren. Dass „r" ein linearer Ausdruck ist, ist Ihnen jetzt nicht nur aus geometrischen Gründen klar. Durch die *Division* mit $\sqrt{a^2+b^2}$ machen wir eben diese Größe $\sqrt{a^2+b^2}$ zum Maß, also zur „1" dieses Ausdrucks, indem wir alle anderen Größen darauf beziehen.

Sie erinnern sich an diese Matrix? Jetzt haben Sie schon einen starken Hinweis, was hier geschehen sein könnte!

$$\begin{pmatrix} a & -b \\ b & a \end{pmatrix} = r\begin{pmatrix} a/r & -b/r \\ b/r & a/r \end{pmatrix} =: r\begin{pmatrix} \cos\varphi & -\sin\varphi \\ \sin\varphi & \cos\varphi \end{pmatrix}$$

Das alles heißt umgekehrt, dass wir mithilfe von Wurzelausdrücken diese verwinkelte Welt auch wieder verlassen können.

Kehren wir zum Anlass für unsere kleine Wurzelkunde zurück. Durch das Zusammenspiel von Wurzel und Differenz als Begrenzer haben wir entdeckt, dass eine Wurzel „mehr" bietet, als nur gezogen werden zu können.

Zur Kombination Wurzel-Differenz als Begrenzer sind vielleicht folgende Ergänzungen hilfreich.

Ein bloßer Quotient unter einer Wurzel ist insofern uninteressant, als – wieder so ein verschränkter Ausdruck – die Wurzel eines Quotienten bloß dem Quotienten zweier Wurzeln entspricht. Kurz: $\sqrt{a/b} = \sqrt{a}/\sqrt{b}$. Hingegen entfalten Summen und Differenzen unter einer Wurzel vielfältige Wirkungen. Es gibt rein formal gesehen vier Möglichkeiten. Ich schreibe idealtypisch „1" für die Zahl, den Begrenzer und x für den Ausdruck, der begrenzt wird. Ob „x" nur eine Größe, ein Produkt, ein Quotient, eine sonstige Funktion ist, ist für unsere Überlegung hier gleichgültig.

Folgende vier Fälle können wir also schreiben: $\sqrt{1-x}$, $\sqrt{x-1}$, $\sqrt{1+x}$ und $\sqrt{x+1}$. Die Wurzel verhindert, dass der Gesamtausdruck kleiner als Null werden kann, sie ist die leibhaftige Nichtnegativitätsbedingung. Zum Anfassen.

$\sqrt{1-x}$ kennen wir schon. Begrenzt x einfach *von oben* her: x muss kleiner als 1 bzw. darf maximal 1 sein. Am Minuend (hier „1") können wir voreinstellen, wie groß x werden darf.

$\sqrt{x-1}$ stellt, und das ist jetzt neu, eine Mindestanforderung an x dar. Der Wert von x muss mindestens 1 sein. Es ist gefordert $x \geq 1$. „x“ wird also *von unten* her begrenzt.

Jetzt kommen die beiden Summen unter der Wurzel, die gewissermaßen die Spiegelbilder darzustellen scheinen. Es sind ja jeweils „nur“ die Minuszeichen durch Pluszeichen ersetzt.

Sie sehen leicht, dass $\sqrt{1+x}$ bedeutet, dass x sogar negativ werden darf. Aber bitte nicht weiter als bis −1. Also wieder eine Grenze *von unten* wie bei $\sqrt{x-1}$.

Und der letzte Ausdruck $\sqrt{x+1}$. Der bedeutet … ja, das gleiche wie $\sqrt{1+x}$. Ich hoffe, Sie haben nicht etwas anderes erwartet, denn die Summe ist ja „kommutativ“, das ist des Mathematikers Fachwort für „kann ohne Nebenwirkungen vertauscht werden“: $1+x = x+1$. Im Gegensatz zur Differenz $1 - x \neq x - 1$. So leicht kann man das vergessen. Denn bei der Differenz sind die beiden Akteure nicht gleichwertig.

Also haben wir drei, nicht vier Möglichkeiten. Die zwei Formen der Differenz und die einzige der Summe sagen, ab wo oder bis wohin der Ausdruck unter der Wurzel gelesen werden kann, in welchem Bereich „x“ daher liegen darf.

Damit lernen wir noch eine Wirkmöglichkeit von Summe und Differenz kennen. Die *Verschiebung*. Denn was unter der Wurzel funktioniert, funktioniert auch anderswo. Grob gesprochen: Jeder Ausdruck, der einen Wert umfasst, der auch als Differenz aufgefasst werden kann, vor allem sachlich, wird um diese Differenz verschoben. Summe und Differenz geben dabei die Richtung dieser Verschiebung an. Zum Beispiel $\sin\varphi \rightarrow \sin(\varphi + \omega)$. Eine einfache Phasenverschiebung um den Winkel ω.

Die Wurzel als leibhaftige Nichtnegativitätsbedingung hat in der reellen Welt realer Größen größte Verbreitung. Die Mathematiker konnten sich damit aber nicht so recht abfinden (wie schon seinerzeit mit den bloß rationalen Zahlen) und entdeckten, dass die Wurzel das Tor zu einer völlig neuen Art von Zahlen darstellte, der Welt der komplexen Zahlen. Die komplexen Zahlen stellten sich bald als eine sehr feine Sache heraus. Da wir alle aber nicht mit diesen Zahlen aufwachsen, bleiben sie uns fremd. Auch ihre Darstellung, nämlich als eine Summe mit zwei Summanden, die *nicht* zusammenkommen können, ist ungewohnt. Genau so kommen aber auch Zähler und Nenner einer Rationalzahl nie zusammen. Aber das ist eine andere und andernorts zu erzählende Geschichte. Wenn Sie sich nun vielleicht doch mit komplexen Zahlen beschäftigen, nutzen Sie Ihr vertieftes Verständnis für Summen. Für Summen als einheitliches Objekt, nicht als bloßes Nebeneinander von Summanden.

Literatur

Es ist nicht erforderlich, spezielle Titel aus dem Bereich der Physik oder Wirtschaft anzuführen. Da gibt es sehr viele gute Bücher.

Für den Bereich der Biologie sieht die Sache anders aus. Da ist einführend für Biologen, aber auch für Mediziner, zu empfehlen:

1. Timischl, W.: Biomathematik. Springer, Wien New York (1998)

Wer als Biologe noch weiter gehen möchte, findet reiches Material in

2. Shonkwiler, R., Herod, J.: Mathematical Biology. Springer, Heidelberg New York (2009)

Nicht nur wegen seines exzellenten physikalisch-mathematischen Anhangs, sondern auch wegen seiner guten Einbindung von Formeln aus der Physiologie in den jeweiligen Sachzusammenhang für Mediziner:

3. Silbernagl, S., Despopoulos, A.: Taschenatlas der Physiologie. Georg Thieme Verlag, Stuttgart (2001)

Abschnitt: Wie funktioniert eine Formel? 3

3.1 Formelhierarchie

Wir haben Formeln bisher als einen Teil der geschriebenen *Sprache* kennengelernt, ihre Eigenheiten als *Bild* studiert. Jetzt betrachten wir die Formel tatsächlich in ihrer typischen Art, die sie von anderen Schriftelementen, von anderen Bildern unterscheidet, wir betrachten ihre *formale* Struktur.

Die Formelstruktur ist im Kern die spezifische Anordnung der Objekte und Operatoren zu einem sinnvollen Ganzen. Das strukturelle Erfassen einer Formel sollte durch die Art, wie eine Formel gezeichnet, als Bild geschrieben wird, unterstützt werden. Da es in diesem Kapitel um das strukturelle Verständnis selbst geht, führe ich hier eine spezielle Darstellungsform ein, die Sie so wahrscheinlich noch nie gesehen haben.

Wenn Sie die einfache *Formel* $Y = C + I + G$, $p \cdot V = \text{const}$ oder $\sqrt{ab} \leq 2ab$ lesen, was bemerken Sie zuerst? Wohl dass es sich um eine Gleichung bzw. Ungleichung handelt. Wenn Ihnen das auffällt, so liegt das weder in einer sprachlichen noch in einer bildhaften Bevorzugung von = bzw. ≤, sondern daran dass Sie bereits die *Struktur* wahrnehmen. Und da fällt Ihnen zuallererst der Operator „=“ oder „≤“ auf. Der Operator „=“ *regiert* gewissermaßen die Struktur. Erst nachdem wir diesen, die Formel regierenden, Operator erfasst haben, betrachten wir die Objekte links und rechts, die er vereint, indem er sie zueinander in eine bestimmte Beziehung setzt. Nachdem dieses „=“ und seine Kollegen die Formel strukturieren, indem sie sie zugleich in zwei deutlich unterschiedene Teile teilen, stellen wir fest: Wir können jede Seite genau analysieren, ohne die andere beachten zu müssen. Haben wir uns auf eine Seite des Operators geschlagen, so ist für das Verständnis *dieser* Seite die andere Seite uninteressant geworden.

Falls nicht eine einfache Identität $a = b$ vorliegt, so finden wir auf mindestens einer Seite wieder einen Operator. Oder mehrere. $p \cdot V = \text{const}$. Links vom = sehen wir ein Produkt, erkennbar am Operatorsymbol „·“. Auch dieser Operator „teilt“ den Ausdruck pV in zwei Teile, die ich wieder unabhängig voneinander betrachten und studieren kann. Diese beiden Ausdrücke „p“ und „V“ werden wieder vom Operator „·“ regiert. Für das

R. Höfer, *Das Formelleselernbuch*, DOI 10.1007/978-3-658-01608-1_3,

strukturelle Verständnis von Formeln ist nun eine Eigenschaft besonders wichtig. Jeder Operator regiert über einen oder mehrere Ausdrücke, die ihrerseits wieder Operatoren sein können. Aber nicht müssen.

- In jedem Ausdruck (d. h. auf jeder Seite eines Operators) gibt es immer einen und nur einen regierenden Operator.

Wir entdecken an Formeln so eine hierarchische Struktur, deren Hierarchie durch die Operatoren vorgegeben ist. Auf den (meist) beiden Seiten der Operatoren steht entweder ein Objekt, eine einfache Größe oder wieder ein Operator mit Objekt(en), einfachen Größen, usw. Die kleinste Einheit aus Operator und zugehörigen Objekten ist ein Ausdruck.

Sie verlieren langsam die Übersicht? Also bilden wir diese Formelstruktur, genauer: die Formelhierarchie einfach ab. Wir beginnen mit dem dominierenden Operator, meistens „=“, aber auch alle Verwandten wie ≤, ≥, < , >, :=, =:, ≅ usw. können den Anfang machen.

Also etwa so:

Wie viel Ihnen dieses Zeichen allein nun sagt, hängt davon ab, was Sie alles schon kennen – und jetzt auch gedanklich aktivieren. Ihr Wissen über Gleichungen, Identitäten, Definitionen, Gleichgewichte ist gefragt. Jetzt kommen die Akteure dazu; wo und wie sie zueinander stehen, bestimmt bereits der regierende Operator. Allein diese Gegenüberstellung sagt Ihnen jetzt schon sehr viel. Sehen wir uns an, welche Beziehung dieses „=“ also regiert:

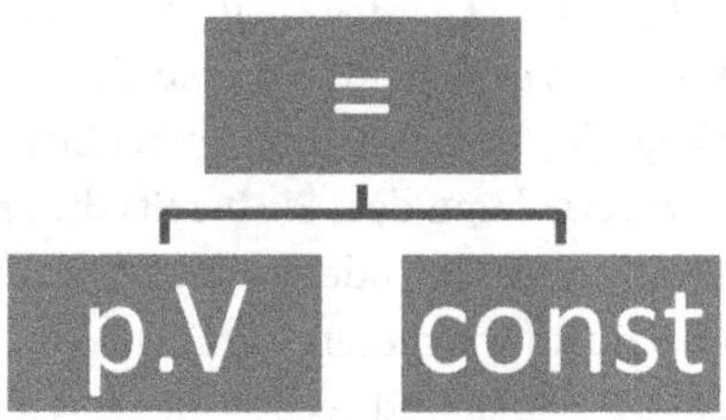

Das ist die erste Struktur von pV = const. Links sehen Sie aber wieder einen Operator, also ein Produkt, „x“, das natürlich die Struktur zeigt:

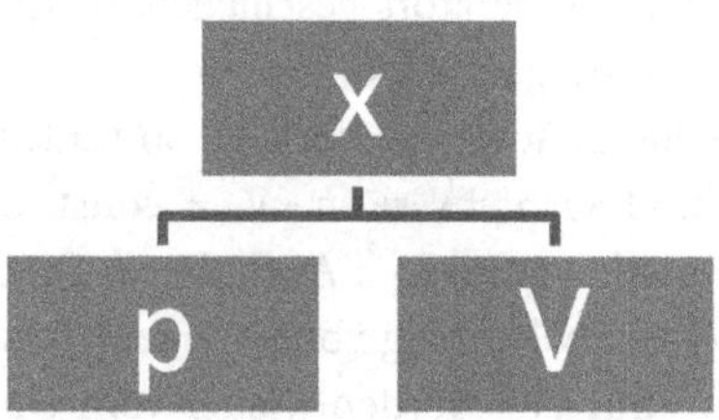

Die Struktur ist hier völlig allgemein, Sie sehen hier bereits deutlich, wie die beiden Objekte durch den gemeinsamen Operator regiert, bestimmt werden. Wenn Sie das wieder in den Sachzusammenhang stellen, lesen Sie natürlich viel bewusster

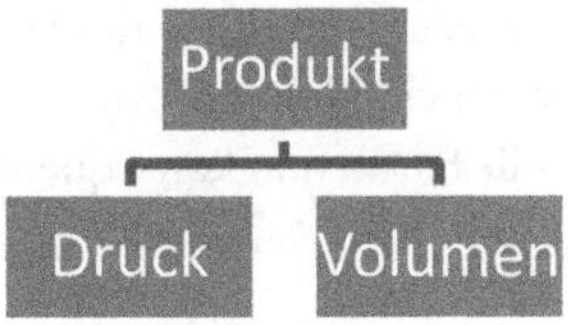

oder in einem anderen Zusammenhang

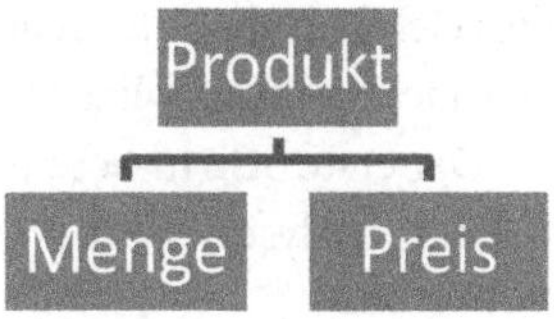

Die vollständige Struktur für unser Beispiel erhalten wir, wenn wir schreiben:

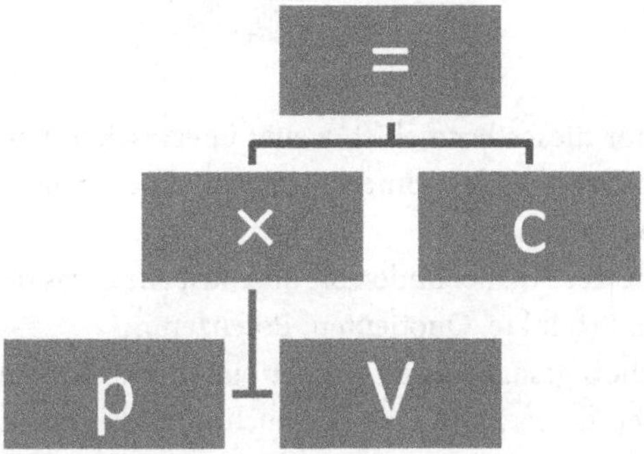

Was man in dieser Darstellung besonders deutlich sieht, dass die Gleichheit zwischen dem Produkt und einer Konstanten „c“ besteht, nicht etwa werden die Größen p oder V betont.

Die Formelhierarchie beginnt mit einem Operator und verzweigt sich bei jedem Operator gemäß dessen Eigenschaften. Jeder Zweig endet in einem Objekt oder einer Größe, die keinen Operator mehr enthält. Oder jedenfalls im Formelzusammenhang als einheitliches Objekt auftritt.

Jede Teilstruktur, die mit einem Operator beginnt, kann als selbständiger Ausdruck gelesen werden. Seine innere Struktur, die die Hierarchie *unterhalb* abbildet, ist klar von der *Wirkung* dieses Ausdrucks *nach oben* zu unterscheiden. Das ist ein Schlüssel für das Verständnis der Struktur jeder Formel!

Die Formelhierarchie ist gut geeignet, die Wirkungsketten von Operatoren zu zeigen und damit den zuweilen ziemlich langen Wirkungsweg einzelner Objekte und Größen.

Ein Beispiel: Unsere Wachstumsformel

$$y = \frac{y^*}{1 + \left(\frac{y^*}{y_0} - 1\right)e^{-rt}}.$$

Wie lange ist der Wirkungsweg etwa von y_0. Zur Erinnerung, y ist die Größe z. B. einer Pflanze, einer Population aber auch eines Marktes zu einem bestimmten Zeitpunkt. Und

y_0 gibt uns den bekannten Ausgangswert zum Zeitpunkt „0" an. Diese Frage nach dem Wirkungsweg ist hier nicht so einfach zu beantworten wie bei pV = const. Ich benutze jetzt diese Wachstumsformel, um einmal ganz ausführlich, Schritt für Schritt die Formelhierarchie zu entwickeln. Sie werden vermutlich kaum je eine Formelhierarchie vollständig aufzeichnen, aber die Sicht- und Denkweise, die Sie dadurch erwerben, wird Ihnen das Lesen auch sehr komplizierter Ausdrücke tatsächlich leicht machen; nicht bloß leichter.

Der erste Schritt bereits enthält die vollständige Denkweise, die Sie ab nun konsequent bei der Analyse der Struktur anwenden:

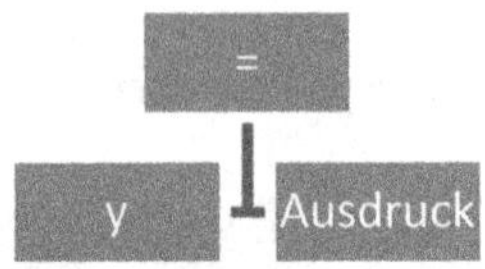

Der regierende Operator dieser Formel ist, wenig überraschend, unser altbekanntes „=". Auf der linken Seite haben wir den einfachsten Fall, einen ganz einfachen „Ausdruck", nämlich nur eine *Größe* namens y.

Auf der rechten Seite der Formel finden Sie aber fast alles, was der Operatorenmarkt zu bieten hat: Differenzen, Produkte, Quotienten, Potenzen …

Schön. Aber wie schon gesagt, es gibt immer einen und nur einen Operator, der eine Struktur dominiert. Bei dieser Formel ist das auch optisch, im Bilde, schön betont. Die Hauptstruktur auf der rechten Seite ist ein Quotient. Bestehend aus einem freundlicherweise sehr einfachen Zähler y^* und … nun ja, schon einem ziemlich wilden Nenner. Aber ein Schritt nach dem anderen. Wir haben jetzt einmal für die rechte Seite einen regierenden Quotienten; da wir den Zähler leicht erkennen, schreiben wir den auch gleich hin.

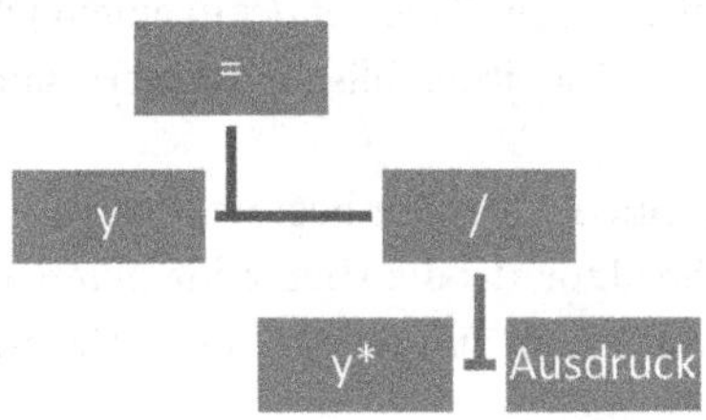

Wenn Sie diese Formel oder eine ähnliche zum ersten Mal sehen, genügt fürs erste Verständnis oft sogar nur diese *verkürzte* Formelhierarchie.

Jetzt betrachten wir den netten Ausdruck unter dem Bruchstrich. Wir schauen uns dazu aber nicht mehr

$$y = \frac{y^*}{1 + \left(\frac{y^*}{y_0} - 1\right)e^{-rt}}$$

an, sondern blenden alles aus, was in der Formelhierarchie „oberhalb“ steht, also betrachten wir nurmehr

$$1 + \left(\frac{y^*}{y_0} - 1\right) e^{-rt}.$$

Bei sehr großen Formeln kann es hilfreich sein, Teile der Formeln abzudecken oder sich einen Teilbereich gesondert herauszuschreiben, wie wir es hier jetzt zu Demonstrationszwecken tun.

Eine Summe, eine Differenz, ein Produkt, eine Potenz. Welcher Operator regiert? Ganz einfach, der, der alle Elemente eines Ausdrucks umfasst. Alle. Und das tut nur die Summe. Die Reichweite des Produkts ist beschränkt, sie umfasst nicht die erste 1. Die Differenz spielt sich sowieso nur in der Klammer ab, und die Potenz *kann als Teil* des Produkts *nicht weiter wirken* als das Produkt. Die Summe umfasst wirklich alles. Wir bauen unsere Hierarchie also weiter aus:

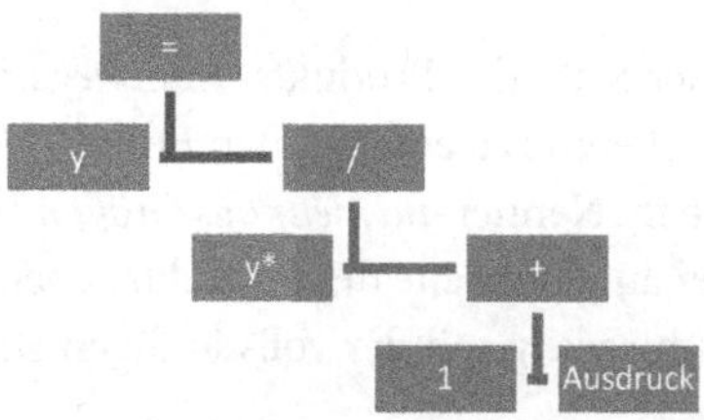

Die Summe ist so freundlich, nur zwei Summanden zu haben; es könnten viele sein, und sie könnten alle so kompliziert wie der zweite Summand sein. Der zweite Summand, also $(\frac{y^*}{y_0} - 1)e^{-rt}$ ist ein Produkt. Die Differenz ist nach wie vor auf die Klammer beschränkt, und die Potenz bezieht sich eben nur auf einen Faktor, nämlich „e“ und nicht auf den ganzen Ausdruck. Aber *alle Elemente* sind Teil des Produkts.

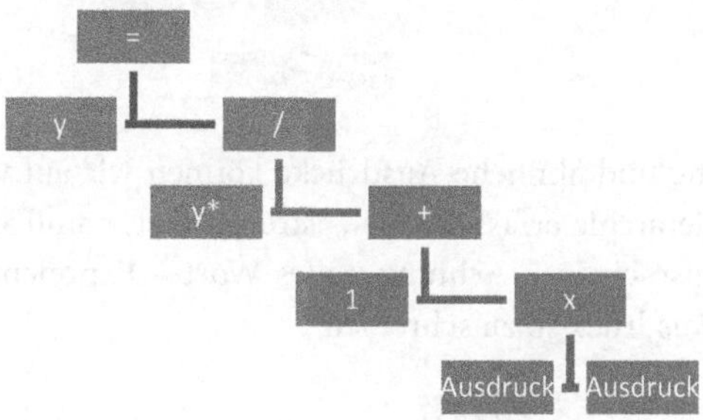

Jetzt wird's aber richtig interessant. Beide Seiten des Operators sind wiederum mehr oder weniger komplizierte Ausdrücke oder Objekte. Wir haben zum einen den Ausdruck in der Klammer

$$\left(\frac{y^*}{y_0} - 1\right)$$

und zum anderen den Faktor e^{-rt}. Der Ausdruck in der Klammer enthält wieder zwei unterschiedliche Operatoren, nämlich eine Division (Bruch) und eine Differenz. Ich sag's nurmehr der Vollständigkeit halber, dass der Bruch zwar Teil der Differenz ist, die Differenz aber nicht Teil des Bruchs und daher der Ausdruck in der Klammer von der Differenz regiert wird.

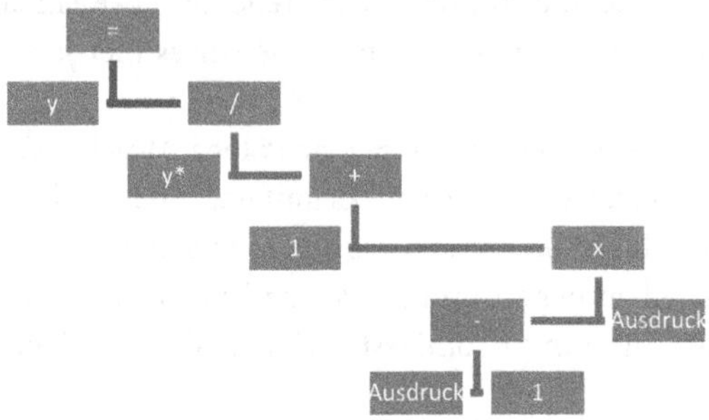

Und weil wir schon auf dieser Seite des Produkts unterwegs sind, bringen wir auch den verbliebenen Ausdruck der Differenz zu einem guten Ende: y^*/y_0 ist endlich ein Quotient, der sowohl im Zähler als auch im Nenner *nurmehr aus Größen* besteht; und damit hat's auch hier endlich ein End. e auf der anderen Seite des Produkts schauen wir uns gleich an. Zuvor aber noch der fertige Hierarchiezweig mit der vollständigen Differenz:

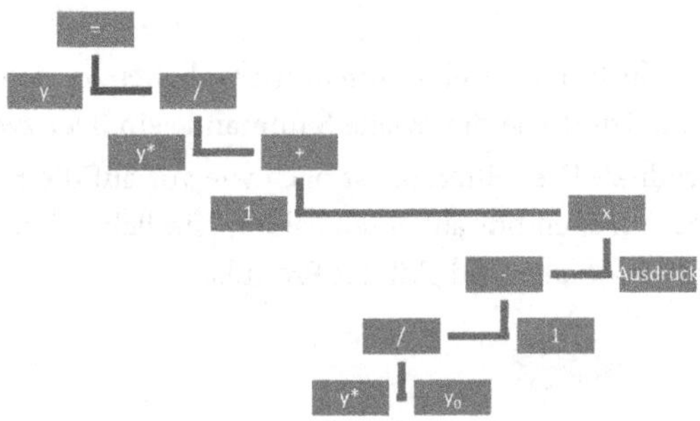

Bleibt noch e^{-rt}. Solche und ähnliche Ausdrücke können wir auf verschiedene Art und Weise in der Formelhierarchie erfassen. Die „astreine" Art, nämlich einen eigenen Operator für die Potenz, also einen – Achtung, tolles Wort – Exponentialoperator, z. B. ^ zu schreiben, hieße den Ausdruck so zu schreiben:

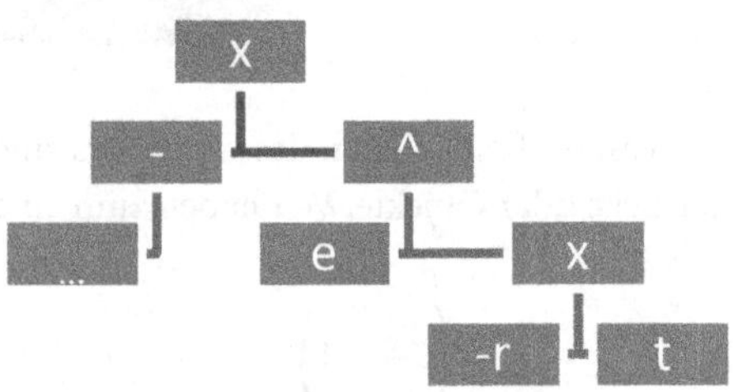

Viel zu kompliziert, vielleicht in ganz seltenen Fällen sinnvoll, wenn die Basis nicht e oder ein ähnlich einfacher Ausdruck wie hier ist, oder der Exponent sehr kompliziert. Dann empfehle ich aber sowieso eine aufgetrennte Darstellung der Teilhierarchien. Am einfachsten, Sie schreiben einfach, dass der noch nicht beschriebene Ausdruck „eine Funktion" ist. Also statt Ausdruck steht dann einfach $f(t)$. Oder sie nehmen in diesem Fall die Möglichkeit wahr und schreiben $\exp(-r, t)$, also nennen die Exponentialfunktion bei ihrem Namen. Die Information bleibt die gleiche, und die Formelhierarchie ist viel besser wiedergegeben. Also letzter Schritt:

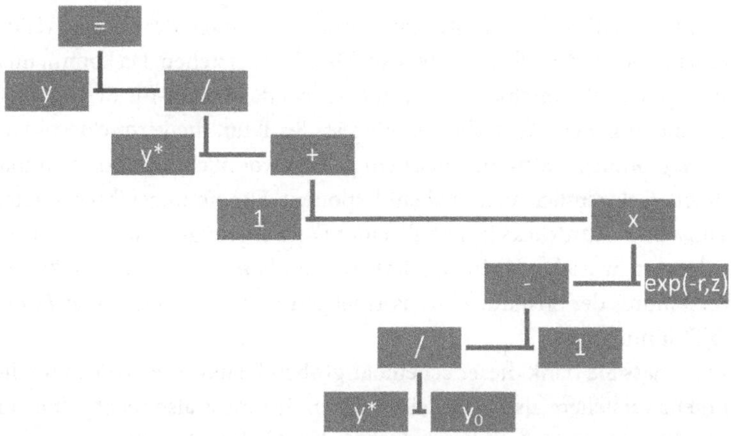

So sieht also die vollständige *Hierarchie* unserer *Formel* $y = \frac{y^*}{1+(\frac{y^*}{y_0}-1)e^{-rt}}$ aus.

Jetzt ist es ein Leichtes, den Wirkungsweg von y_0 zu verfolgen. y_0 steht zuerst im Nenner eines Quotienten. Dieser ist der Minuend einer Differenz, die Teil eines Produkts ist. Dieses wiederum steht als Teil einer Summe im Nenner des Quotienten. Fünf Operatoren!

Von unten nach oben gelesen sehen wir, wie der jeweilige Ausdruck, von dort wo wir zu lesen beginnen, auf die Formel insgesamt wirkt. Von oben nach unten gelesen sehen wir, wie die Hauptstruktur immer weiter verfeinert wird.

Wenn Sie eine Formel lesen, so hilft Ihnen diese hierarchische Struktur, die relative Bedeutung und Gewichtung der einzelnen Operationen innerhalb der Formel einzuordnen. Vor allem können Sie das relative Gewicht der untergeordneten Operation besser einschätzen.

Denn trotz aller Produkte, Differenzen, Potenzen: Die Hauptstruktur dieser Formel ist ein Quotient. Eine ganz bestimmte Art von Beziehung. Und nichts anderes. Wie wir ja gleich zu Beginn sagten:

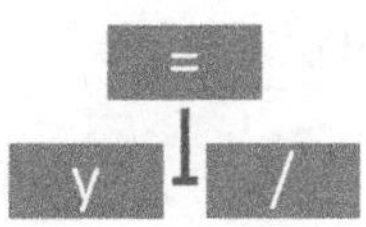

Denn das *ist* genauso die Formelhierarchie. Vollständig.

Ich erwähne hierzu die völlig gegensätzliche Darstellung, in der „y“ als Funktion aufgefasst wird. In dieser Darstellung *als Funktion* werden ausschließlich alle veränderlichen Größen erfasst, also weder Zahlen noch sonstige mathematische Objekte. $y = f(y^*, y_0, r, t)$. Von diesen vier „Größen“ hängt letztlich der konkrete Wert von y ab. In dieser Form ist über die Struktur der Formel überhaupt nichts gesagt. Dafür sehen wir alle Beteiligten schön übersichtlich aufgelistet. Der erste Schritt von der Wirklichkeit zur Formel besteht in der Kunst, die richtigen *Akteure auszuwählen*, und einmal davon auszugehen, dass $f(y^*, y_0, r, t)$ gilt. Die Kunst des zweiten Schrittes ist dann die *Struktur des Zusammenhangs* zu erforschen.

Die Formelhierarchie soll uns helfen, das Zusammenwirken der Teile zu verstehen. Dazu ist es oft nicht notwendig, alle diese Teile im Detail zu verstehen. Da kommt uns nun jene Eigenschaft der Formelhierarchie zu Hilfe, die wir bei der Schritt-für-Schritt-Erstellung so weidlich ausgenutzt haben. Auch die komplexeste Struktur, die vertrackteste Funktion ist *als Teil der übergeordneten* Struktur meist ein ganz gewöhnlicher Faktor, Summand, Divisor, Subtrahend. Gelegentlich auch mal ein Exponent. Für ein ungefähres Verständnis der Außenwirkung eines Ausdrucks innerhalb einer Formel genügt dieses Wissen völlig, denn wie's innen drinnen aussieht, das interessiert „weiter oben“ kaum. Deshalb können wir für das erste Verständnis der Struktur einer Formel getrost einen Haufen von $f(x)$, $g(x)$, $\int$, e^x, f', f'', $\sum^\infty$ hinnehmen.

Es ist oft so, dass Sie dank dieser scheinbar groben Denkweise „von außen her“ schon wesentlich mehr verstehen, als Sie vielleicht ahnen. Ich muss also nicht mit e^x und jedem $\int$ gut befreundet sein, es genügt oft eine lockere Grußbekanntschaft.

Ich erinnere an unsere Formel:

$$\frac{1}{2\pi}\int_{-\pi}^{\pi} du \cdot \log_2 \frac{|\int_{-\infty}^{\infty} M(\tau)e^{iu\tau}\,dt|^2 + |\int_{-\infty}^{\infty} N(\tau)e^{iu\tau}\,dt|^2}{|\int_{-\infty}^{\infty} N(\tau)e^{iu\tau}\,dt|^2}.$$

Interessieren uns hier die Integrale im Detail? Die Antwort ist für's Erste ein klares Nein. Wie sieht die Formelhierarchie aus? Ein „einfaches“ Produkt bestehend aus einem Integral (hier durch ein großes $F(u)$ symbolisiert) und einem Logarithmus zur Basis 2.

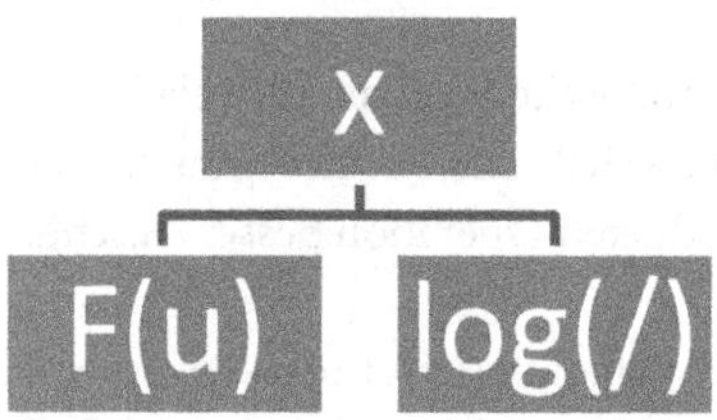

Diese Struktur ist eines – sie entsteht aus dem Sachzusammenhang – vielmehr interessiert uns die Grobstruktur des Quotienten:

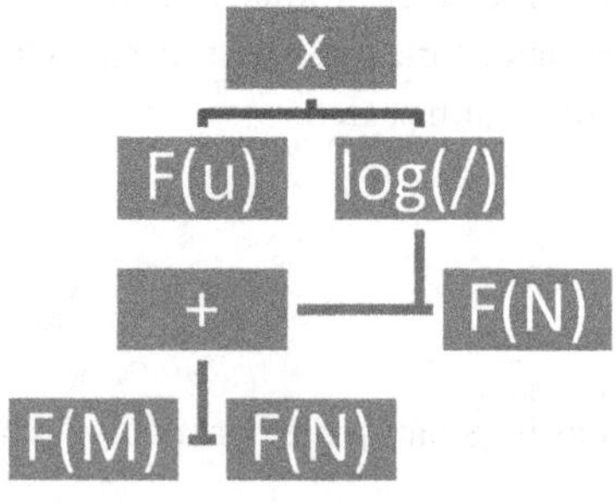

Und hier ist ein gutes Beispiel für die sinnvolle Aufspaltung einer Hierarchie:

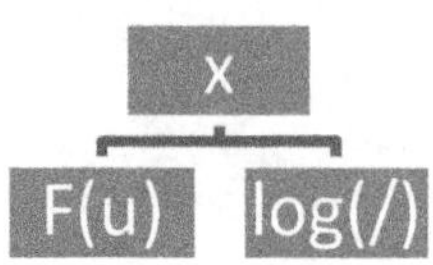

Eines ist das Grundverständnis der Gesamtstruktur, ein völlig anderes ist das Verständnis des wichtigen Details log(/). Da verwirrt der Rest der Formel nur.

Also nehmen wir / aus log(/) heraus und betrachten gesondert:

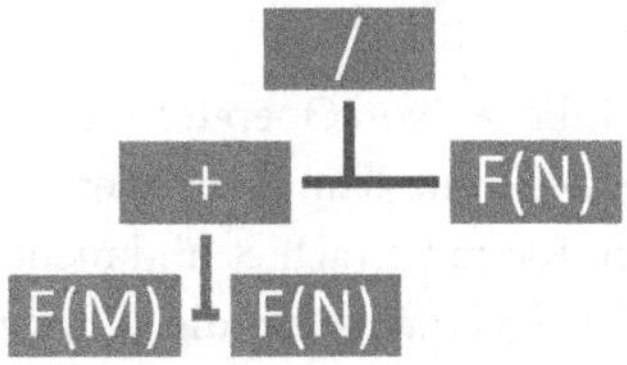

Was ja auch das Formelbild dominiert. Das ist die Kerninformation in diesem Zusammenhang, die übergeordnete Struktur $\int \cdot \log_2$ sagt uns dann, was weiter mit dem so ermittelten Wert geschieht. Aber seine Entstehungsgeschichte, die in der Formel noch enthalten ist, ist hierarchisch gesehen, völlig egal.

Noch ein kleiner Hinweis: Formelhierarchien bilden Formeln ab, wie wir aber gesehen haben, kann der gleiche mathematische Inhalt unterschiedlich betont werden. $F = g\frac{m_1 m_2}{r^2}$ oder $F = g \cdot m_1 \cdot m_2/r^2$.

Die Formelhierarchien sehen dann tatsächlich sehr unterschiedlich aus, ebenso die bald zu besprechenden Lineardarstellungen der Formeln.

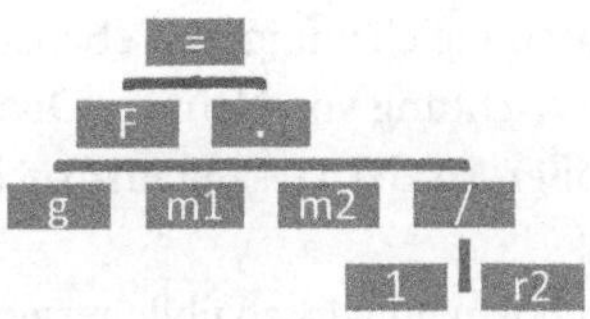

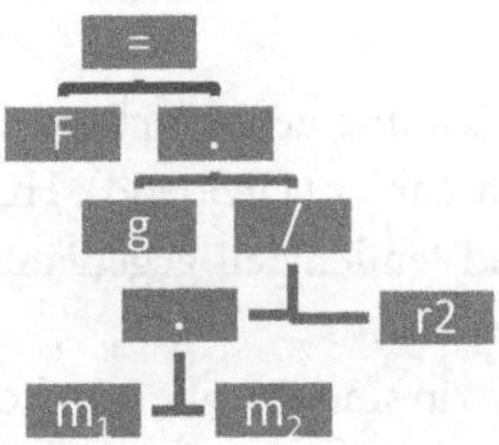

3.2 Wirkungsketten

Sowohl Operatoren als auch Objekte sind Formelelemente. Eine in sich abgeschlossene Einheit aus Operator mit zugehörigen Objekten ist ein Ausdruck. Jetzt geht es um die wirksamen Formelelemente, im Besonderen um die *Wirkung* von Ausdrücken und Objekten *nach außen.*

- Unveränderliche Objekte, wie z. B. Konstanten verändern ihre Wirkung nicht und sind daher meist uninteressant. Ihre Außenwirkung ist konstant. Außer in der Kosmologie, da verändert man sogar die Naturkonstanten, um die Welt, die so gerade nicht ist, besser zu verstehen.
- Wir betrachten hier auch nicht die Operatoren als solche, da wir diese für eine bestimmte Formel als vorgegeben betrachten. Wenn Sie allerdings im Rahmen der Modellbildung nicht der Leser, sondern der Autor einer Formel sind, so müssen Sie für gegebene

Objekte Ihres Fachgebietes durchaus auch vergleichen, ob hier eine Summe oder ein Produkt, gegebenenfalls mit einem Koeffizienten als Korrekturfaktor bzw. Anpassungsgröße besser passt. Wir wirkt sich $a + b$ im Unterschied etwa zu $a \cdot b \cdot \cos(\angle a, b)$ in dieser Formel aus?

Die einfachsten Ausdrücke – Einheiten von Operator und Objekten – haben wir ja gerade mit Summe, Produkt, Quotient, Differenz gründlich untersucht. Nur haben wir diese bisher für sich, gleichsam im luftleeren Raum betrachtet und nicht als Ausdruck innerhalb einer Formel. Diese vier Grundausdrücke ergänzt um die $\sqrt{}$ nenne ich *elementare* Ausdrücke. Zur Erinnerung eine zusammenfassende Übersicht über die Wirkung der einzelnen Objekte auf den Gesamtausdruck:

- relativ geringes Zusammenwirken bei gleichzeitig ziemlich großer Unabhängigkeit der einzelnen Akteure bei der Summe
- starkes Zusammenwirken und enge Bindung beim Produkt
- sehr starkes Zusammenwirken, sehr enge Bindung natürlich beim Produkt-Produkt, der Potenz
- Verminderung und Begrenzung bei Quotient und Differenz.

Die Wirkrichtung zeigte sich bei Summanden, Faktoren gleichsinnig, wie ebenso bei Minuend und Zähler (Dividend). Hingegen war die Wirkrichtung von Nenner (Divisor) und Subtrahend tendenziell gegenläufig. Wurden sie größer, so der Gesamtausdruck kleiner und umgekehrt.

Im Prinzip sind das alle möglichen Wirkungen. In Formeln wirken üblicherweise mehrere solcher Wirkungsmechanismen zusammen. Betrachten Sie unter diesen Aspekt das im vorigen Abschnitt ausführlich dargelegte Beispiel unserer Wachstumsformel in Hinblick auf die Größen y und y_0. Ganze fünf Mal kam es zu Verstärkung und Abschwächung und gewichteter Wirkung.

Studiert man eine Formel, so kommt es bei Formeln mit mehreren Beteiligten schon einmal vor, dass Veränderungen an verschiedenen Stellen zugleich vorgenommen werden und die Wirkung dieser Veränderungen dann beurteilt werden soll. Damit entstehen dann zwei oder mehr Wirkungsketten, die miteinander zusammenhängen. Betrachten wir die Formel-hierarchie von unten nach oben, so können wir die Wirkung einer Größe auf den Gesamtausdruck als gleichsam zwingende Kettenreaktion studieren (siehe y_0 in der Wachstumsformel). Haben wir nun zwei Kettenreaktionen, die zusammenwirken, so gibt es irgendwo einen Verzeigungspunkt, an dem sie zusammenlaufen und sich dort zu einer Gesamtwirkung vereinen.

In unserem Beispiel etwa steht y^* an zwei unterschiedlichen Zweigen, also an zwei unterschiedlichen Wirkungsketten. Jetzt ist die Frage der Gesamtwirkung nicht mehr so einfach, denn es treffen ja zwei Wirkungsketten aufeinander, die zwar jede für sich beurteilt werden kann. Schon rein *qualitativ*. Da gibt es klarerweise genau drei Möglichkeiten. Die ursprünglichen Wirkungen verstärken einander, schwächen einander ab oder es verändert sich gar nichts: Dieser Fall kann wiederum zwei völlig unterschiedliche Ursachen haben. Entweder ist die Wirkung dieser beiden Größen an diesem Verzeigungspunkt sowieso Null, oder die beiden Wirkungen sind dort einander entgegengesetzt und gleich groß. Natürlich bedeuten „entgegengesetzt" und „gleich groß" bei einem Quotienten anderes als bei einem Produkt oder einer Summe. Betrachten wir wieder unser Beispiel, die zwei Wirkungsketten von y^*.

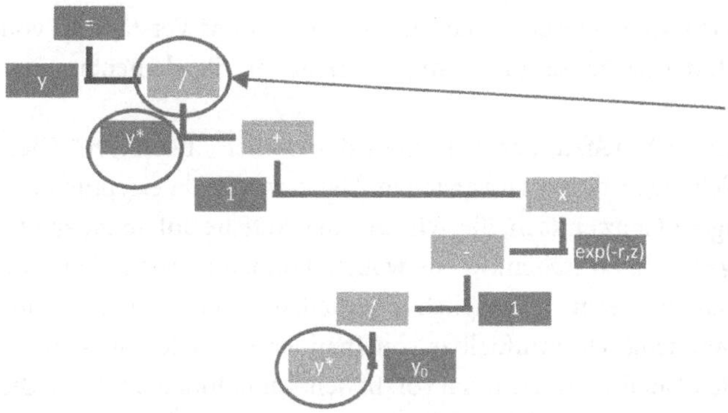

Die Wirkungskette 1 von y^* trifft auf die Wirkungskette 2 von y^* hier an einem Verzweigungspunkt zusammen, der einen Quotient darstellt. y^* trifft so auf sich selbst, und zwar als gegenläufige Kraft. Es bleibt die Frage, auf welcher Seite des Bruchstrichs die Wirkung von y^* stärker ist. Betrachten wir die lange Wirkungskette von y^*, so sehen wir, dass y^* immer auf der „starken" Seite von Differenz und Quotient auftritt. Das heißt aber – Achtung! – dass es einmal durch y_0 im Quotienten und weiterhin dieser in der Differenz um die 1 abgeschwächt wird! Dafür haben wir dann ein Produkt, dessen Wirkung wir hier nicht beurteilen wollen.

Die Formelhierarchie kann natürlich auch in die Gegenrichtung gelesen werden, von oben nach unten. Dann untersuchen wir keine Kettenreaktion, wir fragen nicht, „was passiert, wenn …?", sondern wir stellen umgekehrt Bedingungen. Wenn dieser oder jener Wert bzw. Zustand „oben" vorgegeben ist, wie müssen sich dann die untergeordneten Ausdrücke, letztlich die einzelnen Objekte und Größen verhalten. Die Frage lautet, „was muss ich tun, damit …"

Oder ich kann fragen: Wie kann ich erklären, dass z. B. diese oder jene Kraft gemessen wurde? Die oberste Hierarchieebene gibt mir eine Gesamtwirkung. Der Blick nach unten gibt mir die Zusammenhänge und mögliche Erklärungen. Diese Betrachtung gilt *für jeden Verzeigungspunkt*, mit Blick nach unten. Wenn Sie also an einem bestimmten Verzeigungspunkt einen bestimmten Wert wünschen, so sehen Sie unterhalb die Möglichkeiten, die Sie haben, um diesen Wert zu erreichen. Mathematisch geht da meist sehr viel, hier ist wieder Ihr Sachwissen gefragt. Sie müssen beurteilen, ob das in der Wirklichkeit möglich oder wahrscheinlich oder Unsinn ist.

Diese klare Wirkungsstruktur der Formelhierarchie hat ihre Grenzen. Sie bildet elementare Wirkungszusammenhänge wunderbar anschaulich und in eindeutiger Weise ab. Selbst das Auftreten von Funktionen konnte uns nicht stören, wir haben sie einfach als einen weiteren Operator in die Hierarchie eingebaut. Wir kennen aber schon seit der Beschäftigung mit einfachen Summen einen Störenfried, der sich auch hier nicht an den hierarchischen Dienstweg hält, sondern direkt, über alle Hierarchieebenen hinweg, querbeet sozusagen, wirkt: die Differentialgleichung. Kommen in einer Formelhierarchie eine Funktion und ihre Ableitung vor, so hilft uns die Formelhierarchie nach wie vor, die Struktur der Formel zu verstehen. Und alle elementaren Wirkzusammenhänge bleiben ja gültig. Dennoch ist es mit der einfachen Abschätzung der Wirkungsketten teilweise vorbei. Denn mit der Änderung der Funktion y (als ein Objekt irgendwo in der Formelhierarchie) ändert sich auch die Ableitung y', als ein anderes Objekt, irgendwo in der Formelhierarchie. Und diese beiden, bereits *direkt* miteinander verbundenen Wirkungen treffen – nun auf dem üblichen Dienstweg – wieder, gleichsam ein zweites Mal, zusammen. Für das Verständnis von Differentialgleichungen ist oft der Sachzusammenhang hilfreicher als die elementare mathematische Form allein.

Dieser Hinweis soll Ihnen auch helfen, den Unterschied zwischen „normalen" Gleichungen und Differentialgleichungen besser zu verstehen. Denn was ist da eigentlich anders, als in anderen Gleichungen? Ganz einfach, die Wirkung der Akteure aufeinander. Die Funktion und ihre Ableitungen können stehen, wo sie wollen, können Summanden sein, Faktoren, Dividenden. Sie können so weit wie möglich innerhalb einer Gleichung voneinander entfernt sein. Sie hängen dennoch unmittelbar voneinander ab. Stellen Sie sich die Hierarchie für diesen speziellen Fall dreidimensional vor. In den Raum hinein ragt nun die Hierarchie der abhängigen Funktionen und ihrer Ableitungen.

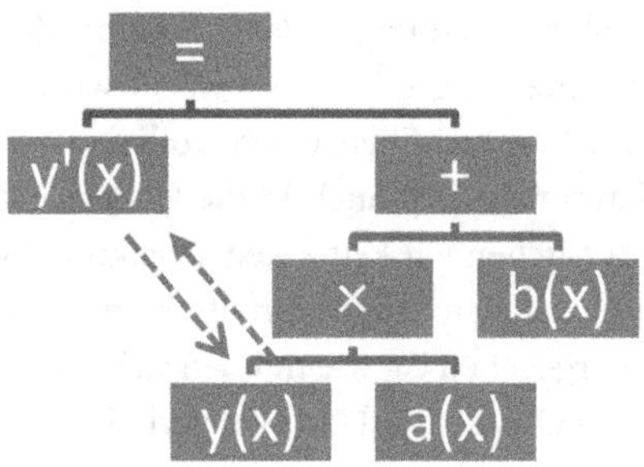

Diese Beziehung ist ganz direkt, man kennt sich gewissermaßen persönlich und ignoriert den formalen „Dienstweg".

3.3 Formelmechanik

Wir haben jetzt von der Struktur einer Formel gesprochen, uns die Wirkungszusammenhänge in beide Richtungen „nach oben" und „nach unten" und sogar quer zu dieser Struktur angeschaut. Was noch fehlt? Das Handling einer Formel zu verstehen, rein technisch genommen. Nicht: was bewegt sich innerhalb einer vorgegebenen Formelstruktur, sondern wie bewege, kontrolliere, steuere ich diese Struktur. Kurz, es geht um die *Mechanik* einer

Formel. Wir untersuchen eine Formel nicht mehr, sondern wir betätigen ihren Formelmechanismus. Stellen Sie sich die Formel, als Hierarchie oder in der üblichen Weise als einen Mechanismus, wirklich als eine kleine Maschine vor. Gehen Sie jetzt so richtig spielerisch an die Sache heran. Mal sehen, was wir mit dieser kleinen Maschine alles machen können, denn jetzt kommt wirklich Bewegung in die Sache. Verzeihung, … Bewegung in die Formel. Denn in der Sache ist ja wahrscheinlich schon einiges an Bewegung, die in der Formel abgebildet wurde. Wir blicken jetzt auf die Formel, nur auf die Formel als Formel.

Die Formelmechanik ermöglicht rechnen. Das simple Ausrechnen auch kompliziertester Formeln. Durch die Formelhierarchie ist die Aufeinanderfolge aller Rechenoperationen eindeutig festgelegt. Beherrschen wir die Formelmechanik, so können wir – das ist die eigentliche Pointe – jede Formel ausrechnen, auch wenn wir sie überhaupt nicht verstehen. Das ist für die Anwendung von Formel in allen Fachgebieten von allergrößter Bedeutung. Gib jemanden, der + und · und / und – und $\surd$ gelernt hat, eine Formel in die Hand, so kommt er ohne irgendwas zu verstehen zu einem richtigen Rechenergebnis. Die Formel wird zur reinen Rechenformel, zu einem reinen Rechenmechanismus. Wie die Werte in die Formel hineinkommen, interessiert hier nicht.

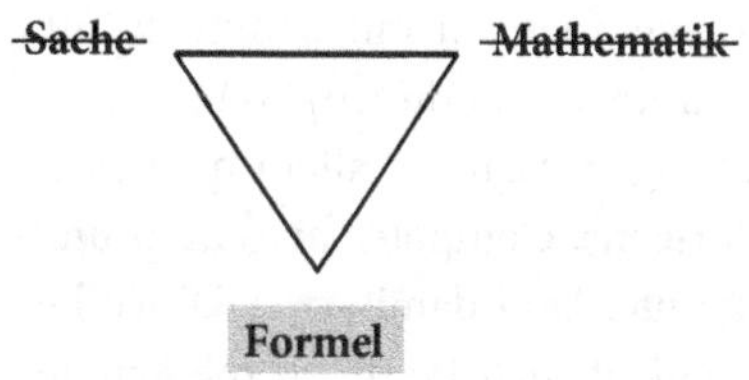

Es genügt, die Formel einfach nachzuschlagen, oder man merkt sie sich durch einfaches Auswendiglernen der Zeichenanordnung oder Merken des bildhaften Eindrucks. Nicht durch Ableiten, nicht durch Verständnis für Sache. Die Formelmechanik ist weder Mathematik, noch hat sie irgendeine sachliche Bedeutung außerhalb der Formel. Darin liegt ihre Einseitigkeit und ihre absolute Stärke.

Sehr viele haben Formeln leider *nur* in dieser Form kennengelernt, als Rechenformeln allein. Dieses „Bild“ von „Formel“ hat viele derart geprägt, dass sie es kaum schaffen, eine Formel nicht als Rechenformel zu sehen.

Diese Formel ist z. B. eine „typische“ Rechenformel

$$\hat{\beta}_1 = \frac{n \sum x_t y_t - \sum x_t \sum y_t}{n \sum x_t^2 - (\sum x_t)^2}.$$

Man muss hier tatsächlich ziemlich viel zählen und rechnen, um dann zu einem Ergebnis zu kommen. Dass es da auch etwas zu verstehen gibt, sowohl sachlich als auch mathematisch, wissen Sie längst. Für das bloße Rechnen ist das aber egal. Völlig egal.

Da Sie mir ja offensichtlich bis hierher gefolgt sind, brauche ich Ihnen nichts von den vielfältigen Möglichkeiten und Stärken von Formeln zu erzählen. Eher im Gegenteil, jetzt sind wir so weit, *auch* die Formelmechanik, die Formel *auch* als *Rechen*formel so richtig zu würdigen.

Sie kennen sicher noch aus der Schule diejenigen, die in Mathematik glänzten, obwohl sie nichts verstanden. Aber sie *merkten* sich Formeln, konnten souverän damit *rechnen* und wussten vor allem, *wann* wo welches Rezept, welche Formel anzuwenden war. Wenn Sie jetzt an Rechen-Maschinen denken, liegen Sie richtig. Die geistlose Formelmechanik eröffnet die Möglichkeit eines rein schematischen, gedankenlos-mechanischen Vorgehens. Damit sind wir bei der genialen geistlosen Struktur des Algorithmus.

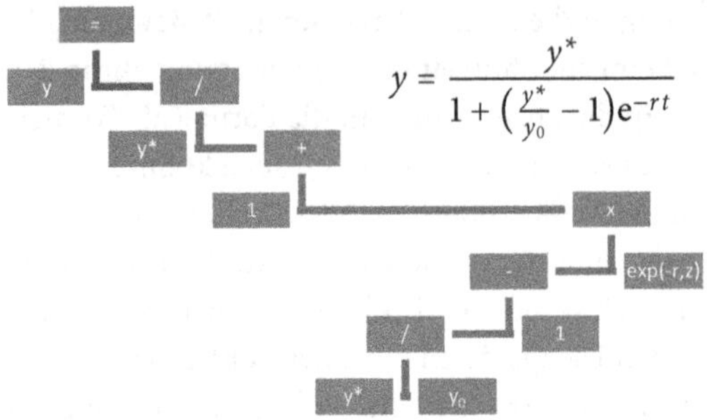

$$y = \frac{y^*}{1 + \left(\frac{y^*}{y_0} - 1\right)e^{-rt}}$$

Wir nehmen, wie könnte es auch anders sein, *noch* einmal unsere Wachstumsformel als Beispiel, wie man den Rechenalgorithmus aus der Formel herauslesen kann.

Was heißt „Rechnen"? Nehmen wir es wieder locker und sagen einfach, beim Rechnen wird aus meist zwei oder mehreren Werten ein einziger Wert gemacht. Aus 8 und 2 können wir eine 6 errechnen, oder eine 4 oder eine 10 oder 16. Differenz, Quotient, Summe, Produkt. Rechnen ist also ein Zusammenfassen. In der Formelhierarchie fassen wir alle Werte *unterhalb* eines Verzweigungspunktes zu einem Wert *an Stelle* dieses Verzweigungspunkt zusammen.

Wir beginnen daher klarerweise „ganz unten". Also beginnen wir mit y^* und y_0 und fassen diese gemäß der Operation „/" zu einem Wert zusammen. Mit diesem Wert … Aber betrachten wir gleich den Algorithmus selbst. Wir benötigen dazu vor allem die beiden Fähigkeiten auch unseres menschlichen Computers. Übrigens, Computer hieß ursprünglich tatsächlich die leibhaftige Person, die Rechnen konnte. Und damit zwei Dinge besaß: Ein Repertoire an Rechenoperationen und die Fähigkeit, sich Werte zu merken, als → Speichern.

Hier also unser Algorithmus zur Ermittlung von y zum Zeitpunkt t (= y_t):

Teile y^* durch y_0	→ Speicher 1
Ziehe vom Wert aus Speicher 1 den Wert 1 ab	→ Speicher 1
Potenziere e mit $(-r \cdot t)$	→ Speicher 2
Multipliziere Speicher 1 mit Speicher 2	→ Speicher 1
Addiere 1 zum Wert aus Speicher 1	→ Speicher 1
Teile y^* durch den Wert aus Speicher 1	→ Speicher 1

Speicher 1 enthält nun unser gesuchtes Ergebnis, den Wert von y zum Zeitpunkt t.

Spannend? Es kommt mir hier darauf an, dass Sie in dieser Form überhaupt nichts mehr von dem sachlichen Zusammenhang sehen, obwohl er die Grundlage dieses Rezepts ist. Auch der Formelmechanismus ist nicht mehr sichtbar, er scheint im Ablauf der Rechenschritte schlicht verlorengegangen zu sein.

Diese Rechenschritte können wir natürlich genauso aus der üblichen Darstellung der Formel herauslesen, die Formelhierarchie zeigt nur die Zusammenführung der Werte so schön in eindeutiger Weise.

Fünf Freunde

Als Sie diesen Abschnitt über die Formelmechanik zu lesen begannen, haben Sie vielleicht etwas anderes erwartet. Nämlich typische Operationen, Manipulationen der Formelstruktur, die die Form der Formel verändern. Ja, die nennt man dann auch durchaus passend Um*form*ungen.

Die Umformungen interessieren uns hier nur insofern, als wir den Zweck, genauer, die verschiedenen möglichen Ziele von Umformungen kennen sollten. Ich lasse dabei die Ihnen so vertrauten Umformungen von Gleichungen fürs erste einmal beiseite. Die stellen nur ein *formales* Hin- und Herschaufeln von Ausdrücken von einer Seite auf die andere Seite dar, unter Wahrung des Gleichgewichts bzw. der Gleichheit beider Seiten. Der Zweck ist meist das Herausdestillieren einer bestimmten Größe, eines bestimmten Ausdrucks. Der kommt nach links, rechts haben wir dann die „Anleitung", wie wir den Wert dieses Ausdrucks berechnen können. Auch wichtig. Das ist Bearbeiten einer Formel, nicht einer Gleichung! Denn uns interessiert nur die Zeichenlogik, was sachlich oder mathematisch geschieht, ist uns hier völlig egal.

Viel interessanter, viel wichtiger sind die Umformungen auf nur einer Seite, oft innerhalb eines untergeordneten Ausdrucks. Vor allem wenn sich dadurch das Formelbild, die Formelhierarchie und damit auch die Formelmechanik deutlich ändern. Diese Umformungen sind wichtig auf allen drei Ebenen: Sie vertiefen das Sachverständnis, sie enthüllen verdeckte mathematische Strukturen oder umgekehrt: Sie enthüllen verdeckte sachliche Strukturen, vertiefen das mathematische Verständnis. Oder sie machen eine Formel erst „rechenbar".

Wir kennen uns mittlerweile gut genug, und so überrascht es Sie nicht, wenn ich Sie mit einigen Aspekten von Umformungen vertraut machen möchte.

Hier verrate ich Ihnen das zweite Geheimnis des berüchtigten „man sieht sofort". Es ist ein recht origineller Sachverhalt, dass nämlich mit dem Hinschreiben einer Version einer Formel zugleich die vollständige Information auch aller elementaren Umformungen gegeben ist. Wir schreiben zwar üblicherweise

$$F = g \cdot \frac{m_1 \cdot m_2}{r^2},$$

da steht aber – rein vom Informationsgehalt her – zugleich auch:

$$m_1 = \frac{F \cdot r^2}{g \cdot m_2},$$

$$m_2 = \frac{F \cdot r^2}{g \cdot m_1},$$

$$r^2 = g \cdot \frac{m_1 \cdot m_2}{F},$$

$$g = \frac{F \cdot r^2}{m_1 \cdot m_2}.$$

Jeder unserer fünf Freunde darf einmal die prominente linke Seite vom = besetzen und sich durch die Beziehungen der anderen vier ausgedrückt sehen. Das steht aber genauso bereits in der Grundversion $F = g \cdot \frac{m_1 \cdot m_2}{r^2}$ alles geschrieben. Diese Versionen bringen nichts Neues. Ich habe bei diesen Umformungen auch nur diejenigen vom gleichen Typ wie die Ausgangsformel genommen. Varianten wie $F \cdot r^2 = g \cdot m_1 \cdot m_2$ habe ich gar nicht erwähnt. Sie können selbst überlegen, wie viele Varianten der Ausgangsformel so gesehen einfach auf der Hand liegen. Mit etwas Übung und Gewohnheit sieht man also fünf Formeln statt nur der einen. Schwierig?

Auch da gibt es wieder eine sehr hilfreiche Regel.

- Alle Elemente stehen paarweise zueinander immer in derselben Beziehung.

Die Massen m_1 und m_2 treten immer als Produkt auf, ebenso befinden sich Massen und Radius immer auf den gegenüberliegenden Seiten des Bruchstrichs.

Auch tritt die Kraft stets mit dem Radius gemeinsam auf, die Gravitationskraft hält es immer mit den Massen und steht zu Kraft und Radius immer in Opposition.

Wenn Sie also diese Zweierbeziehungen verstanden haben – und bei 5 Elementen gibt es 10 davon – dann kennen Sie auch die Formel in jeder Form. Eine Formel durchdenken, wirklich durchdenken heißt ja auch, die wichtigsten Beziehungen aller Akteure zueinander zu durchdenken.

Extrem gesprochen, wenn ich Ihnen nur diese Zweierbeziehungen nenne, so wissen Sie bereits alles. Sogar ohne Formel. **Die Formel stellt die *Einheit* all dieser Beziehungen dar**. Also nur zur Veranschaulichung:

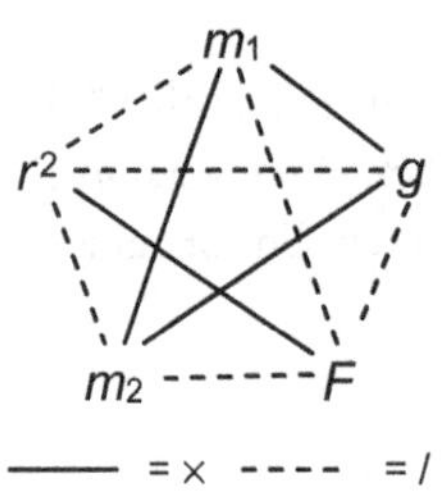

Sie sehen etwa, dass die Gravitationskraft g stets als Faktor gemeinsam mit den Massen auftritt, im Falle eines Quotienten aber immer der Kraft und dem Radius auf der „anderen" Seite gegenübersteht. Immer. Wer also eine Formel bereits in dieser Art durchdacht hat, der sieht mit einer Formel daher alle möglichen anderen Formeln auch. Sie stehen tatsächlich da, die Information ist wirklich offensichtlich, und wenn man das weiß, ist das zweite Geheimnis von „man sieht sofort, dass …" gelüftet.

Was formelmäßig möglich und mathematisch sowieso klar ist, ist nicht immer von sachlichem Interesse. Wenngleich nicht zufällig die Variante, die die Kraft F ausdrückt, die Darstellung dominiert, so sind je nach Fragestellung auch die anderen Versionen zweckmäßig. Fast alle Fragestellungen denen man in der Physik und Technik begegnet, setzen die Kenntnis der Gravitationskonstante voraus. Nur die Version $g = \ldots$ liefert uns die Antwort, wie wir g berechnen können, ja, die Formel führt (fast) direkt zur Messanordnung des von John Michell konzipierten und von Henry Cavendish 1797/98 durchgeführten Experiments zur Ermittlung der Dichte der Erde und damit auch der Gravitationskonstante.

Auf den Punkt gebracht: Umformungen verstehen, heißt Beziehungen verstehen.

Mit der Kenntnis dieses Formelgerüsts genügt die Angabe eines Elements, und Sie können ohne viel über die Form als ganze nachdenken zu müssen alle möglichen Zusammenstellungen richtig vollenden, denn Sie formen nicht um, sondern ergänzen einfach gemäß diesem Formelgerüst. Geht das immer? Immer so einfach? Ein Blick auf unsere Wachstumsformel $y = \frac{y^*}{1+(\frac{y^*}{y_0}-1)e^{-rt}}$ genügt und wir sehen, dass dem nicht so ist. Da wir aber Formeln verstehen wollen, wollen wir wissen, warum dem so ist. Wenn wir den Ausdruck unter dem Bruchstrich als einen einzigen Ausdruck lesen, dann funktioniert das mit diesem Ausdruck sehr wohl.

$$y = \frac{y^*}{\left[1 + \left(\frac{y^*}{y_0} - 1\right)e^{-rt}\right]}$$

▸ Nur verschieben wir eben $\left[1 + \left(\frac{y^*}{y_0} - 1\right)e^{-rt}\right]$ als Ganzes.

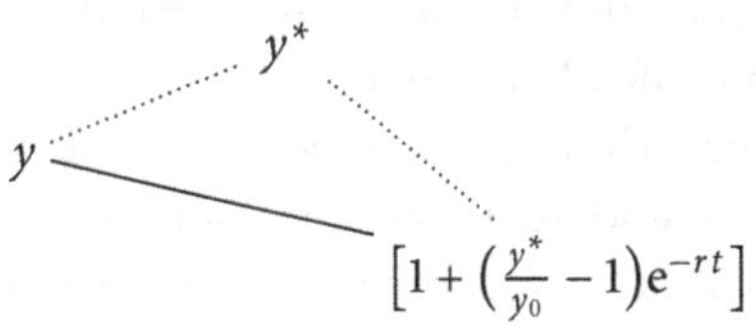

Und schon können wir folgende Beziehungen mit einem Blick erkennen. Wir haben es jetzt wieder nurmehr mit Produkten und Quotienten zu tun. Also mit einer einzigen Operation und ihrer inversen Operation. Immer dann, wenn das der Fall ist, sind Umformungen so einfach wie beim obigen Beispiel. Bei der Wachstumsformel haben wir uns auf die Operation *des regierenden Operators* beschränkt. Wir haben die Formelhierarchie nur soweit betrachtet, soweit wie dieser Operator (und sein inverser Operator) reicht. Das ist das *Gerüst*, auf dem alle weiteren Umformungen aufbauen. Die „Störung" in unserem Gerüst trat auf, da es zu einer Vermischung von Produkten und Summen kam. Wir haben dieses Problem gelöst, indem wir es umgangen haben: Die Summe $[1 + \ldots]$ wurde nur *in ihrer Funktion als Divisor* im Quotienten $y^*/\ldots$ gesehen. Wir haben hier zwei Formeln, bei denen die ersten zweckmäßigen Umformungen auf ihrer Struktur *als Produkt* aufbauen, daher sprechen wir in Folge von ihrem *Produkt*gerüst. Das Gegenstück dazu ist natürlich das *Summen*gerüst.

Das Produktgerüst ermöglicht drei verschiedene Darstellungen derselben Formel, nämlich $y = \ldots$, $y^* = \ldots$ und $[1 + (\ldots)\ldots] = \ldots$ Diese letzte Form $\left[1 + \left(\frac{y^*}{y_0} - 1\right)e^{-rt}\right] = \frac{y^*}{y}$ ist in Hinblick auf Multiplikation bzw. Addition nicht eindeutig. Sie kann auf zweierlei Art gelesen werden. Hebe ich die eckige Klammer auf der linken Seite auf, so kann ich diese Formel auch als Summengerüst lesen. Dieses sieht so aus:

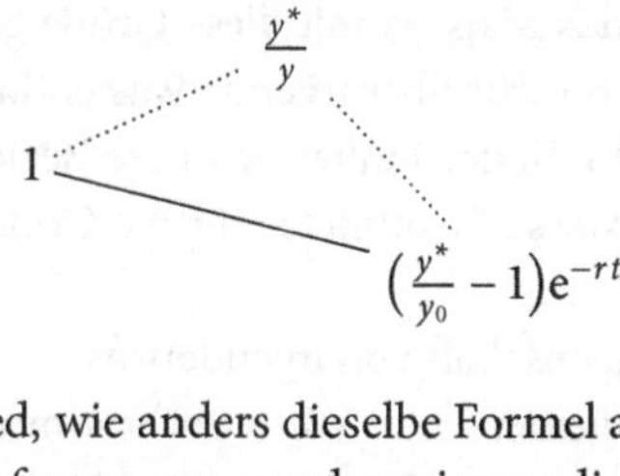

Studieren Sie den Unterschied, wie anders dieselbe Formel aufgeteilt wurde.

Im Hauptkapitel über Umformungen werden wir von diesem Blick auf die oberste Ebene der Formelhierarchie guten Gebrauch machen.

Das Inverse und das Neutrale

Was eine Formel kann, erfahren wir unter anderem durch die Anwendung zweier der wichtigsten algebraischen Begriffe überhaupt. Diese helfen uns sowohl für das Verständnis der Formel als auch der jeweiligen Sache. Bisher haben wir immer von Objekten, Operatoren und Größen gesprochen. Kaum von konkreten Werten. Aber ohne Werte ist eine Formel letztlich wertlos.

Bevor wir uns nun auf das Inverse und das Neutrale stürzen, ein paar Worte zum Unterschied zwischen Größe und Wert. Erfahrungsgemäß haben Nicht-Mathematiker gelegentlich Probleme mit dieser Unterscheidung.

Unser Körper hat viele Eigenschaften, einige davon wie Gewicht und Körpergröße sind messbar. Wenn ich von der Masse eines Planeten spreche, so spreche ich ebenfalls von einer messbaren Eigenschaft des Planeten. Und im Zusammenspiel von Raubtieren und Beutetieren untersuchen wir die messbare Größe der beiden Populationen.

Ich kann locker von Zusammenhang von Körpergewicht und Größe reden, ohne konkret werden zu müssen. Ebenso bei der Planetenmasse und der Größe der Populationen. Wenn ich aber konkret werden will, wenn ich mir wirklich etwas vorstellen können will, so muss ich genauso konkrete *Werte* angeben.

Ich habe ein Körpergewicht, klar. Das ist eine Bestimmungsgröße meines Körpers. Konkret aber habe ich z. B. 65 kg. Dieser Planet hat eine Masse. Schön. Aber „wie viel", welche Masse ganz konkret? Saturn hat z. B. 95 Erdmassen. Und die Population von Jagdtieren und Beutetieren? Betrachten Sie einen Baum und versuchen Sie selbst, ganz anschaulich sich vorzustellen, wie viele Insekten darauf leben einerseits und wie viele Vögel hier zum Mittagessen „Zu den drei Linden" kommen.

Mit Werten wird es konkret. Immer.

Fast immer. Mathematiker schaffen sogar hier ein kleines Ausweichmanöver. Die Erfindung der Variable (hauptsächlich im 17. Jahrhundert) erfand das allgemeine Reden über konkrete Größen. Wenn in einer Formel etwa $f(x)$ oder $g(u)$ steht, ist ganz allgemein die Funktion f bzw. g gemeint. Steht hingegen $f(x_0)$ oder $g(x_i)$ so sind konkrete Werte der Größen x bzw. u gemeint, nämlich die Funktionswerte von x_0 und von x_i.

Allgemein repräsentiert x eine Menge, wogegen x_0 ein Element dieser Menge ist. X ist nämlich die Menge aller möglichen Werte einer Größe.

Werte ersetzen fast immer ein allgemeines Zeichen durch eine konkrete Zahl *und eine Einheit*. Die Einheit nennt das Maß, womit diese Größe gemessen wird. In einer Zahl ist überhaupt keine Information mehr über irgendetwas enthalten, außer den mathematischen Eigenschaften dieser Zahl. In der Einheit wird die Beziehung zur Größe hergestellt. Also etwa Kilogramm für die Masse, Zentimeter für die Größe, Stück bzw. Anzahl für die Population.

Also: Größe ist messbare Eigenschaft von irgendetwas.

Wert: Angabe der konkret gemessenen Werte in bestimmten Einheiten. Ein Wert ist genau genommen ein Produkt aus einer Zahl und einer Einheit.

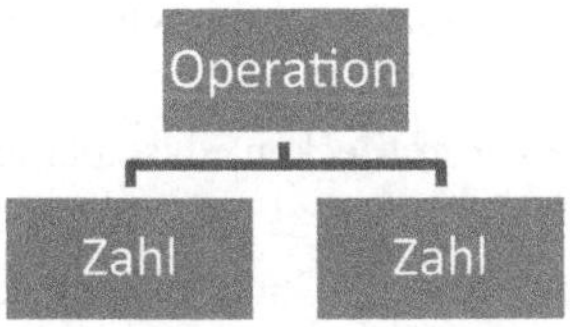

Interessant wird es in der Analyse einer Formel immer dann, wenn mehrere Größen aufeinandertreffen. Also an allen Verzweigungspunkten der Formelhierarchie. Jeder Zweig einer Formelhierarchie endet notwendig bei konkreten Werten. Jeder tragende graubraune Zweig endet in grünen Blättern. Mit den konkreten Werten (selbst wenn sie x_i heißen) treffen am Verzweigungspunkt zusammen: Zwei oder mehr Zahlen und ein Operator.

Jeder Verzweigungspunkt hat immer auch diese mathematische Struktur. Jede Kombination in einer Formel, $a + b$ oder c/d, oder $x - y$ usw.

Wir haben uns eigentlich ziemlich gründlich mit den Basisoperationen beschäftigt. Aber eine „Kleinigkeit" habe ich mir bis hierher aufgehoben. So unterschiedlich die verschiedenen Wirkungen und Zusammenhänge von Summe, Produkt, Quotient und Differenz sind, es gibt ganz bestimmte Zahlen und Werte, die die Operatoren +, ·, /, − gleichsam ignorieren. Diese Werte tun, als ob nichts wäre. Oder sie machen zwar mit, aber zum Schluss kommt ein Ergebnis heraus, das ohne sie genauso ausgesehen hätte. In manchen Fällen machen Sie die Wirkungen aller anderen Beteiligten zunichte.

Diese Zahlen bzw. Werte mit diesen Eigenschaften sind die so genannten neutralen und inversen Elemente. Das neutrale Element einer Operation ignoriert diese gleichsam.

Ob ich rechne – ja, jetzt dürfen und sollen wir rechnen: 2 + 0 + 3 = 5 oder 2 + 3 = 5, das ist völlig egal. Die 0 verhält sich völlig neutral gegenüber +.

Sie kennen die neutralen Elemente:

- Für das Produkt die 1. Denn 8 · 1 = 8.
- Für den Quotienten ist es die 1 im *Nenner*! 7/1 = 7.
- Bei der Differenz gibt es ebenfalls das neutrale Element nur im Subtrahenden: 6 − 0 = 6.

Wenn das neutrale Element so neutral ist, welchen Wert hat es dann? Können wir es nicht einfach weglassen? Wenn wir nur auf diese Beispiele schauen, ist das neutrale tatsächlich zugleich das fade Element. Aber die Frage innerhalb einer Formel ist ja die *Geschichte* jedes Wertes! Wie kommt z. B. diese 0 zustande?

Und vor allem: Wenn in einer Summe ein Wert 0 wird, so fällt der ganze untergeordnete Zweig für die Gesamtwirkung weg! Bevor wir uns gleich Beispiele anschauen, vervollständigen wir unseren Analysewerkzeugkasten.

Inverse Elemente gibt es viele, sehr viele. Denn die inversen Elemente sind immer relativ zu einem schon vorhandenen Element invers. Inverse Elemente sind immer relative Größen. Daher gibt es nicht nur ein inverses Element, sondern viele.

Das inverse Element ist immer das inverse Element *zu einem anderen* Element. In Kombination ergeben beide nämlich das jeweilige neutrale Element.

Summe: Das neutrale Element 0. Ich habe die Zahl 5. Welche Zahl muss ich zu 5 dazuzählen, um 0 zu erhalten? Antwort: Die (-5). Falls es sie gibt. Achtung, dass ist nicht, nicht und nie die Differenz! Denn ich summiere eine positive und eine negative Zahl. Ich ziehe nicht eine positive von einer anderen positiven ab. $5 + (-5) = 0$.

Wenn wir kurz nachdenken, überrascht es uns nicht, dass wir entdecken, dass beide Werte wechselweise zueinander invers sind. Auch $(-5) + 5 = 0$.

Produkt: Neutrales Element 1. Also zu jeder Zahl a ist daher $1/a$ invers. Und umgekehrt. Zu $1/a$ ist a die inverse Zahl.

Und beim Quotienten? c/d? Die inverse Größe ist c/d. Denn (bitte nicht gähnen, es wird wichtig) $c/d \; / \; c/d = 1$. Hoppla, wollten Sie d/c schreiben? Aber dann müssten Sie ja das *Produkt* $c/d \times d/c$ bilden, damit die 1 herauskommt. Es ist nämlich so trivial, dass man es fast vergisst: Jede Zahl durch sich selbst dividiert ergibt die 1.

Bei der Differenz brauchen Sie keine Hilfe mehr. Jede Zahl von sich selbst abgezogen ergibt 0. Dabei spielt das Vorzeichen der Zahl keine Rolle. Vergleichen Sie das mit der Summe.

Eine ganz spezielle Nutzung der Differenz finden wir bei gegenläufigen Indizes: Der Index k läuft von 0 bis n. Eine der beteiligten Größen ist ganz einfach mit k indiziert. Das bereitet keine Probleme. Der andere Index zeigt jedoch die Differenz: $n - k$. Wenn k noch klein ist, ist dieser Wert groß, bis – ja bis k gleich groß wie n geworden ist, dann ist $n - k$ gleich Null.

An eine besondere Zahl erinnere ich noch, nämlich an die 0 im Zusammenhang mit dem Produkt. Die 0 absorbiert alles, ein Produkt mit 5 Faktoren wird 0, wenn bereits einer davon 0 ist. Und aus der Nullnummer kommt man mit noch so vielen und noch so großen Faktoren nicht mehr heraus.

$$y = \frac{y^*}{1 + \left(\frac{y^*}{y_0} - 1\right) e^{-rt}}$$

Wie wenden wir nun neutrale und inverse Elemente an? Wir betrachten die Formel und überlegen, welches Formelelement, welche Gruppe wir vielleicht „liquidieren“ wollen. Welchen Wert müsste etwa y_0 in der Wachstumsformel annehmen, damit der Klammerausdruck im Nenner einfach wegfällt. Dabei können wir uns aussuchen, ob auch e^{-rt} wegfallen soll oder einfach stehen bleiben darf.

Wir sind radikal, und wollen Klammer und e^{-rt} eliminieren.

Weil es so wichtig ist, gehen wir wieder Schritt für Schritt vor.

Im Nenner steht eine Summe, $1 + (\ldots)e^x$. Wir wollen das Produkt eliminieren, also muss einer der Faktoren von $(\ldots)e^x$ auf den Wert 0 gebracht werden. Eine Potenz kann nie 0 werden, also betrachten wir die Klammer.

Es regiert eine Differenz. Wann wird eine Differenz 0? Wenn Subtrahend und Minuend gleich groß sind. Also wenn $y^*/y_0 = 1$ gilt.

Also dann, wenn $y_0 = y^*$. Ich habe y_0 deshalb zuerst geschrieben, weil wir ja jetzt wissen wollen, welchen *konkreten Wert* y_0 *annehmen muss*, damit … hier eben der Klammerausdruck 0 wird.

Hat y_0 den Wert y^*, so steht da

$$y = \frac{y^*}{1 + \left(\frac{y^*}{y^*} - 1\right) e^{-rt}}.$$

Damit haben wir den Quotienten zum inversen Element dieser Differenz gemacht.

$$y = \frac{y^*}{1 + (1-1)e^{-rt}}$$

Damit liquidieren wir das komplette Produkt zu 0 und damit zum neutralen Element der Addition, dessen Teil dieses Produkt ja ist.

$$y = \frac{y^*}{1 + (0)e^{-rt}}$$

Und endlich bleibt nur die schon vorhandene 1 von der ganzen beeindruckenden Summe übrig.

$$y = \frac{y^*}{1+0}.$$

Wir sehen im Nenner die Summe mit der *für die Summe* neutralen Null und erhalten also $y = y^*$.

Daraus können wir nun eine ganze Menge folgern:

Wenn der Zustand y^* erreicht ist, also – sachlich gesprochen – das Wachstum beendet, der Reifezustand erreicht ist, so ist der Wert von y_0 gleich y^*. Dadurch wird das Produkt null, das den eigentlichen Wachstumsmotor enthält, denn welche Wert e^{-rt} auch immer annimmt, der Klammerausdruck davor bleibt null. Es ändert sich nichts mehr!

Sie verstehen aber jetzt auch die beiden Einsen im Nenner, beide haben die Funktion neutraler Elemente. Die erste 1, die vor der Klammer steht, ist neutral in Bezug auf die Hauptstruktur, die ihrerseits ein Quotient $y^*/\ldots$ ist. Die zweite spiegelt gleichsam den neutralisierten Quotienten y^*/y_0 für den einen Fall, dass y_0 gleich y^* ist. Dass diese Einsen auch eine sachliche Rolle spielen, finden Sie in den Beispielen am Ende dieses Buches!

Als Regeln zusammengefasst bieten sich folgende Techniken an:

Probieren Sie aus, was passiert, wenn Sie z. B. für y_0 folgende Werte einsetzen:

- Sofortiges Einsetzen von neutralen Werten, also von 0 und 1.
- Einsetzen von Inversen, um auf einer übergeordneten Ebene solche neutralen Elemente zu bekommen.

Bleiben wir im Produkt des Nenners $\frac{}{\left(\frac{y^*}{y^*}-1\right)e^{-rt}}$ und gehen wir in den Exponenten von e.

$$\frac{}{e^{-rt}}$$

Wir haben hier im Exponenten ein schönes Produkt, r und t. Wollen wir aus e^{-rt} ein neutrales Element, nämlich die 1 des Produkts machen, so muss der Exponent natürlich 0 werden denn $e^0 = 1$.

Mathematisch ist es völlig egal, aber sachlich wissen wir, dass r die Wachstumsrate pro Periode darstellt und t die Zahl der bisher abgelaufenen Perioden. Eine Wachstumsrate der Größe 0 ist wohl nicht sehr sinnvoll. Sachlich gesehen. Also stellen wir uns vor, unser Wachstumszyklus wurde noch kein einziges Mal durchlaufen, wir stehen ganz am Anfang und t ist daher $t_0 = 0$. 0 Wachstumszyklen, also tritt e nullmal als Faktor im Produkt auf. Es existiert *nicht*, und ist daher eine glatte 1.

In einem Produkt existiert etwas dann nicht, wenn es nullmal vorkommt, nicht wenn der Wert 0 ist. Deshalb sind alle *Werte* hoch 0 … gar keine Werte! Von $e^0 = 1 \cdot e^0$ fällt e einfach weg. Es kommt in diesem Produkt $1 \times e$ gar nicht vor. Es bleibt die 1.

Ja, hier habe ich nebenbei das neutrale Element der Multiplikation so benutzt, wie es in manchen Anwendungen plötzlich aus dem Hut gezaubert wird. Jede einzelne Größe kann immer als Produkt gelesen werden. Mit der neutralen 1. Zurück an den Anfang, zu $t_0 = 0$. Schauen wir, was passiert, wenn wir einsetzen:

$$y = \frac{y^*}{1 + \left(\frac{y^*}{y_0} - 1\right)e^0} = \frac{y^*}{1 + \left(\frac{y^*}{y_0} - 1\right)1}.$$

Jetzt wird auf einmal die Klammer überflüssig, denn die 1 ist auch distributiv neutral, und wir sehen

$$y = \frac{y^*}{1 + \frac{y^*}{y_0} - 1} \quad \text{und also} \quad y = \frac{y^*}{\frac{y^*}{y_0}}.$$

Und das führt uns zu $y = y_0$ zum Zeitpunkt t_0. Auch das ist sachlich plausibel.

Solch ein gezieltes Herumprobieren mit ganz bestimmten Werten, neutralen und inversen Elementen lässt uns auch die Funktionsweise einer Formel gut verstehen. Sie sehen, dass in dieser Formel alle Varianten von y_0 bzw. t sachlich plausibel sind. Das ist nicht bei allen Formeln der Fall. Es gibt sogar ziemlich viele Formeln, die nur innerhalb eines bestimmten Bereichs auch sachlich sinnvoll bleiben.

Es gibt auch Fälle, in denen sich bei Wahl geeigneter Werte gleichsam neutrale Elemente ergeben ohne dass dies beabsichtigt wäre. Ein Beispiel:

Das Volkseinkommen $Y = C + I + G + Ex - Im$ einer offenen Volkswirtschaft enthält die Größen Ex (Exporte) und Im (Importe). Sind beide gleich groß, so ist das Einkommen gemäß dieser Formel genauso groß wie bei einer geschlossenen Volkswirtschaft. Wertmäßig gilt dann:

$$Y = C + I + G + Ex - Im = C + I + G.$$

Da hier aber vier positive Summanden auftreten, könnten genauso z. B. Investitionen und Importe gleichgroß sein. Das ergäbe den offenkundigen sachlichen Unsinn

$$Y = C + I + G + Ex - Im = C + G + Ex.$$

Die Formel $Y = C + I + G + Ex - Im = C + I + G$ ist sachlich ebenso falsch, aber das sieht man ihr nicht an.

Bei Summen aus mehreren Elementen sowie Summen aus Produkten gibt es viele *verschiedene* Kombinationen von Werten der Summanden die zum *selben* Ergebnis führen. Da die 0 als neutrales Element der Summe besonders wichtig ist, wurden daher auch mathematische Methoden entwickelt, um diese „Nullkombinationen“ besser zu verstehen und handzuhaben. Vor allem in komplexeren (linearen) Modellen stellen diese Methoden einen Kern der Analyse dar.

Noch ein Beispiel: Nehmen wir an, Sie finden in Ihrer Formel eine Teilstruktur der Art:

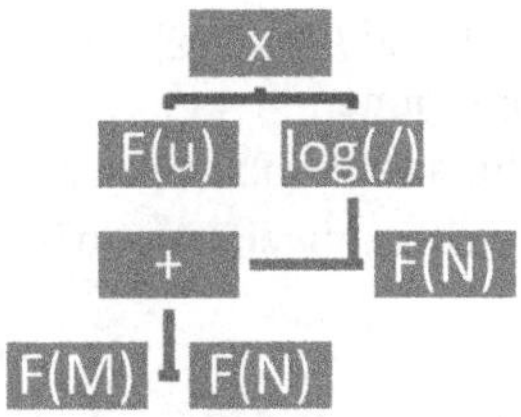

Sie wollen aber nur mit $F(u)$ weiterarbeiten. Da der regierende Operator die Multiplikation ist, neutralisieren Sie den für Sie uninteressanten Faktor log(/) indem Sie aus ihm eine 1 machen.

Wie das gehen kann, sagt Ihnen die Formelhierarchie unterhalb.

Zuerst die Frage: Wie und wann wird ein Logarithmus gleich 1? Der Logarithmus ist 1 für seine jeweilige Basis. Also, der natürliche Logarithmus ist 1 für die Zahl e, der dekadische Logarithmus ist 1 für 10 usw. Denn $e^1 = e$, $10^1 = 10$ usw.

Damit hätten wir jetzt die Aufgabe, den Quotienten $(F(M)+F(N))/F(N)$ so zu Recht zu schnitzen, dass er etwa den Wert 10 oder den Wert e annimmt. Eigenartig? Denn da käme je nach Wahl der Basis des Logarithmus etwas ganz anderes heraus.

Sehr oft ist es für eine Formel gleichgültig, welcher Logarithmus verwendet wird. Immer dann nämlich, wenn ich Produkte und Potenzen linearisieren möchte, da ist mir der natürliche Logarithmus so gut wie der dekadische.

Da hier die Wahl der Basis aber einen Unterschied macht, blicken wir auf den Sachzusammenhang bzw. auf die Formelgeschichte. Und da werden wir fündig. Der Logarithmus hier hat aus guten sachlichen Gründen die Basis 2. Betrachten wir nun den Quotienten, so sehen wir gleich, dass da auch was Plausibles herauskommt. Wann ist der Wert des Quotienten 2?

Immer dann, wenn der Zähler $(F(M) + F(N))$ doppelt so groß wie der Nenner ist. Da wir hier wieder eine schon vertraute Wechselwirkung zwischen Zähler und Nenner vorfinden (der Divisor ist selbst Teil des Dividenden), ergibt sich der spezielle Fall: Wenn $F(M)$ und $F(N)$ gleich groß sind, so wird der $\log_2(/)$ gleich 1, und verhält sich im regierenden Produkt völlig neutral. Nur zur neutralen Übung, zur Schärfung des Blicks die Einzelschritte:

$(F(M) + F(N))/F(N)$ soll also den Wert 2 annehmen. Denn $\log_2(2) = 1$. Formen wir ein wenig um:

$F(M)/F(N) + F(N)/F(N) = 2$. Damit haben wir den Teil, in dem Divisor und Dividend zusammenhängen abgetrennt, und können uns nun in aller Ruhe ungestört um das Verhältnis der beiden unterschiedlichen Werte von $F(M)$ und $F(N)$ kümmern.

$F(M)/F(N) + 1 = 2$, also

$$F(M)/F(N) = 1 \quad \rightarrow \quad F(M) = F(N).$$

Mathematik

Eine Formel wie: $\Phi(p_i+\vec{v}) \approx \Phi(p_i)+J_\Phi(p_i)\vec{v}$ zeigt in der Formelhierarchie schon ziemlich viel; ja darin liegt bereits die Hauptpointe:

Da wir sprachlich schon geübt sind, können wir auch direkt lesen: Die Funktion einer Summe zweier Größen entspricht („ungefähr", „näherungsweise") der Summe zweier Funktionen eben dieser Größen.

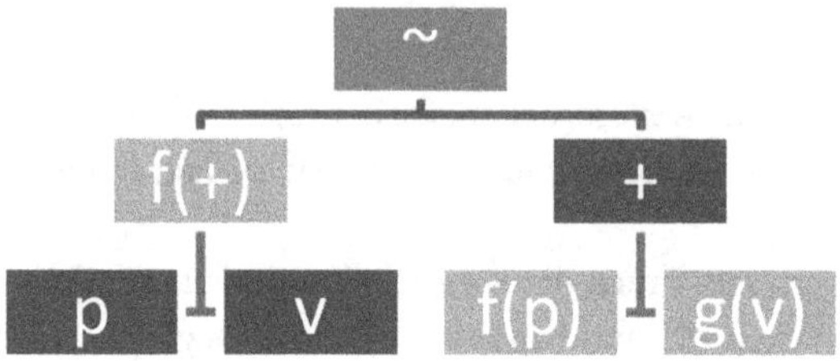

Die Funktion über eine Summe links, die Summe zweier Funktionen rechts. Die Hierarchie zeigt hier noch deutlicher, dass dort, wo *links* der *Funktionswert über eine Summe* steht, rechts einfach eine Summe steht und dafür eine Stufe tiefer: Links einfache Größen und *rechts* zwei *Funktionswerte dieser Größen*. Also eine der so typischen formalen *Verschränkungen*.

Dass p und v Vektoren sind und Φ und J Matrizen zeigt, dass diese Struktur zwar mehrdimensionale Größen und Objekte enthält, dieser Umstand für das grundlegende Formelverständnis wie so oft ohne Bedeutung ist.

3.4 Klein und wichtig: Indizes

$$P^n_{ij}G^{-1}_d P^n_{ij} = P^n_{ij}(I_n + g_d e^{\mathrm{T}}_d)P^n_{ij} = I_n + (P^n_{ij}g_d)e^{\mathrm{T}}_d.$$

Gehen Sie davon aus: Wenn Indizes da sind, sind sie auch wichtig. Manchmal dienen sie recht einfachen Zwecken, manchmal liegt im Verständnis der Indizes der Schlüssel für das Verständnis der ganzen Formel. Wenn Sie nur den „Haupttext" der Formel studieren, übersehen sie die eigentliche Pointe. Sachlich oder mathematisch. Denn Indizes „zeigen etwas an", wie ihr Name schon sagt.

Indizes erschweren oft das Lesen von Formeln. Aus optischen Gründen. Sie stören die Einheit oder Geschlossenheit der Formelbilder. Die Stärke der Formel *als Bild*, also als nicht *bloß* lineare Zeichenfolge wird in diesem Fall zu einer Schwäche. Diese Ergänzungen und Präzisierungen einzelner Elemente führen zu einer Überladung des Bildes. Zugleich ist die Lesbarkeit der Indizes durch ihre geringe Größe oft schlecht. Mit dieser Kleinheit der Indizes erkauft man sich die optisch einheitliche Darstellung der Hauptstruktur; man versucht, diese zu bewahren.

Lesen Sie mal einen solchen Ausdruck:

$$\sum ai\alpha \cdot b\alpha j.$$

Liegt diese Bucht in Hawaii oder in Griechenland? Struktur? Nicht mehr sichtbar. Also schreiben wir doch lieber

$$\sum a_{i\alpha} \cdot b_{\alpha j}.$$

Damit sehen wir, was das „Eigentliche" eines Index ausmacht: Nicht seine Kleinheit, sondern seine Position. Die Indizes tanzen aus der Reihe. Treten Sie in Gruppen auf, bilden Sie optisch eine zweite oder gar dritte Linie.

Was sind also die Probleme beim Lesen von Formeln mit Indizes? Es sind in der Hauptsache zwei Probleme, die beide unter das Thema „Aufmerksamkeitssteuerung" fallen. Auf unsere Aufmerksamkeit achten wir normalerweise wenig. Sie wird durch irgendetwas geweckt, wir lassen uns meist passiv führen. Aufmerksamkeit hebt einige bestimmte Wahrnehmungen aus der wörtlich unüberschaubaren Vielfalt der ständig auf uns wirkenden Sinneseindrücke hervor. Dadurch können wir überhaupt erst etwas, nämlich etwas Bestimmtes wahrnehmen. Normalerweise halten wir unsere Aufmerksamkeit und unsere Wahrnehmung für dasselbe. Dass sie es nicht sind bemerken wir, wenn wir zu viele Sinneseindrücke wahrnehmen oder wie hier verwirrende. Wir nehmen mit

$$P_{ij}^n G_d^{-1} P_{ij}^n = P_{ij}^n (I_n + g_d e_d^{\mathrm{T}}) P_{ij}^n = I_n + (P_{ij}^n g_d) e_d^{\mathrm{T}}$$

vor allem ein *verwirrendes Bild* wahr. Wir nehmen zwar alle nötigen und keine überflüssigen optischen Eindrücke wahr, können sie aber nur schwer ordnen. Wir finden kaum unterscheidbare Einheiten. Es entsteht leicht der Eindruck eines einzigen verwirrenden Ganzen. Eines Knäuels von Zeichen, aber nicht einer wohldefinierten Formel. Ich beschreibe das hier deshalb so ausführlich, weil Ihnen hier am besten klar wird, woher manchmal der erste Schrecken kommt, wieso wir hier keinen Durchblick, ganz wörtlich keine Übersicht haben. **In einem verwirrenden Bild können wir nicht fokussieren.** Der Blick wird zugleich auf verschiedene Bereiche und in verschiedene Richtungen gelenkt. Was bei manchen Bildern nicht nur moderner Kunst absichtlich herbeigeführt wird, ist hier nur störend. Das ist das erste Problem. Da wir es jetzt kennen, wissen wir, dass wir bei solchen Bildern *unseren eigenen Blick* unter Kontrolle bringen müssen, nicht die Formel! Deshalb Aufmerksamkeits*steuerung*.

Das zweite Problem ist, dass wir üblicherweise große Dinge als wichtiger und kleine als unwichtiger einstufen. An sich ist das keine schlechte Entscheidung. Was wir wahrnehmen, genauer: Was die Ehre hat, von uns überhaupt wahrgenommen zu werden (= Aufmerksamkeit) wird sofort bewertet. Erscheint es uns als zu unwichtig, so sinkt unsere Aufmerksamkeit wieder, wir beachten die entsprechende Sache weniger oder vernachlässigen sie gar völlig.

Angesichts eines Formelbildes wie „$P^n_{ij}G^{-1}_d P^n_{ij} = P^n_{ij}(I_n + g_d e^T_d)P^n_{ij} = I_n + (P^n_{ij}g_d)e^T_d$“ steuern wir unsere Aufmerksamkeit also ganz bewusst: Fokussieren und Bewerten.

Das Eine heißt, gezielt Wahrnehmungsschwerpunkte setzen, das Andere, die optisch unscheinbaren kleinen Elemente nach ihrem sachlichen Gewicht beurteilen, nicht nach ihrem optischen.

> Bewusste Blickführung einerseits, bewusstes Urteilen andererseits.

Bei verwirrenden Bildern versagt die übliche Wahrnehmungshilfe “Formel größer aufschreiben“.

$$P^n_{ij}G^{-1}_d P^n_{ij} = P^n_{ij}(I_n + g_d e^T_d)P^n_{ij} = I_n + (P^n_{ij}g_d)e^T_d$$

$$P^n_{ij}G^{-1}_d P^n_{ij} = P^n_{ij}(I_n + g_d e^T_d)P^n_{ij} = I_n + (P^n_{ij}g_d)e^T_d$$

oder gar

$$P^n_{ij}G^{-1}_d P^n_{ij} = P^n_{ij}(I_n + g_d e^T_d)P^n_{ij} = I_n + (P^n_{ij}g_d)e^T_d$$

Denn das Problem liegt in der Bildstruktur selbst. Also werden wir hier auf eine andere Weise vorgehen. Wir erweitern jetzt unser Repertoire an Lesestrategien für eine Formel um eine Methode, die ich hier am Beispiel „Indizes“ zeige, die wir aber durchaus verallgemeinern können.

Betrachten Sie das folgende Rezept als eine kleine Anleitung „So helfe ich meiner leicht verwirrten Wahrnehmung“. Drei einfache Schritte und eine kleine Übung, schon sieht die Sache klarer aus.

Schritt 1: Wir schreiben die Formel ganz ohne Indizes. Gleichsam nackt.
Schritt 2: Wir erstellen eine Liste aller Indizes. Wir geben Ihnen hiermit das gleiche Gewicht wie den Hauptakteuren. Und lernen sie dadurch persönlich kennen.
Schritt 3: Wir führen wieder alle zusammen. Wer mit wem? lautet die Frage und natürlich auch: Warum? Sachlich und mathematisch können Sie da gar nicht intim genug fragen.

Also 1. Formel ohne Indizes, 2. Nur Indizes 3. Verständnisvolle Wiedervereinigung.

Legen wir also mit $P^n_{ij}G^{-1}_d P^n_{ij} = P^n_{ij}(I_n + g_d e^T_d)P^n_{ij} = I_n + (P^n_{ij}g_d)e^T_d$ los.

Schritt 1:

$$PG^{-1}P = P(I + ge)P = I + (Pg)e.$$

Das sieht doch schon viel klarer aus. Hier orientieren wir uns jetzt einmal gründlich. Damit dieses Bild dann im vollständigen Bild bewusst fokussiert, wiedergefunden werden kann.

Im Beispiel bemerken Sie jetzt leicht die Struktur ... = ... = ... mit den jeweils wirklich sehr einfachen Ausdrücken

$$PG^{-1}P,$$
$$P(I+ge)P,$$
$$I+(Pg)e.$$

Jetzt haben Sie wirklich den Über-Blick und das spätere Fokussieren und Wiederfinden sollte kein Problem darstellen. Bei dieser Gelegenheit erwähne ich mal wieder, dass das eigenhändige Niederschreiben von Formeln an sich schon von großem Wert ist!

Schritt 2: Darf ich vorstellen: i, j, n, d, T. Für unsere Zwecke hier genügt es zu wissen, dass i, j, n, d die Größe von Matrizen angeben, aus dem Text erfahren wir: „Ist P_{ij}^n eine Transpositionsmatrix mit $i, j > d$, so gilt … " eben unsere Formel. Und „T" steht für die Transponierte einer Matrix. Sie suchen hier auch die $^{-1}$? Die habe ich nicht weggelassen, wie Ihnen vielleicht gar nicht aufgefallen ist. $^{-1}$ ist ja ersichtlich kein Index, sondern hat irgendetwas mit „invers", „umgekehrt" oder so zu tun. Und eigentlich sieht der Matrizenvertraute auch in „T" keinen Index. Aber lieber ein kleines Zeichen zu viel und das genauer angeschaut als auch nur eines zu wenig.

Schritt 3: Führen wir nun zusammen, was zusammengehört.

P ist anspruchsvoll. Es nimmt gleich drei Indizes, i, j, n, in Anspruch. Geschrieben als

$$P \to i, j, n \to P_{ij}^n.$$

Die unterschiedliche Position deutet auf einen unterschiedlichen Sinn.

G^{-1} begnügt sich mit

$$G^{-1} \to d \to G_d^{-1},$$

g wird zu

$$g \to d \to g_d,$$

e ist auch bescheiden, das *d* genügt ihm. Da wir ihm aber auch die Transposition genommen haben, hier also wieder in vollem Ornat:

$$e \to \mathrm{T}, d \to e_d^{\mathrm{T}}.$$

I sieht sich mit *n* ausreichend indiziert:

$$I \to n \to I_n.$$

Mit diesem Blick auf die Formel lernen Sie die näheren Bestimmungen der *großen* Hauptakteure kennen. Schritt drei hat aber zwei Sichtweisen, ich erinnere an die zweite psychologische Schwäche der Darstellung von Indizes als *kleinen* Zeichen. Indizes stellen sehr oft Zusammenhänge und Beziehungen dar, die ohne sie in Formeln nur schwer *abbildbar* wären. Schritt drei also noch einmal, jetzt aber andersrum.

i und j treten immer nur paarweise auf und immer „unten", als Subindizes. Und immer nur als nähere Bestimmung zu P.

$$i, j \rightarrow P.$$

d, von dem wir ja wissen, dass es die Größe eine Matrix bezeichnet, die sowohl kleiner als i, als auch als j sein muss, tritt als Subindex gleich bei drei verschiedenen Akteuren (Matrizen) auf. Bei G^{-1}, bei g und e^{T}.

Damit sind durch d diese drei Hauptakteure G, g, e in eine direkte Beziehung zueinander gebracht.

$$d \rightarrow G, g, e.$$

n legt die Sache anders an. Es tritt sowohl als Sub- als auch als Superindex (= oben) auf. Unten bei I und oben bei P.

$$n \rightarrow I, P.$$

Das heißt, dass die Indizes d und n mehrere Objekte zueinander in Beziehung setzen. Beachten Sie auch, dass im ersten Ausdruck n nicht als Subindex vorkommt. Lesen wir nun

$$P^n_{ij} G^{-1}_d P^n_{ij} = P^n_{ij} (I_n + g_d e^T_d) P^n_{ij} = I_n + (P^n_{ij} g_d) e^T_d$$

und das ist die angekündigte Übung, einmal als

$$\mathbf{P}^{n}_{ij} \mathbf{G}^{-1}_{d} \mathbf{P}^{n}_{ij} = \mathbf{P}^{n}_{ij} (\mathbf{I}_{n} + \mathbf{g}_{d} \mathbf{e}^{T}_{d}) \mathbf{P}^{n}_{ij} = \mathbf{I}_{n} + (\mathbf{P}^{n}_{ij} \mathbf{g}_{d}) \mathbf{e}^{T}_{d}.$$

Und einmal als

$$P^{\mathbf{n}}_{\mathbf{ij}} G^{-1}{}_{\mathbf{d}} P^{\mathbf{n}}_{\mathbf{ij}} = P^{\mathbf{n}}_{\mathbf{ij}} (I_{\mathbf{n}} + g_{\mathbf{d}} e^{T}_{\mathbf{d}}) P^{\mathbf{n}}_{\mathbf{ij}} = I_{\mathbf{n}} + (P^{\mathbf{n}}_{\mathbf{ij}} g_{\mathbf{d}}) e^{T}_{\mathbf{d}}.$$

Probieren Sie jetzt, die normalgeschriebene Formel mit dieser unterschiedlichen Betonung zu lesen. Aufmerksamkeitssteuerung!

Die Übung besteht also in einem gezielten Nicht-Sehen, einem Ignorieren der Indizes. Und aus einem gezielten Nur-Sehen, dem totalen Fokussieren ausschließlich auf die Indizes. Üben Sie das gleich bei den folgenden Beispielen. Wenn es Ihnen ergeht wie mir, so werden Sie erstaunt sein, wie leicht das geht. Wenn man einmal drauf aufmerksam gemacht wurde.

Index ist nicht gleich Index. Indizes können verschiedenste Funktionen haben. Es ist wie beim =-Zeichen. Wenn man weiß, welche Arten es gibt und welche man vor sich hat, tut man sich leichter beim Lesen. Daher hier eine kleine Typologie, anschließend einige Beispiele. Indizes können folgende Funktionen erfüllen:

- Unterscheidung,
- Angabe von Grenzen,
- Angabe einer Position, Rechenindex,
- nähere Spezifizierung, oft in Kombination mit Unterscheidung,
- Zeit- und Periodenangaben.

Unterscheidung Eine der häufigsten Anwendungen von Indizes ist das Unterscheiden von mehreren gleichartigen Objekten. Gleichartig aber nicht identisch.

Da bei der Unterscheidung üblicherweise mehrere bis sehr viele Objekte beteiligt sind, schreibt man gerne z. B.

$$a_1x^1 + a_2x^2 + \ldots + a_kx^k = \ldots$$

Lesen Sie eine solche Formel nicht „wörtlich", d. h. nicht als Folge von einem Ausdruck $a_1x^1 \ldots$ und $\ldots a_2x^2 \ldots$ und $\ldots$

Denn die Aussage hier ist, dass es von dieser Art von Objekt eben mehrere gibt, die auf eine bestimmte Art und Weise zusammenwirken. Die Indizes bewirken die Unterscheidbarkeit der sonst nicht unterscheidbaren Akteure.

Wie viele es nun genau sind, das ist eine andere Geschichte, die uns die Indizes gelegentlich gesondert erzählen.

Was Sie im Kern bei einer solchen Formel verstehen müssen *ist das Objekt*, auf welches sich diese Unterscheidung bezieht und auf das Zusammenwirken mehrerer Objekte dieser Art. Es steht dann nämlich ganz einfach da:

Mehrere gleichartige Vektoren wirken zusammen.

Etwas genauer: Mehrere Vektoren der Form x, und jeder hat seinen individuellen Koeffizienten a dabei. Das ist die Hauptaussage von $a_1x^1 + a_2x^2 + \ldots + a_kx^k = \ldots$ Und genau so sollen Sie eine Formel, eigentlich jede Formel dann sprachlich übersetzen können. An dieser Formulierung sehen wir auch perfekt, dass unser Verständnis der Formel genau so weit reicht, wie wir das Objekt verstanden haben.

$$\alpha_1\lambda_1v_1 + \ldots + \alpha_{k+1}\lambda_{k+1}v_{k+1} = 0.$$

Wir ignorieren die Indizes und konzentrieren uns auf den nackten Ausdruck $\alpha \cdot \lambda \cdot v$. Denn nackt (Schritt 1, siehe oben) sehen alle Objekte gleich aus, weil sie eben gleichartig sind.

Da α wie so oft ein einfacher Koeffizient, hier also eine einfache Zahl ist, die mir nur sagt, wie oft das jeweilige Objekt vorkommt bzw. wirksam ist, muss ich *als Objekt* nurmehr λv verstehen.

Erst jetzt beachte ich den Index, der ein einfacher Zähl- oder Laufindex ist. Er zählt ja einfach von 1 … bis … ja, bis wohin? Manchmal bis „irgendwohin". Für „irgendwohin" ist sehr beliebt der Buchstabe klein „n", „n" für „natürliche Zahl". Wenn da aber $k+1$ steht, so wissen wir, dass der Index „noch mehr" zu sagen hat als nur „viele". Es genügt vorerst, wenn Sie bei einem solchen Index stutzig werden. Dann hat er die Aufmerksamkeit, die im gebührt und Sie werden neugierig zu erfahren, warum hier gerade genau bis $k+1$ gezählt wird, warum genau $k+1$ Objekte hier beteiligt sein sollen.

$$G_r = \frac{\frac{Y_{t+1}}{N_{t+1}} - \frac{Y_t}{N_t}}{\frac{Y_t}{N_t}}$$

zeigt eine andere typische Unterscheidung. Hier werden mehrere verschiedene Größen durch Indizes einerseits unterschieden und andererseits zusammengeführt. Gleichartige Objekte, also etwa alle Y werden unterschieden. Ungleichartige Objekte, hier Y und N werden zusammengeführt. Typisch ist hier, dass genau zwei Objekte unterschieden werden, was bei Differenzen auch naheliegt.

Gerade bei dieser Unterscheidung in Verbindung mit einer Zusammenführung durch die Indizes ist das Verständnis der Objekte besonders wichtig. Die Struktur der Formel dominiert stärker als im obigen Beispiel entsprechend tritt die Gleichartigkeit der Objekte in den Hintergrund. Eine weitere Besonderheit ist, dass durch die zusammenführende Indizierung (gleicher Index, unterschiedliche Objekte) das eigentliche Objekt nicht Y oder N, sondern Y/N darstellt. Verglichen werden eigentlich $(Y/N)_t$ mit $(Y/N)_{t+1}$, nicht Y_{t+1}, und N_{t+1} und Y_t und N_t.

Grenzen In $c_{ij} = \sum_{\alpha=1}^{n} a_{i\alpha} b_{\alpha j}$ haben wir das allseits beliebte $\sum$ummenzeichen $\sum$igma verwendet. Dass bei $\sum$ die Beschriftung unten,

$$\sum_{i=1} \ldots,$$

angibt, von welchem Wert des Index i gestartet wird und die Beschriftung oben,

$$\sum_{\ldots}^{5} \ldots,$$

bis wohin summiert wird, ist bekannt. Die Summe $x_1+x_2+x_3+x_4+x_5$ kann also geschrieben werden als

$$\sum_{i=1}^{5} x_i.$$

Gelegentlich auch sehr sparsam als

$$\sum_i x \quad \text{oder} \quad \sum x_i .$$

Diese beiden Schreibweisen gehen davon aus, dass die Sache schon irgendwie klar ist. Dass also sowohl die untere und die obere Grenze einerseits und die Indizierung des Objekts, das summiert wird andererseits eindeutig zugeordnet werden können. Interessant sind solche Summen immer dann – lesetechnisch gesprochen – wenn die Grenzen nicht so einfach bei 1 oder 0 unten und einer einfachen Endmarke n oben liegen.

$$h \sum_{k=2}^{n} \binom{n}{k} h^{k-2} z^{n-k}$$

Beachten Sie in diesem Ausdruck, dass die untere Grenze hier nicht einfach 1 oder 0, sondern eben 2 ist, und dass in den einzelnen summierten Ausdrücken beide Grenzen selbst mehrfach vorkommen. Dabei ist die obere Grenze stets fest, es ist der Maximalwert von k, nämlich der Wert n. Der Wert k jedoch verändert sich laufend, womit sich für jeden einzelnen Summanden ein unterschiedliches Zusammenspiel von fixem n und variablem k ergibt. Beachten Sie hier zuerst nur, dass die beiden Grenzen hier viel aktiver ins Geschehen eingreifen als bei unserem einfachen $\sum_{i=1}^{5} x_i$, dem ich daher nurmehr ein Plätzchen im Fließtext gönne und keine besondere Freistellung mehr. Dass die Sache mit diesen kleingeschriebenen Grenzen beim Integral $\int$ genauso läuft, indexmäßig meine ich, überrascht Sie wohl nicht mehr.

Rechenindizes Die Anordnung von Zahlen in einem rechteckigen Schema ist als „Matrix" bekannt. Um jedes Element in diesem Schema eindeutig identifizieren zu können, versieht man sie mit zwei Indizes, einem Zeilen- und einem Spaltenindex.

Der Zeilenindex ist der erste, der Spaltenindex der zweite. Stellen wir uns eine Matrix als ein Haus mit Wohnungen vor, so gibt der Index die Adresse: Stockwerk und dann Türnummer. So weit, so gut. Unter bestimmten Umständen, die ebenfalls mit Indizes zu tun haben, kann man zwei verschiedene Matrizen miteinander multiplizieren. In diesem Zusammenhang taucht dann die schöne Formel

$$c_{ij} = \sum_{\alpha=1}^{n} a_{i\alpha} b_{\alpha j}$$

auf. Indexerprobt wie wir sind, betrachten wir zuerst einmal nur die Hauptakteure:

$$c_{ij} = \sum_{\alpha=1}^{n} a_{i\alpha} b_{\alpha j}$$

oder noch radikaler:

$$c = \sum ab.$$

Damit haben wir einmal Klarheit über die Kernstruktur: c ergibt sich als eine Summe von Produkten. Dabei ist c Element der Ergebnismatrix C, a gehört zur Matrix A und b entsprechend zur Matrix B.

Es gibt offensichtlich mehrere Elemente c, sonst bräuchten wir ja keinen Index. Der Index ij wird gerne auch als Positionsangabe gelesen. Davon rate ich hier in unserem Zusammenhang bewusst ab, denn dann hören Sie auf, die Information der Indizes auszuwerten und phantasieren irgendwelche optischen Hilfen – und weichen dem Thema Indizes aus.

Was ist der Index ij aber? Nach unseren bisherigen Begriffen *unterscheidet* er einfach die Elemente von C. C ist nichts anderes als eine *Menge*, angezeigt durch die geschweifte Mengenklammer, mit den doppelt indizierten Elementen c_{ij}.

$$C = \{c_{ij}\}.$$

In der gleichen Weise natürlich auch $A = \{a_{ef}\}$ und $B = \{b_{gh}\}$.

Denken Sie nicht an Matrizen und versuchen Sie nicht mit aller geistigen Gewalt, diese Indizes in der Anordnung von Zahlen in Zeilen und Spalten wiederfinden zu wollen, sondern lesen Sie einfach: A, B, C sind Mengen mit doppeltindizierten Elementen. Was uns bei Indizes immer auch interessiert, sind ihre Grenzen. Der Index i läuft z. B. von 1 bis 3, der von j von 1 bis 4.

Wir haben hier also eine Menge mit 3×4 Elementen vor uns. Wenn Sie's dennoch als Matrix wollen: $C^{m \times n}$, wobei $m = 3$, $n = 4$. Und wir bemerken, dass mit m, n feste Zahlen, nämlich der größtmögliche Wert der Laufindizes, mit i, j jedoch der in Grenzen variable Index notiert sind.

Beispiel: Die Menge $A^{2\times2}$ sei $\{2_{12}, 4_{21}, 3_{11}, 2_{22}\}$. Diese Menge enthält $2 \times 2 = 4$ Elemente, und wir sehen auch, dass jede Indexkombination vorkommt.

Die Menge $B^{2\times3}$ sei $\{5_{12}, 2_{22}, 3_{11}, 1_{23}, 4_{13}, 1_{21}\}$. Die Menge enthält also 6 Elemente. Und man kann *diese* beiden Mengen, sie mögen „Matrizen" A und B heißen, miteinander multiplizieren. An der Zahl der Elemente kann es nicht liegen, die ist unterschiedlich.

Wenn aber der zweite Index einer Menge genauso groß werden kann wie der erste Index der anderen Menge, so kann man die beiden Matrizen in genau dieser Reihenfolge multiplizieren. Wenn Indizes aber gleiche Eigenschaften haben – also die gleichen Grenzen – so werden Sie üblicherweise auch gleich bezeichnet. Also taufen wir die Indizes von A um in $A^{2\times2} = \{a_{i\alpha}\}$ und entsprechend B in $B^{2\times3} = \{b_{\alpha j}\}$. Also ist das Produkt $A \times B$ möglich, das Produkt $B \times A$ jedoch nicht. Jetzt kommt unsere Formel $c_{ij} = \sum_{\alpha=1}^{n} a_{i\alpha} b_{\alpha j}$ zum Zug. Wir bleiben aber immer noch bei den Indizes, und sonst nichts.

Das Element c_{ij} ist die Summe aller Produkte aus allen a_i und b_j mit dem gleichen Wert für den Index α. Der erste Index von c stimmt mit dem ersten Index aus der ersten Matrix, der zweite Index von c stimmt mit dem zweiten Index aus der zweiten Matrix überein. Jetzt ist klar, warum die „Verbindung" über den zweiten Index der ersten und den ersten Index der zweiten Matrix stattfindet.

Wählen wir z. B. das Element c_{13} aus: Zu dessen Berechnung benötigen wir alle Elemente aus A mit dem ersten Indexwert 1, und alle aus B mit dem zweiten Indexwert 3:

$$A = \{2_{\underline{1}2}, 4_{21}, 3_{\underline{1}1}, 2_{22}\}$$
$$B = \{5_{12}, 2_{22}, 3_{11}, 1_{2\underline{3}}, 4_{1\underline{3}}, 1_{21}\}$$

Jetzt ist es wie beim Dominospiel. Wir nehmen das erste Element aus A, also die $2_{1\underline{2}}$ und suchen aus B den passenden Anschlussindex. Auf 12 passt natürlich nur 23, also folgt $1_{\underline{2}3}$.

$$A = \{2_{1\underline{2}}, 4_{21}, 3_{1\underline{1}}, 2_{22}\}$$
$$B = \{5_{12}, 2_{22}, 3_{11}, 1_{\underline{2}3}, 4_{\underline{1}3}, 1_{21}\}$$

Die Produkte aus 2×1 und 3×4 werden also addiert. Das Element c_{13} ergibt sich also als $2 \times 1 + 3 \times 4 = 14$. Und die *Menge* aller c_{ij} stellt die *Menge* C dar:

$$\{c_{ij}\} = \left\{ \sum_{\alpha=1}^{n} a_{i\alpha} b_{\alpha j} \right\}.$$

Dass Sie die Ergebnismenge der doppeltindizierten Elemente gemäß dieser Indizes räumlich anordnen können, ist schön, optisch oft hilfreich. Aber für das Verständnis der Indizes und mancher Zusammenhänge zumindest nicht immer förderlich.

Also, weil es gut aussieht:

$$\begin{pmatrix} 3 & 2 \\ 4 & 2 \end{pmatrix} \times \begin{pmatrix} 3 & 5 & 4 \\ 1 & 2 & 1 \end{pmatrix} = \begin{pmatrix} 11 & 19 & 14 \\ 14 & 24 & 18 \end{pmatrix},$$
$$\{2_{12}, 4_{21}, 3_{11}, 2_{22}\} \times \{5_{12}, 2_{22}, 3_{11}, 1_{23}, 4_{13}, 1_{21}\} = C = \{24_{22}, 14_{21}, 11_{11}, 19_{12}, 14_{13}, 18_{23}\}.$$

Indizes und Spezifizieren Gelegentlich treten Indizes in einer völlig anderen Funktion auf. Sie unterscheiden nicht einfach gleichartige Objekte, sondern sie spezifizieren diese Objekte, diese Gegenstände. Sie benennen also weitere Eigenschaften, die nicht bloß als Unterschied zu anderen Objekten zu sehen sind, etwa dieser Vektor ist nicht jener, sondern sie benennen Eigenschaften, die untrennbar zu diesem Objekt dazugehören.

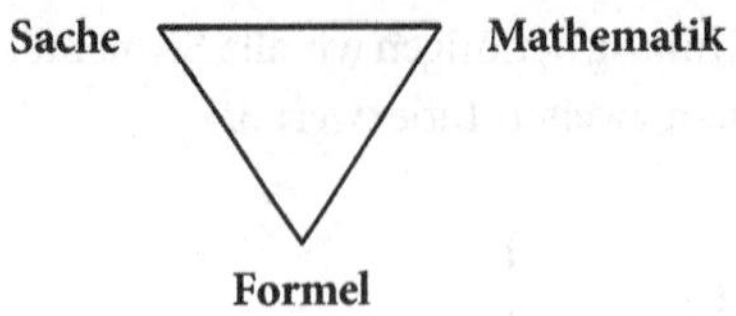

Um Licht in die Sache zu bringen, nehmen wir gleich einen starken Laser. Und aktivieren wieder unser Verständnisdreieck.

Aus der Sicht des Verständnisdreiecks waren wir bezüglich Indizes bisher ziemlich mathematisch unterwegs. Spezifizierungen finden aber genauso aus sachlichen Gründen statt. Beispiel aus der Physik:

Elektronen befinden sich stets auf irgendeinem Energieniveau. Dieses wird z. B. als E_1 für Energieniveau 1 und E_2 für Energieniveau 2 bezeichnet. Absorption von Licht bedeutet für das Elektron gleichsam Energiezufuhr, das Elektron wird vom niedrigeren Energieniveau 1 auf das höhere Niveau E_2 befördert. Die Abstrahlung (Emission) von Licht in Form von Photonen bedeutet zugleich Abgabe von Energie. Das Elektron kehrt daher vom relativ energiereicheren Niveau E_2 ins relativ energieärmere Niveau E_1 zurück. Damit sind die beiden Vorgänge Absorption und Emission jeweils mit einer bestimmten Richtung zwischen den Energieniveaus verbunden. Betrachten wir jetzt nicht ein einzelnes Elektron, sondern gehen hinaus in die Wirklichkeit. Stellen wir uns das jetzt ganz bildhaft in einem Raum vor. Wo Sie vielleicht gerade dieses Buch lesen. Ein Raum ist ein Volumen, mit ziemlich vielen Teilchen. Genauso Teilchen, wie wir schon an der Grenze zweier lichtdurchlässiger Schichten beobachtet hatten. Sie erinnern sich an

$$n = \sqrt{1 - N_e e^2/4\pi^2 \varepsilon_0 v^2 m_e}.$$

n war der Brechungsindex, also die Angabe, wie sehr ein Lichtstrahl umgelenkt wird an dieser Grenzschicht. Wir haben es wieder mit Licht zu tun und werden sehen, welche Bekannte wir wieder treffen. Der Index e bezeichnete die Elektronen, N „natürlich" die Anzahl. Verfolgen wir unsere neue Perspektive der Energieniveaus der Elektronen und die Abgabe von Licht. Wir nehmen wieder N als Zahl der Atome bzw. interessierenden Teilchen pro Volumeneinheit. Wir wollen jetzt genauer unterscheiden. Wir wollen wissen, bei wie vielen Atomen sich ein Elektron in einem bestimmten Energieniveau m befindet. Also N_m. Für unsere beiden Energieniveaus E_1 und E_2 daher die zugehörigen Teilchenzahlen N_1 und N_2. Sie bemerken, wie die Indizes jeweils die Anzahl der Atome mit bestimmten Energieniveaus verbinden? Bereits hier ist klar, dass die Anzahl der beiden Atommengen pro Volumeneinheit sich nicht als mathematische Objekte voneinander unterscheiden, sondern sie bezeichnen unterschiedliche Atommengen. Es besteht ein spezifischer sachlicher Unterschied. Eben mit Hinblick auf die Energieniveaus. Aber damit fängt es mit diesen spezifizierenden Indizes erst an. Sie können nämlich noch eine ganze Menge mehr. Damit uns jetzt ein Licht aufgeht, betrachten wir die zeitliche Änderung der Photonendichte. Wir schauen also, physikalisch sehr locker gesprochen, ob es aufgrund der Absorption und gleichzeitigen Emission von Strahlung heller oder dunkler wird. Wir betrachten diesen Vorgang nun ausschließlich aus der Perspektive der Energieniveaus, in denen sich die jeweiligen Elektronen befinden bzw. wegbewegen. Dieser sachliche Vorgang muss Ihnen klar sein. Und da gilt ganz einfach die Formel:

$$dn/dt = A_{21}N_2 + u(\nu)B_{21}N_2 - u(\nu)B_{12}N_1.$$

Dies ist eine Bilanzgleichung für die Photonendichte pro Volumeneinheit. Schön. Uns interessieren jetzt die drei so genannten Einsteinkoeffizienten. A_{21} für spontane Emission, B_{21} für stimulierte Emission und B_{12} für Absorption. N_1 und N_2 kennen wir ja schon.

Betrachten wir nur die Indizes, so können wir wieder einmal ein Muster erkennen.

$$A_{21}N_2 \rightarrow 21,2$$

$$B_{21}N_2 \rightarrow 21,2$$

$$B_{12}N_1 \rightarrow 12,1$$

Muster: Bei allen drei Gruppen sehen wir, dass immer die erste Zahl des Doppelindex (von A bzw. B) mit dem Index von N übereinstimmt.

Dass 21 und 12 nicht die Zahlen einundzwanzig und zwölf bedeuten, wird uns aus dem Zusammenhang klar. Wahrscheinlich haben Sie sowieso schon gleich „A zwei eins" usw. gelesen.

Die Indizes repräsentieren also offensichtlich die Energieniveaus. Damit geben die Indizes bei den Einsteinkoeffizienten genauso offensichtlich Richtungen an. Da Emission, wie wir hörten, Abgabe von Energie bedeutet, fällt die Energie im System von Niveau E_2 auf Niveau E_1. Wie viel Energie auf diese Art abgegeben werden kann, hängt natürlich von der jeweiligen Teilchenzahl N im Ausgangsniveau ab. Also für alle Teilchen mit E_2, das sind N_2-viele. Nur diese können ja auf das niedrigere Niveau E_1 zurückfallen. Entsprechend beginnt die Aufnahme von Energie (genannt Absorption) auf dem niedrigeren Niveau und führt die Elektronen auf das höhere, also von E_1 auf E_2. Entsprechend hat der Koeffizient B dann den Index 12. Er beginnt auf E_1, daher wird ihm auch die Teilchenzahl N_1 zugeordnet. Hier steckt also der ganze Zusammenhang in den Indizes, weil diese die Größen A, B und N in Hinblick auf die *nicht mehr genannten* Energieniveaus 1 und 2 spezifizieren; und das sogar orientiert. Die Richtung 12 ist nicht das gleiche wie die Richtung 21.

Wenn dann in Folge Formeln wie $g_1B_{12} = g_2B_{21}$ oder $\frac{A_{21}}{B_{21}} = \ldots$ auftreten, verrät Ihnen der Blick auf die spezifizierenden Indizes schon fast alles. Bei spezifizierenden Indizes kommen Mehrfachindizierungen häufiger vor. Meist, weil sie mit einem unterscheidenden Index kombiniert werden.

$$q_n^s$$

bezeichnet mit q (wie quantity und Quantität) die Menge eines bestimmten Gutes. Wir sind jetzt also in der Volkswirtschaft gelandet. Interessanterweise ist nicht das „Gut", also ein konkreter Gegenstand, das Objekt. Das Objekt ist q, also die *Menge* dieser konkreten Gegenstände. Dieser Unterschied ist extrem wichtig. Gerade in der entwickelten Volkswirtschaftslehre kommen die originellsten Objekte vor. Da auf einem Markt Güter sowohl nachgefragt als auch angeboten werden, gibt es zwei verschiedene Gütermengen. Die des

Angebots s (wie supply) und der Nachfrage d (demand). Hier haben wir es also mit der Angebotsmenge

$$q^s$$

zu tun. Die Menge q wird hier also näher spezifiziert, denn es besteht hier eine sachliche Beschreibung im Index oben (der selten so genannte „Superindex"). Da aber selten nur ein einziges Gut angeboten wird, sondern mehrere (wohl eher sehr viele), so muss man die einzelnen Gütermengen q natürlich zusätzlich unterscheiden. Wir ergänzen also unsere Mengen q durch einen einfachen Unterscheidungsindex

$$q_n^s$$

für die Mengen der Güter 1 bis viele also $q_1, q_2, q_3, \ldots, q_n, q_{n+1}, q_{n+2}, \ldots$ Es genügt hier zu lesen, dass n ein und genau ein Gut aus einer Menge vieler verschiedener Güter ist. Das genügt.

q_n^s ist also die Menge des Gutes „n", die angeboten wird. Wenn Sie das nächste Mal vor einer Auslage stehen, so betrachten Sie, wie viele verschiedene „Güter" Sie da sehen. Dann fragen Sie sich, wie viele davon in diesem Geschäft etwa auf Lager liegen, oder „umgehend geliefert" werden können. Überlegen Sie sich dann für jedes „Gut", ob Fernseher, DVD-Player, oder Kleidung, oder Autos oder Bücher in dieser Auslage, was hier q_n^s bedeutet. Die Umstände sagen Ihnen, dass Sie hier Angebotsmengen betrachten; Ihr Blick bleibt aber jeweils an unterschiedlichen, immer aber angebotenen Gütern hängen. Falls Sie dann völlig vergessen haben, dass Sie diese Auslage nur zur Übung im Verstehen von Indizes betrachtet haben, in das Geschäft hineingehen und ein „Gut" kaufen, so haben Sie damit auch q_n^d verändert. Die Nebenwirkungen in Ihrer Transaktionskassa stehen leider nicht im Index. Wie es Ihnen damit geht, hängt vielleicht auch vom Wirtschaftswachstum ab. Sie erinnern sich an

$$G_r = \frac{\frac{Y_{r_{t+1}}}{N_{b_{t+1}}} - \frac{Y_{r_t}}{N_{b_t}}}{\frac{Y_{r_t}}{N_{b_t}}}.$$

Die Indizes r und b können wir jetzt leicht als spezifizierende Indizes zuordnen. N ist wie so oft eine Anzahl. Statt der Elektronen e finden wir hier aber „b" für pro Kopf der Bevölkerung. Und r spezifiziert das Volkseinkommen „real". Also nicht „n", nominal, nicht wie viel Geld Sie in Ihrer Börse haben, sondern welchen Wert das Geld in Bezug auf bestimmte Güter hat. Um Details volkswirtschaftlicher Art zwischen real und nominal kümmern wir uns nicht; wir wissen aber, dass der Index auch das Einkommen spezifiziert hat. Wir sehen hier aber noch zwei weitere Indizes, die den beiden anderen Indizes r und b nicht beigeordnet, sondern sogar untergeordnet sind. Die Indizes t und $t+1$ hängen offenbar in einer sehr speziellen Art und Weise zusammen; man kann mit diesem Index offenbar auch rechnen, denn sonst wäre der Index $t + 1$ sinnlos. Dieser unterscheidende Index bezieht sich auf die Zeit (wie time, oder tempus). Widmen wir diesen

Zeit- und Periodenindizes noch ein wenig Aufmerksamkeit. Der Autor bzw. Layouter der Formel zeigte ein gutes Verständnis, indem er nicht bloß

$$Y_{r,t+1} \quad \text{sondern} \quad Y_{r_{t+1}}$$

schrieb. Denn der spezifizierende Index ist Teil des Objekts, der unterscheidende Zeitindex bezieht sich auf das Ganze, also auf $[Y_r]_t$.

Wo immer Zeit- und Periodenindizes auftreten, sind sie „die letzten", denn es interessiert der Zustand des ganzen Objekts oder Ausdrucks, nicht bloß eines Teils eines Objekts zu bestimmten Zeitpunkten. Reduzieren Sie zum besseren Verständnis solche Formeln ganz auf den Periodenindex. (Schritt 3!), also G_r = irgendetwas mit der Struktur

$$G_r = \ldots \frac{(t+1) - (t)}{(t)}.$$

Statt G_r können alle möglichen Objekte und Gegenstände da stehen. In dieser Darstellung fällt Ihnen vielleicht auf, dass G_r vielleicht auch einen Zeitindex haben sollte. Ein zusätzlicher Index hier verbessert den Informationswert dieser Formel unwesentlich. In einem anderen Zusammenhang kann ein solcher Index aber sehr wichtig sein.

Zeitindizes sind spezielle Unterscheidungsindizes. Es werden meist nicht bloß gleiche Objekte, sondern dasselbe (!) Objekt miteinander verglichen. In unserem Universum kann ein und dasselbe Objekt aber nur zu verschiedenen Zeiten Unterschiede aufweisen.

In unserer Formel wird das Einkommen einer Bevölkerung mit dem Einkommen derselben Bevölkerung verglichen. Also eigentlich (Y/N) zum Zeitpunkt t und (Y/N) zum Zeitpunkt $t + 1$. Wir hätten für diesen Zweck des Zeitvergleichs genauso betonen können:

$$G_r = \frac{(Y/B)_{t+1} - (Y/B)_t}{(Y/B)_t}.$$

Durch solche Zeitindizes werden rein statische Größen in eine Beziehung zueinander gebracht, und schon sieht die Welt anders aus. Wo Zeitindizes auftreten, sollten Sie sich – ganz im Sinne des Verständnisdreiecks – die Dynamik des Geschehens, die sich darin ausdrückt, vergegenwärtigen.

Widmen Sie allein der Zeitdimension in dieser Formel ihre Aufmerksamkeit. Sie hat es verdient, denn man kann damit sogar rechnen.

Der Zeit- bzw. Periodenindex fungiert zwar als *unterscheidender* Index, der sich aber auf dasselbe Objekt bezieht, aber zugleich eine sachliche Beziehung zur *Dimension* dieses Index hat. Daher hat er zu Recht eine spezielle Betrachtung verdient.

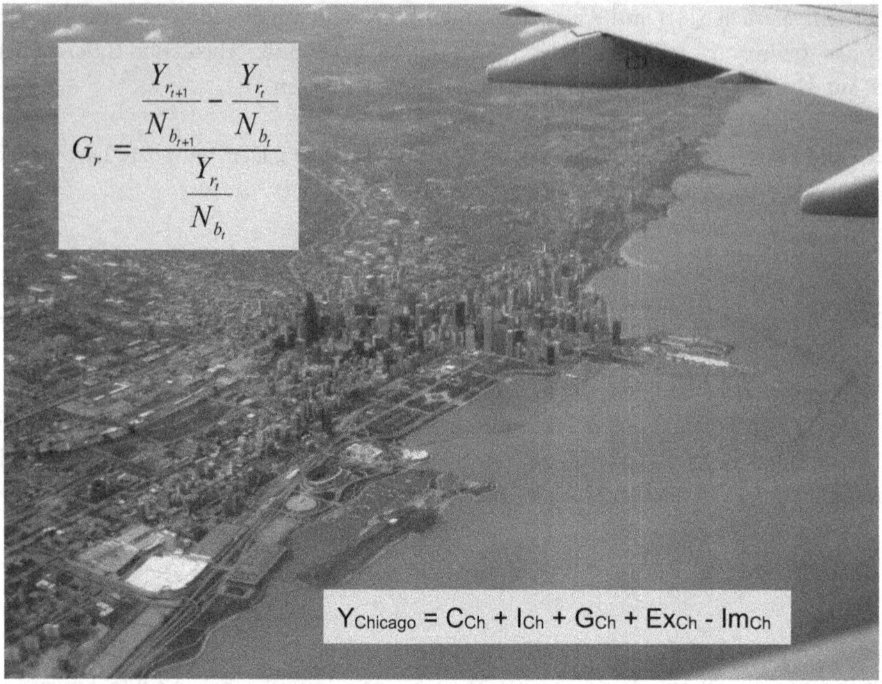

Sie denken ganz konkret: Wirtschaftswachstum von z. B. Chicago: Welches Realeinkommen hatte Chicago im Jahr $t + 1$? Wie viele Einwohner in diesem Jahr? Das gleiche für unser Bezugsjahr t.

Dass $Y = Y_{\text{Chicago}} = C_{\text{Ch}} + I_{\text{Ch}} + G_{\text{Ch}} + Ex_{\text{Ch}} - Im_{\text{Ch}}$ gilt, war wohl klar.

3.5 Klammern

Der Gebrauch runder Klammern, genauer eines Paares einander zugewendeter runder Klammern, mit genau der Bedeutung wie heute, begann sich im frühen 18. Jahrhundert zu verbreiten. Dieser Notation ging eine Entwicklung von etwa 150 Jahren voraus. Um etwa 1550 findet sich (bei Rafael Bombelli, 1526–1572) folgender Ausdruck:

$$\mathrm{R}^3[\underline{2\tilde{m}[\underline{0\tilde{m}.121}]}]$$

Dieser Ausdruck findet sich so allerdings nur im Manuskript, drucktechnisch wurden andere Zeichen verwendet. Der Ausdruck ist kein besonders schwieriger, aber in vielerlei Hinsicht interessant. Wir machen diesen kleinen Ausflug nicht in die Geschichte der Mathematik, sondern in die Geschichte der mathematischen Notation aus einem bestimmten Grund. Die „moderne" mathematische Notation sowie damit zusammenhängend die moderne Formel sind geistesgeschichtliche Errungenschaften, die über viele Generationen hinweg entwickelt, erprobt, verändert wurden. Meist waren mathematische Fragestellungen der Anlass, die bestehende Notation zu verändern. Mit jeder Notation sind verschiedene sachliche, lesetechnische, zeichen- und informationstheoretische, wahrnehmungspsychologische sowie schreib- bzw. drucktechnische Fragestellungen verbunden. Oft treten Anforderungen an die Notation auf, die in der einen oder anderen Dimension widersprüchlich sind. Wenn Sie im Laufe Ihres Studiums oder bei der Lektüre verschiedener Texte auf unterschiedliche Notationsweisen für dieselbe Sache stoßen, so ärgern Sie sich nicht. Das ist leicht gesagt, zuerst stört's ja immer. Sondern nutzen Sie ihr Verständnis für Formeln nun zu einem Vergleich der Notation und schauen Sie, was die eine Notation besser kann als die andere. Das kann von unterschiedlich leichter Lesbarkeit, Druckbarkeit, Betonung bestimmter Zusammenhänge, sachliche außermathematische Spezifizierungen bis zum Einsparen von Indizes gehen. Stellen Sie sich vor allem die Frage: Welchem Zweck dient eine bestimmte Notation?

Vor allem im Zusammenhang mit der Untersuchung und Verwendung von Wurzeln tauchte ein Problem auf: Das Wurzelzeichen $\surd$, wie wir es heute noch kennen, wurde entwickelt im 15. Jahrhundert. Also vor knapp sechshundert Jahren. Gelegentlich wurde es auch als Buchstabe „r" wie radix (lateinisch für „Wurzel") oder auch nur als . geschrieben. Bei all diesen Schreibungen ergibt sich aber ein Problem. Besteht der Wurzelausdruck aus mehr als einem Term, also etwa einer Summe $a + b$, oder das berühmte $a^2 + b^2$, so zeigt ein einfaches Operatorzeichen wie . oder $\surd$ seine Schwäche: Lineares Lesen führt immer dazu, dass sich ein Operatorzeichen zuerst und fast ausschließlich nur auf das unmittelbar nächste einfache Element bezieht. Es galt also, eine Notation zu entwickeln, die es gestattet, mehrere Elemente, Ausdrücke, Objekte zu einer Einheit zusammenzufassen. Die eine Hauptmethode bestand in der *durchgängigen Markierung des ganzen Bereichs*, der eine Einheit darstellen sollte, die andere in der Markierung des Anfangs- und des Endpunkts, der *Markierung der Grenzen dieses Bereichs.*

Für die Bereichsmarkierung dienten bald durchgehende Striche, oben oder unten.

Also etwa

$$\surd\underline{a^2 + b^2} \quad \text{oder} \quad \surd\overline{a^2 + b^2}.$$

Die Striche oben oder unten führen aber bald zu drucktechnischen Problemen, unser Beispiel oben findet sich, vermutlich aber aus anderen Gründen, nur in der Handschrift. Auf jeden Fall führt ein Zeichen außerhalb der Leselinie zu einer Führung des Auges und speziellen Anforderungen an den Drucksatz außerhalb der Hauptlinie. Wenn damit aber keine eigenständige Bedeutung verbunden ist, wie etwa bei Brüchen und Potenzen, so ist diese Zeichenführung nicht optimal.

Diese Linie hat sich so nur in Verbindung mit dem Wurzelzeichen erhalten, sodass wir Wurzelzeichen und Bereichsstrich nurmehr als eine Einheit kennen. Wo immer ein solcher Bereichsstrich (meist oben) heute noch vorkommt, hat er neben der zusammenfassenden meist noch eine Zusatzbedeutung. Etwa eine Negation oder ähnliches.

$$\mathrm{R}^3[\underline{2\widetilde{\mathrm{m}}[\underline{0\widetilde{\mathrm{m}}.121}]}]$$

ist auch deswegen interessant, weil hier beide Methoden, nämlich Markierung des Bereichs und Markierung der Grenzen zugleich eingesetzt werden. Diese Notiz im Manuskript ist also redundant. Ebenso der Ausdruck m̃. Denn m̃ steht für „minus“, andere Autoren begnügen sich mit m oder ~. Auch für den Begriff der Wurzel werden unterschiedliche Zeichen verwendet. Die Kubikwurzel ist, sie erraten es, R^3, wogegen die Quadratwurzel mit dem . markiert wird, der vermutlich die Wurzel des $\sqrt{}$-Zeichens darstellt, aus dem das uns vertraute Zeichen tatsächlich förmlich herausgewachsen sein dürfte. Hier steht also

$$\sqrt[3]{2-\sqrt{-121}}.$$

Ein paar andere interessante weitere Details können Sie beim Vergleich beider Formen studieren. Tun Sie es, es bringt Ihnen tatsächlich was für das bessere Verständnis gegenwärtiger Notationsprobleme.

Leibniz, dessen Integralzeichen $\int$ mit der *rechtsseitigen Begrenzung* dx Sie ja kennen, war Verfechter der konsequenten Klammerschreibweise. Der Inhalt des Integrals (der „Integrand“) wird durch $\int$ und dx auch eingeklammert. Den Ausdruck

$$\sqrt[m]{aa+bb}$$

wollte er wie folgt geschrieben wissen:

$$(aa+bb)^{1:m}.$$

Wieder sehen Sie interessante Unterschiede. Wenn Sie sich nur ein klein wenig und ganz elementar mit reinen Notationsfragen beschäftigen, vertiefen Sie automatisch auch Ihr rein mathematisches Verständnis.

In dem Zeichen $\sqrt{}$ sehen wir also eigentlich *zwei*, den Operator $\sqrt{}$ und die „Klammer“ als $\overline{}$. Dieses Zusammenspiel von Operator und Klammer wird uns noch beschäftigen.

Funktionen von Klammern

Der Gebrauch von Klammern hat sich weiterentwickelt. Dabei sind für das Lesen und Schreiben vor allem drei Aspekte wichtig.

1. Klammern als Strukturzeichen ermöglichen die Darstellung auch sehr stark strukturierter Sachverhalte.
2. Redundante Klammern schaffen Eindeutigkeit beim Lesen.
3. Klammern ermöglichen die Darstellung jeder Formel als Fließtext, also die Linearisierung einer Formel.

Ein kleines Beispiel für redundante Klammern: In unserer Ungleichung aus dem „="-Abschnitt

$$(\bar{x}_1 - \bar{x}_2) - z\hat{\sigma}_D \le \mu_1 - \mu_2 \le (\bar{x}_1 - \bar{x}_2) + z\hat{\sigma}_D$$

sind die Klammern mathematisch völlig überflüssig, sie schaffen aber sachliche Klarheit. Denn dass die Ausdrücke in der Klammer eine Einheit bilden, ist nur sachlich begründet. Nicht mathematisch und auch nicht aus der Formel ersichtlich.

Klammern sind Strukturzeichen geworden. Formeln mit komplexen Strukturen bzw. mathematische Sachverhalte mit hauptsächlich struktureller Information kommen ohne Klammern nicht mehr aus. Wenn Sie eine Formel mit Klammern, vielen oder verschachtelten Klammern vor sich haben, betrachten Sie zuerst einmal nur die Strukturen, die durch diese Klammern wiedergegeben werden. Wie? Wir verwenden die Technik, die wir bei den Indizes schon kennengelernt haben. Wir ignorieren zuerst einmal den Inhalt der Klammern. Hier gleich ein Extrembeispiel.

$$\frac{1}{\sqrt{2\pi[ab/(a+b)]}} \int_{-\infty}^{\infty} \left\{ \exp\left[-(x-c_2)^2 \left(\frac{a+b}{2ab}\right)\right] \right.$$
$$\left. \times \left[-\frac{1}{2}\log_2 2\pi \left(\frac{ab}{a+b}\right)\right] - (x-c_2)^2 \left[\left(\frac{a+b}{2ab}\right)\right] \log_2 e \right\} dx$$
$$-\frac{1}{\sqrt{2\pi a}} \int_{-\infty}^{\infty} \left[\exp\left(-\frac{x^2}{2a}\right)\right] \left(-\frac{1}{2}\log_2 2\pi a - \frac{x^2}{2a}\log_2 e\right) dx = \frac{1}{2}\log_2\left(\frac{a+b}{b}\right).$$

Ja, das ist eine Formel. Eine einzige.

Die Grundform erkennen Sie mittlerweile nach bewährtem Muster relativ leicht:

$$\frac{1}{\sqrt{2\pi[ab/(a+b)]}} \int_{-\infty}^{\infty} \{\text{Ausdruck}\}\, dx \ldots - \ldots \frac{1}{\sqrt{2\pi a}} \int_{-\infty}^{\infty} [\text{Ausdruck}]\, dx \ldots = \ldots \frac{1}{2}\log_2\left(\frac{a+b}{b}\right).$$

Oder noch prinzipieller:

$$\int - \int = \log_2(\,).$$

Wenn wir nun daran gehen, z. B. das erste Integral zu studieren, so ignorieren wir den *Inhalt* der Klammern und lesen strukturell:

$$\int e^{(\ldots(x-c)\ldots)} \cdot (\ldots) - (\ldots(x-c)\ldots)\, dx.$$

Dass bei dieser Formel offensichtlich etwas ausgerechnet wird: links zwei Ausdrücke, rechts einer, links die Differenz zweier Integrale, rechts ein einfacher Logarithmus. Das alles ist leicht ersichtlich, wenn wir die überreichen Details der Klammern eben einfach mal eingeklammert lassen.

Wir sehen, dass der Integrand eine Differenz darstellt. Die Variable x, nach der integriert wird, kommt naheliegender Weise im Minuenden *und* im Subtrahenden vor. Im Minuenden finden wir das x in der Exponentialfunktion, die – siehe die zweite Hauptklammer im Integral – mit einem ganz einfachen Wert multipliziert wird. Denn die zweite Klammer ist – mit Blick auf x – leer!

Auf diese Art ermöglichen Klammern gerade durch Ignorieren ihres genauen Inhalts einen guten und raschen Überblick über kompliziert oder schwierig erscheinende Formeln.

Das zweite Integral ist mit $\int e^{(\ldots x \ldots)} \cdot (\ldots - \ldots x \ldots)\, dx$ ein wenig anders gebaut, aber weicht nicht allzu sehr von der Struktur des ersten ab. Für ein erstes Strukturverständnis der Formel reicht uns diese Information.

Distributivgesetz, Assoziativgesetz und Kommutativgesetz

Eine der wichtigsten elementaren mathematischen Strukturen ist die Verknüpfung von Summe und Produkt. Betrachten wir einen möglichen Zusammenhang der drei Größen a, b, c einmal als Summe, einmal als Produkt.

$ac + bc$, also eine Summe bestehend aus Produkten und $(a + b) \cdot c$ ein Produkt bestehend aus einer Summe und einer Zahl.

Sie kennen die Formulierung dieses Distributivgesetzes als Gleichung: $a \cdot c + b \cdot c = (a + b) \cdot c$.

Die implizite Klammersetzung durch die Regel Punkt-Rechnung vor Strich-Rechnung erspart die Klammer im ersten Ausdruck.

Im Bedarfsfalle dürfen wir aber redundant

$$(a \cdot c) + (b \cdot c) = (a + b) \cdot c$$

formulieren. Diese Struktur ist eine der wichtigsten überhaupt, die für das Verständnis von Formeln wichtig ist. Denn vor allem im Zusammenhang mit Umformungen werden Klammern immer wieder verwendet, weil z. B. das Distributivgesetz angewendet werden soll.

Das Assoziativgesetz ist jenes, das besagt, das in seinem Wirkungsbereich Klammern überflüssig sind:

$$(a + b) + c = a + (b + c) = a + b + c$$

Und daher auch $\ldots = b + c + a = c + a + b$ usw.

Kein Protest? „Und daher auch" stimmt eben nicht. Nicht notwendig. Ob ich die Objekte in Bezug auf eine bestimmte Operation vertauschen kann, sagt mir das jeweilige Vertauschungsgesetz, das so genannte Kommutativgesetz. Bei Summe und Produkt gilt für *Zahlen* bekanntlich:

$$a + b = b + a$$

beziehungsweise

$$a \cdot b = b \cdot a$$

Bei der Differenz gilt aber schon:

$$a - b = -(b - a).$$

Wenn Sie schreiben $a - b = -b + a$ so haben Sie eine Sinnverschiebung vorgenommen, die rechentechnisch ohne Bedeutung ist. Aber in der Sache gelegentlich einen großen Unterschied macht. Beachten Sie, dass im ersten Fall auch rechts eine Differenz steht, im zweiten Fall jedoch eine Summe. Die Vertauschbarkeit (Kommutativität) beim Produkt $a \cdot b$ ist bei Vektoren und Matrizen schon nicht mehr so einfach.

Diese sehr kleinräumigen Klammerbeispiele sind extrem wichtig. Aus zwei Gründen. Zum einen, weil Sie die Struktur von Distributivgesetz, Assoziativgesetz und Kommutativgesetz unbedingt beherrschen sollten. Sie sind für die Formelmechanik, für die Möglichkeiten von Umformungen und daher auch für Beweise von grundlegender Bedeutung. Zum anderen lernen Sie hier am besten den Umgang mit Klammern. Was bedeutet eine Klammer? Eine Klammer hat fast immer auch einen gleichwertigen Ausdruck ohne Klammer oder mit anders gesetzter Klammer. Und Sie lernen an diesen drei elementaren Gesetzen am besten den Unterschied verstehen: Was heißt es, innerhalb der Klammer zu stehen, was heißt es, außerhalb der Klammer zu stehen und wie können diese beiden Welten miteinander verknüpft sein?

Im folgenden Beispiel wird Gebrauch von allen drei Grundgesetzen gemacht, beobachten Sie aber zuerst einmal nur die Veränderung der Klammersetzung. Strukturieren, Umgruppieren, Zusammenfassen von neuen Einheiten, dadurch wieder Anwendungsmöglichkeit eines anderen Gesetzes. Es finden hier richtiggehend verschiedene Züge statt, wie beim Schachspiel. Nehmen Sie diese Folge von Umwandlungen als ein Bild und zwar als einziges, großes Gesamtbild wahr, den Blick zuerst nur auf den Weg der Klammern gerichtet.

$$\begin{aligned} Ay &= A(\alpha x^1 + (1-\alpha)x^2) \\ &= A(\alpha x^1) + A((1-\alpha)x^2) \\ &= \alpha A x^1 + (1-\alpha)Ax^2, \end{aligned}$$

da wir aus dem Text zu diesem Beispiel erfahren haben, dass $Ax^1 = Ax^2 = b$ gilt, folgt als Schlusspointe:

$$= \alpha b + (1-\alpha)b = b.$$

Also:

$$\begin{aligned} Ay &= A(\alpha x^1 + (1-\alpha)x^2) \\ &= A(\alpha x^1) + A((1-\alpha)x^2) \\ &= \alpha A x^1 + (1-\alpha)Ax^2 \\ &= \alpha b + (1-\alpha)b = b. \end{aligned}$$

Zur Übung schreiben wir diese letzte Zeile ausführlich, mit Klammern:

$$
\begin{aligned}
&= \alpha b + (1-\alpha)b \\
&= b\alpha + b(1-\alpha) \\
&= b(\alpha + (1-\alpha)) \\
&= b(\alpha + 1 - \alpha) \\
&= b(1) \\
&= b.
\end{aligned}
$$

Die Fähigkeit, den Inhalt von Klammern gezielt zu ignorieren und die souveräne Handhabung dieser drei Grundgesetze stellen die Basis für das Entziffern von klammerreichen Formeln dar.

Die Dynamik dieses Geschehens wurde in einem kleinen Film festgehalten. Blicken Sie einfach auf den rechten Seitenrand und starten Sie das Daumenkino. Viel Vergnügen bei „Die Klammer – Der Film"

Klammern und Operatoren: Linearisierung

Jede Schreibweise hat ihre Stärken und ihre Schwächen. Die Stärken des Bildes liegen darin, dass es gerade nicht linear „gelesen" werden soll und kann. Was aber, wenn ich eine lineare Darstellung brauche? Wozu? Immer dann, wenn Zeichen nur einzeln und nacheinander aufgenommen beziehungsweise verarbeitet werden sollen, benötigen wir in eindeutiger Weise geordnete Zeichenfolgen. Dann benötigen wir lineare Zeichenfolgen.

Die folgende Überlegung soll wieder Ihr grundlegendes Verständnis für Formeln als Sprachelemente unterstützen; falls Sie es eilig haben, überspringen Sie diesen Abschnitt ruhig. Aber erst, nachdem Sie die nächsten 15 Zeilen gelesen haben.

Bevor wir uns an die Linearisierung einer Formel machen, erinnern wir uns an eine weitere Funktion von Klammern. Sie treten nämlich gerne gemeinsam mit einem Operator und einem oder mehreren Argumenten auf.

Am bekanntesten ist wohl die allgemeine Darstellung einer Funktion, geschrieben als $f(x)$. „f" ist ein Operator, also ein sehr aktives Subjekt, dass mit den „Argumenten" in der Klammer etwas macht. Was das genau ist, verraten uns manche Operatoren sofort, manche bleiben ziemlich allgemein. Diese Schreibweise

$$\text{Operator}\,(\text{Argumente})$$

ist schon mal rein linear. Und da wir uns gerade erinnert haben, dass nicht alle Argumente immer vertauschbar („kommutativ") sind, legen wir noch fest, dass auch die Reihenfolge in der Klammer eindeutig zu erfolgen hat.

Wir können jetzt jede der uns bekannten Grundoperationen auch so schreiben:

$$\begin{aligned} a+b &\rightarrow +(a,b), \\ a/b &\rightarrow /(a,b), \\ a-b &\rightarrow -(a,b), \\ a\times b &\rightarrow \times(a,b), \\ \sqrt{a} &\rightarrow \sqrt{}(a). \end{aligned}$$

Das scheint zuerst nicht viel zu verändern, außer dass ein paar Zeichen umgruppiert werden und Klammern dazu kommen. In dieser einfachen, nicht weiter verschachtelten Form ist das auch nicht sehr aufregend. Aber die speziellen Möglichkeiten zeigen sich bei komplizierteren Strukturen.

Gehen wir zuerst wieder rein sprachlich vor. Die uns bereits bekannte Formel

$$y = \frac{y^*}{1 + \left(\frac{y^*}{y_0} - 1\right)e^{-rt}}$$

kann man natürlich aufschlüsseln. Jede Formel, ich betone, wirklich jede wird von einer Grundoperation oder einer Funktion beherrscht. Wie viele Gliederungen und Untergliederungen in diverse Gruppen auch vorhanden sein mögen. Und das gleiche gilt auch für jede Gruppe und Untergruppe.

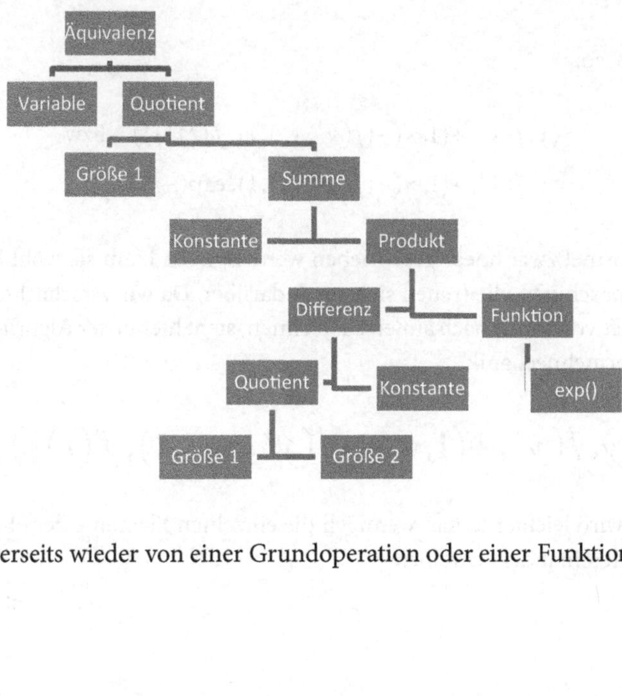

Diese wird ihrerseits wieder von einer Grundoperation oder einer Funktion regiert.

Auf diese Art machen wir uns die Grundoperationen wieder bewusst, etwas konkreter kennen wir die Hierarchie unserer Formel schon:

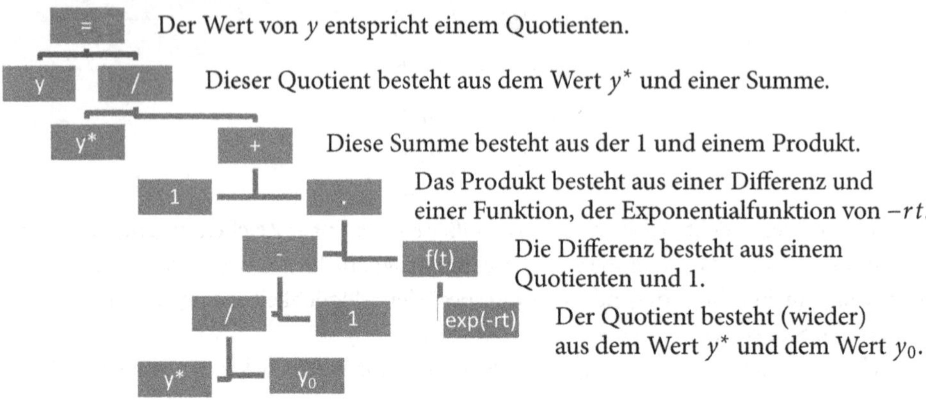

- Da wir hier die Formel vollständig beschrieben haben, mit Worten allein, haben wir gezeigt, dass diese Formel linear dargestellt werden kann.

Auf diese Art und Weise kann man jede Formel beschreiben und also auch jede Formel linear darstellen. Damit ist ebenso gezeigt, dass Formel Sprache ist. Die Inhalte sind mathematische Beziehungen zwischen verschiedenen Akteuren. Wenn ich das Ganze linear beschreiben kann, so kann ich es auch mit den gewohnten mathematischen Zeichen linear hinschreiben.

Nämlich z. B. so:

$$=(y, /(y^*, +(1, \times(-(/(y^*, y_0), 1), f(t))))) \quad \text{bzw.}$$
$$=(y, /(y^*, +(1, \times(-(/(y^*, y_0), 1), \exp(-rt))))).$$

So kann jede Formel zwar linear geschrieben werden, lesen kann sie wohl kaum jemand. Außer Rechenmaschinen, die freuen sich sogar darüber. Da wir verschachtelte Klammerausdrücke immer von innen nach außen ausrechnen, steht hier unser Algorithmus aus dem Abschn. 3.3 „Formelmechanik“.

$$=(y, /(y^*, +(1, \times(-(/(y^*, y_0), 1), f(t)))))$$

Diese Struktur wird leichter lesbar, wenn ich die einzelnen Elemente der obigen Beschreibung jeweils untereinander schreibe:

1. Y ist ein Quotient, der sich aus einem konkreten Wert y^* und einer Summe zusammensetzt. Es geht natürlich nur beim Operator weiter:	$Y = /$, also $/ = /(y^*, +)$
2. Die Summe hat als Summanden die 1 und ein Produkt.	$+ = +(1, \times)$
3. Das Produkt besteht aus einer Differenz und einem Funktionswert.	$\times = \times(-, f)$
4. Die Differenz ist die zwischen einem Quotienten und der 1.	$- = -(/, 1)$
5. Der Quotient ist der zwischen den Werten y^* und y_0.	$/ = /(y^*, y_0)$

Setzen wir jetzt von unten nach oben ein, so ergeben sich:

5. $/ = /(y^*, y_0)$
4. $- = -(\,/(y^*, y_0)\,, 1)$
3. $\times = \times(\,-(/(y^*, y_0), 1)\,, f)$
2. $+ = +(1,\, \times(-(/(y^*, y_0), 1), f)\,)$
1. $/ = /(y^*,\, +(1, \times(-(/(y^*, y_0), 1), f(-rt)))\,)$

Ich erinnere an das im Abschnitt „Klammern" Gesagte: Man sollte immer nur genau eine Klammer betrachten, und den verschachtelten Inhalt gleichsam als eine einzige Größe behandeln. Also statt $/(y^*, +(1, \times(-(/(y^*, y_0), 1), \exp(-rt))))$ lesen wir einfach

$$/(y^*, +(1, \times(-(/(y^*, y_0), 1), \exp(-rt)))).$$

Diese Art der Darstellung zeigt den Unterschied zwischen Operator und Argument besonders deutlich. Man kann sogar als Regel behaupten: **Zu jeder Klammer gibt es einen Operator.**

Das Funktionszeichen ist ein allgemeiner Operator, mithin ist der Begriff der Funktion für Sie vielleicht um eine Facette reicher geworden. Denn sofern wir die Grundrechenarten ebenso geschrieben haben, nur mit mindestens zwei Argumenten in der Klammer, ahnen Sie vielleicht, was Mathematiker damit so alles anstellen können. Aber damit spazierten wir in das Gebiet der Algebra, und kämen von unserem Wege ab.

Umgekehrt heißt das: Jeder Ausdruck einer Formel kann auch als Operator mit Klammer geschrieben werden. Die Beziehung zur Formelhierarchie ist ganz einfach: Jeder Verzweigungspunkt ist ein Operator, die unmittelbar untergeordneten Elemente sind die Argumente dieses Operators. Dabei machen wir allerdings von der Mehrdeutigkeit positiven Gebrauch: Das Zeichen + kann sowohl den Operator „Addieren" als auch sein Ergebnis, die Summe bedeuten.

$/(1, +(a, b))$ heißt sprachlich natürlich nicht: Dividiere 1 durch Addieren … Sondern: Dividiere 1 durch die Summe aus a und b.

Beispiele

Mathematik

Um – weil es so wichtig ist – den Unterschied im Distributivgesetz deutlich zu machen, hier die beiden unterschiedlichen Formelhierarchien:

$$(a+b)\times c \qquad = \qquad a\times c+b\times c$$

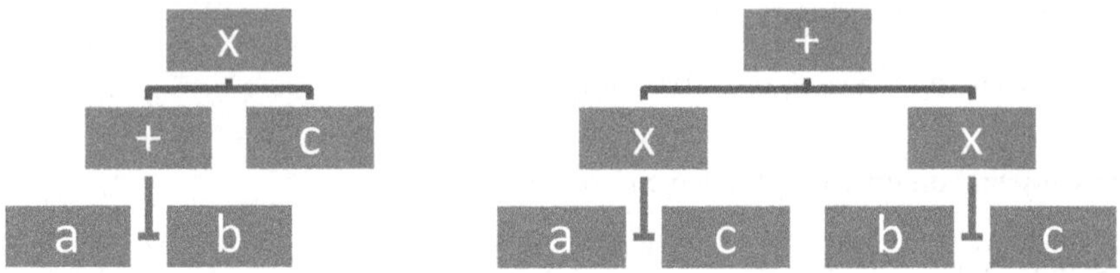

Einmal ist die regierende Operation die Multiplikation, einmal die Addition. Das *sind* unterschiedliche Ausdrücke.

In der Beziehung $(a+b)\times c = a\times c+b\times c$ findet ein Operatortausch statt. Das bisher regierende Produkt wird durch eine Summe ersetzt:

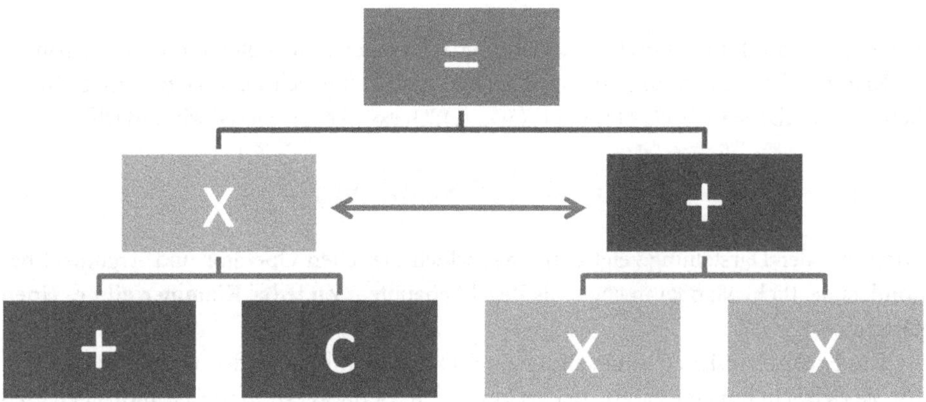

Das bietet vor allem für die „Weiterverarbeitung" eines Ausdrucks ganz andere Möglichkeiten. Das Produktgerüst der Formel wird in ein Summengerüst umgewandelt bzw. umgekehrt.

3.6 Umformungen

Umformungen haben mich immer fasziniert. Umformungen sind es, worin Formeln ihre ganz eigene Stärke entfalten, wo sie allein aufgrund ihrer Form wirken, sich wandeln. Wo sie das, was eigentlich schon da steht, in gewandelter Form neu zeigen, sodass wir plötzlich Neues sehen, andere Zusammenhänge sehen und dieselben Zusammenhänge anders.

- **Umformungen sind – wie eine ihrer wichtigsten Untergruppen, die Beweise – eine Folge von Formeln, die in bestimmter Weise auseinander hervorgehen.**

Wo diese Folge von Formeln beginnt und wo sie endet, das legt der Anwender fest. Der Autor eines Beweises, der Nutzer, der aus einer gegebenen Formel eine bestimmte Größe ausrechnen möchte, die aber noch nicht dort steht, wo sie in einer Berechnungsformel „hingehört". Auch der Zweck einer Umformung kann je unterschiedlich sein. Ganz im Sinn unseres Verständnisdreiecks. Wir haben eine Formel gegeben, die uns einen bestimmten Sachverhalt zeigt.

Uns interessiert aber ein anderer Aspekt. Wir wollen wissen, wie die Gravitationskonstante zu verstehen ist, oder welche Bedeutung das y_0 in unserer Wachstumsformel eigentlich hat. Wir formen daher aus sachlichen Gründen um. Die Wachstumsformel betrachten wir sachlich mithilfe von Umformungen in den Beispielen im Analyseteil.

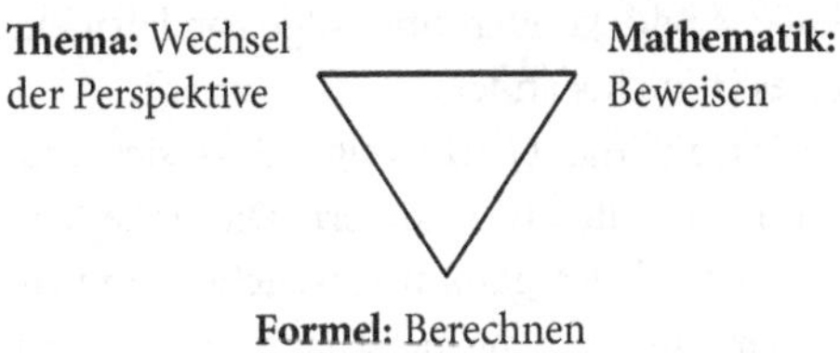

Oder wir wollen bestimmte Werte berechnen. Die Wachstumsrate r lässt sich beim besten Willen aus der Wachstumsformel, so wie sie uns gegeben ist, nicht berechnen, auch wenn wir y, y^* und y_0 kennen. Also formen wir um.

Des Mathematikers liebste Verwendung von Umformungen ist der mathematische Beweis.

Umformungen haben daher immer 1. eine Ausgangsformel und 2. ein Umformungsziel. Ich muss eine ungefähre Vorstellung haben, was ich erreichen möchte und wie die Zielformel ungefähr aussehen soll. Wenn wir darüber Klarheit haben, dann können wir auch die Anwendung der wichtigsten Umformungsmethoden, der *Werkzeuge* in einem ganz technischen Sinne verstehen.

Denn – und darauf kommt es mir sehr an – Umformungen sind die genial gedankenlose Nutzung der reinen Formelmechanik. Deshalb kann man Umformungen aller Art auch genau so üben. Rein mechanisch, immer wieder, bis man darin virtuos geworden ist. Ob man diese Virtuosität je braucht, ist eine andere Sache. In diesem Buch kümmern wir uns „nur" um die elementaren Umformungen, die aber wohl mehr als 95% der Anwendungsfälle ausmachen.

Im Folgenden werden wir uns zwei sehr unterschiedliche Umformungsbeispiele ausführlich ansehen. Dabei wird uns fast alles, was wir bisher gelernt haben, wieder begegnen. Im ersten Beispiel sind wir Leser einer Umformung. Sie ist uns als Ganze gegeben und wir versuchen herauszulesen, was da geschieht. Ich habe eine Formel gewählt, von der wir nichts wissen. Gar nichts, nur das, was da steht. Im zweiten Beispiel wollen wir ganz gezielt die Wachstumsrate r ermitteln.

In beiden Fällen benötigen wir das Verständnis folgender Begriffe und Methoden:

1. Das Kommutativgesetz,
2. das Assoziativgesetz,
3. das Distributivgesetz,
4. den Begriff des Inversen,
5. des Neutralen,
6. der Erweiterung,
7. des Kürzens,
8. der Einsetzung,
9. des Vernachlässigens.

Beispiel 1: Eine Umformung lesen

Wir beginnen mit einem Blick auf das Ganze. Auf das Bild. Ja, auch eine Folge von Formeln ist ein Bild. Ein Bild. Es gilt also alles wie bisher, es ist nichts anders.

$$\begin{aligned}\rho_g &= \frac{p_L}{R_L T} + \frac{p_W}{R_W T}\\ &= \frac{1}{RT}(p_L M_L + p_W M_W)\\ &= \frac{M_L}{RT}\left(p_L + \frac{M_W}{M_L}p_W\right)\\ &= \frac{M_L}{RT}\left(p - \varphi p_S + \frac{M_W}{M_L}\varphi p_S\right)\\ &= \frac{pM_L}{RT}\left(1 - \left(1 - \frac{M_W}{M_L}\right)\varphi\frac{p_S}{p}\right)\\ &= \rho_L\left(1 - \left(1 - \frac{M_W}{M_L}\right)\varphi\frac{p_S}{p}\right)\\ &\approx \rho_L\left(1 - 0{,}378\varphi\frac{p_S}{p}\right)\end{aligned}$$

Der Blick auf das Ganze zeigt, dass sich nur auf der rechten Seite etwas ändert. Die linke Seite bleibt während des ganzen Geschehens unverändert. Rechts finden wir zuerst eine Summe mit zwei Summanden, dann bis zum Schluss eine Produkt. Die Summe, die als Teil des Produkts natürlich eingeklammert ist, besteht zuerst ebenfalls aus zwei Summanden. die Zahl der Summanden schwankt im Verlauf, wobei in der Klammer das optische Gewicht zuerst ausgewogen ist, sich aber erkennbar immer mehr in den rechten Summanden verlagert. Im Gegenzug dazu die Entwicklung vor der Klammer: Der Faktor vor der Klammer wird Schritt für Schritt um Größen angereichert – und verschwindet dann in seiner bisherigen Form ganz plötzlich.

Geben Sie sich zuerst ganz diesen bildhaften Eindrücken hin. Sehen Sie die Bewegung, die Entwicklungen, die abrupten Änderungen, die Konstanten der Bewegung, die Dynamik. Durchlaufen Sie das Bild von oben nach unten. Einmal nur „vor der Klammer", dann in der Klammer. Wie wir bereits wissen, dauert das alles nur wenige Sekunden. Jetzt sind wir bereit für Details.

$$\begin{aligned}\rho_g &= \frac{p_L}{R_L T} + \frac{p_W}{R_W T}\\ &= \frac{1}{RT}(p_L M_L + p_W M_W)\end{aligned}$$

Es beginnt gleich mit einem doppelten Paukenschlag: Zwei Einsetzungen und die Anwendung des Distributivgesetzes. Die Anwendung des Distributivgesetzes liegt nahe. Ignorieren wir zuerst einmal die Indizes (!), so zeigen beide Summanden $1/R$. Dieses wird mutig herausgehoben. Da uns die offensichtlich spezifizierenden Indizes von einem Unterschied von R_L und R_W erzählen, bekommt jedes p innerhalb der Klammer einen neuen Koeffizienten M, entsprechend indiziert. Damit erkennen wir mit dieser Einsetzung einen Sachzusammenhang von R und M_L und M_W

$$= \frac{1}{RT}(p_L M_L + p_W M_W)$$
$$= \frac{M_L}{RT}\left(p_L + \frac{M_W}{M_L} p_W\right)$$

Wir sehen wieder distributive Aktivität. Ähnlich wie im ersten Fall und doch mit einem entscheidenden Unterschied. Es macht wenig Sinn, wieder M ohne Index herauszuheben und durch eine andere indizierte Größe zu ersetzen. Also heben wir M_L heraus, obwohl es nur im ersten Summanden vorkommt. Da „Herausheben" im Kern nur ein neutrales Umformen ist, so ergänzen wir den zweiten Faktor mit dem Inversen zu M_L, also mit $1/M_L$. Dass dabei p_W und M_W ganz kommutativ die Plätze getauscht haben, bemerken wir auch noch so ganz nebenbei.

$$= \frac{M_L}{RT}\left(p_L + \frac{M_W}{M_L} p_W\right)$$
$$= \frac{M_L}{RT}\left(p - \varphi p_S + \frac{M_W}{M_L} \varphi p_S\right)$$

Nach diesen zwei distributiven Aufwärmrunden überrascht uns das Geschehen jetzt kaum noch. Dennoch lernen wir eine neue Variante kennen. Die Größen p_L und p_W zeigen jetzt einen Zusammenhang. Es gibt offensichtlich eine Gesamtgröße p (nicht indiziert) und eine Größe p_S. Mit dem Faktor ϕ ergibt p_S offensichtlich p_W, ebenso gilt offensichtlich: $p_L = p - \phi p_S$. So erhalten wir allerdings einen dritten Summanden.

$$= \frac{M_L}{RT}\left(p - \varphi p_S + \frac{M_W}{M_L} \varphi p_S\right)$$
$$= \frac{pM_L}{RT}\left(1 - \left(1 - \frac{M_W}{M_L}\right) \varphi \frac{p_S}{p}\right)$$

Die Vorbereitungsphase ist vorbei. Keine Einsetzungen mehr, keine Spielereien mit Index L hier, Index S da. Dafür aber gleich zweimalige Anwendung des Distributivgesetzes. Beachten Sie, dass zuerst innerhalb der Klammer ϕp_S aus den beiden letzten Summanden herausgehoben wird. Jetzt wird ihnen der „taktische" Zweck der kommutativen Vertauschung drei Zeilen weiter oben klar. Die zweite Distribution befördert p vor die Klammer und – in schon vertrauter Weise – dort, wo es vorher gar nicht war, in den Divisor.

$$= \frac{pM_L}{RT}\left(1 - \left(1 - \frac{M_W}{M_L}\right) \varphi \frac{p_S}{p}\right)$$
$$= \rho_L\left(1 - \left(1 - \frac{M_W}{M_L}\right) \varphi \frac{p_S}{p}\right)$$
$$\approx \rho_L\left(1 - 0{,}378\varphi \frac{p_S}{p}\right)$$

Auf dem Bruchstrich vor der Klammer wird's langsam eng. Zum Glück weiß der Autor von einer Einsetzungsmöglichkeit. Der ganze Ausdruck $\frac{pM_L}{RT}$ war offensichtlich eines der Ziele der Umformung. Denn links vom =, lang lang ist's her, lasen wir: ρ, wie jetzt auch rechts. Die indizierten Unterschiede interessieren sachlich. Ebenso, dass M_W/M_L offensichtlich durch einen konstanten Zahlenwert dargestellt werden können. Damit ist auch diese erste mysteriöse Einsetzung der $M_{W,L}$ für R geklärt.

Und was ist eigentlich geschehen? Eine Beziehungsformel, die einen Sachverhalt darstellt, wurde in eine Berechnungsformel umgewandelt. Und aus der zuerst wie zufälligen formalen Ansammlung von Größen vor der Klammer wurde eine eigenständige neue Größe, die mit der Größe auf der linken Seite korrespondiert.

$$Ay = A\left(\alpha x^1\right) + A\left(\left(1 - \alpha\right) x^2\right)$$

Wenn Sie in Ihrem Gebiet auf eine Umformung stoßen, lesen Sie sie zuerst ganz formelhaft. Ignorieren Sie all ihre Sachkenntnis, damit Sie das Formelgeschehen besser überblicken. Das wird auch für Ihr Sachverständnis von Nutzen sein.

Beispiel 2: Wir berechnen ... die Größe *r*

In Beispiel 1 haben wir uns nur auf einer Seite aufgehalten. Die linke Seite haben wir gar nicht angetastet. Das bedeutet, dass alle Umformungen auf der rechten Seite allein stattfanden. Dass alle Umformungen *neutral sein mussten*. Jetzt sieht die Sache anders aus. Völlig anders. Wir wollen „r" berechnen, wir wollen eine Formel der Form

$$r = \dots$$

herstellen. Wir wollen also eine Größe, die in der Formelhierarchie unserer Wachstumsformel ziemlich weit unten ist, ganz nach oben bringen. Genau das wird unsere Methode sein. Wir heben „r" Stufe für Stufe in der Hierarchie nach oben. Jeder Schritt ist entweder ein Schritt „nach oben" oder er bereitet einen solchen vor.

Die Ausgangslage für unser r könnte kaum ungünstiger sein. Teil eines Produkts, versteckt in einem Exponenten, Teil eines Produkts, welches selbst Teil einer Summe ist, die ihrerseits im Nenner eines Quotienten steht. So richtig schön „eingebaut".

$$y = \frac{y^*}{1 + \left(\frac{y^*}{y_0} - 1\right)e^{-rt}}$$

Der erste Schritt ans Licht: Wir betrachten die Formel nur gemäß ihrem Produktgerüst. Für uns steht da nur $y = y^*/\text{Ausdruck}$. Mehr nicht. Da dieser Ausdruck unser Objekt des Begehrens enthält, befördern wir ihn „nach oben". Wir multiplizieren *beide Seiten* der *Gleichung* mit diesem Ausdruck. Wir erweitern also beide Seiten mit der zu $1/\text{Ausdruck}$ inversen Größe.

$$y \cdot \left[1 + \left(\frac{y^*}{y_0} - 1\right) e^{-rt}\right] = \frac{y^* \cdot \left[1 + \left(\frac{y^*}{y_0} - 1\right)e^{-rt}\right]}{1 + \left(\frac{y^*}{y_0} - 1\right)e^{-rt}}$$

Mit dieser *beidseitigen* Erweiterung um die *inverse* Größe entsteht auf *einer* Seite ein kürzbarer Ausdruck. Der kürzbare Ausdruck verwandelt sich in ein neutrales Element, nämlich 1. Da wir hier von Produkten und Quotienten handeln, entsteht die 1. Ich weiß, dass das trivial ist und dass Sie das wissen, aber gelegentlich schadet eine so überdeutliche Darstellung nicht.

Da uns das y auf der linken Seite nur stört, bringen wir es auf die gleiche Weise auf die rechte Seite. Da wir hier nur innerhalb eines Produktgerüsts umformen, ist das so einfach, das man von der Ausgangsformel ausgehend gleich mit

$$1 + \left(\frac{y^*}{y_0} - 1\right) e^{-rt} = \frac{y^*}{y}$$

weitermacht. Wir haben wieder eine Mischung von Summen und Produkten, jetzt aber auf gleicher Hierarchieebene. Links ist der regierende Operator die Summe, rechts der Quotient. Summengerüst hier, Produktgerüst da. Was nun?

Jetzt zeigt sich, welchen Wert diese Unterscheidung zwischen Produktgerüst und Summengerüst hat. Wir betrachten nun dieselbe Formel, einmal mit dem Produktblick, einmal mit dem Summenblick.

Mit dem Produktgerüst sehen wir folgende Struktur:

$$\text{Ausdruck} = \frac{\text{Ausdruck}}{\text{Ausdruck}} \quad \rightarrow \quad 1+\left(\frac{y^*}{y_0}-1\right)\mathrm{e}^{-rt} = \frac{y^*}{y}$$

Mit dem Summengerüst sehen wir für dieselbe Formel:

$$\text{Ausdruck} + \text{Ausdruck} = \text{Ausdruck} \quad \rightarrow \quad 1 + \left(\frac{y^*}{y_0}-1\right)\mathrm{e}^{-rt} = \frac{y^*}{y}$$

Das Produktgerüst **muss die gesamte linke Seite als einen einzigen Faktor auffassen**, so *wie das Summengerüst den Quotienten auf der rechten Seite gar nicht erfassen kann*, sondern dort den gesamten Ausdruck als einen nur als einen einfachen Summanden sehen muss. Wenn sich die regierenden Operatoren beider Seiten der Gleichung derart unterscheiden, *so muss man entscheiden, welches der beiden Gerüste für das weitere Vorgehen verwendet werden soll.*

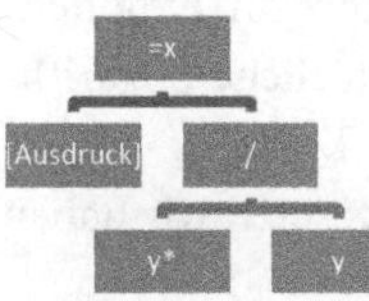

Wir sehen hier zweimal dieselbe Formel. Dieselbe! Aber aus einer je unterschiedlichen Perspektive.

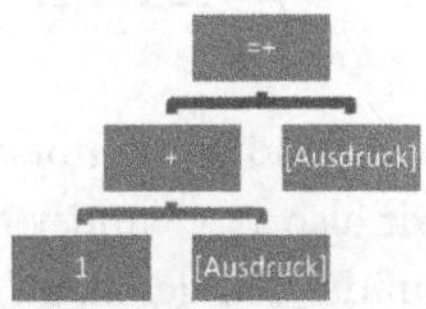

Da sich mein r in einem der beiden Summanden links befindet, möchte ich diesen zerlegen. Das ist optisch gut erkennbar nur dann möglich, wenn ich die Formel gemäß ihrem Summengerüst auffasse.

$$1+\left(\frac{y^*}{y_0}-1\right)\mathrm{e}^{-rt} = \frac{y^*}{y}$$

$$\left(\frac{y^*}{y_0}-1\right)\mathrm{e}^{-rt} = \frac{y^*}{y}-1$$

$$\left(\frac{y^*}{y_0}-1\right)\mathrm{e}^{-rt} = \left(\frac{y^*}{y}-1\right)$$

$$\mathrm{e}^{-rt} = \frac{\left(\frac{y^*}{y}-1\right)}{\left(\frac{y^*}{y_0}-1\right)}$$

Also erweitere ich mit der neutralen −1, und erhalte damit links schon einen sehr übersichtlichen Ausdruck. Allerdings schon wieder links ein Produkt, rechts eine Summe. Die ich aber sofort umdeute, und mithilfe der Klammern klar ersichtlich als Einheit auffasse.

Damit ist die weitere Herauslösung unseres r aus diesem Produkt vorbereitet und wird mit der einfachen Division beider Seiten um $\left(\frac{y^*}{y_0}-1\right)$ vollzogen. Mit $\mathrm{e}^{-rt} = \ldots$ haben wir schon Einiges erreicht. Beachten Sie aber vor allem die große Ähnlichkeit von Zähler und Nenner im Quotienten auf der rechten Seite. Das ist von sachlich großem Interesse.

$Ay = \alpha A x^1 + (1-\alpha) A x^2$

$$e^{-rt} = \frac{\left(\frac{y^*}{y} - 1\right)}{\left(\frac{y^*}{y_0} - 1\right)}$$

$$e^{rt} = \frac{\left(\frac{y^*-y_0}{y_0}\right)}{\left(\frac{y^*-y}{y}\right)}$$

$$e^{rt} = \frac{(y^* - y_0)y}{(y^* - y)y_0}$$

Das Minuszeichen muss uns nicht stören, ich finde aber vielleicht die positive Variante angenehmer. Also stellen wir alles auf den Kopf und haben

$$e^{rt} = \frac{\left(\frac{y^*}{y_0} - 1\right)}{\left(\frac{y^*}{y} - 1\right)}.$$

Innerhalb der Klammer regiert eine Differenz, außerhalb ein Quotient. Daher formen wir innerhalb der Klammer um, damit wir außerhalb damit besser weiterarbeiten können. Denn dann haben wir einen schönen Doppelbruch, den wir klassisch auflösen. Sie erinnern sich: Da geht vielleicht etwas Information verloren, aber für das Umformen ist das völlig irrelevant. Je übersichtlicher, umso besser.

$$e^{rt} = \frac{(y^* - y_0)y}{(y^* - y)y_0}$$

$$\ln(e^{rt}) = \ln\left[\frac{(y^* - y_0)y}{(y^* - y)y_0}\right]$$

$$rt = \ln\left[\frac{(y^* - y_0)y}{(y^* - y)y_0}\right]$$

$$r = \frac{\ln[(y^* - y_0)y] - \ln[(y^* - y)y_0]}{t}$$

Mit unseren elementaren Fähigkeiten sind wir jetzt am Ende. Das Prinzip aber bleibt auch im fortgeschrittenen Bereich gleich. Um an unser r heranzukommen, benötigen wir eine zur Exponentialfunktion inverse Funktion. Wir erweitern invers beide Seiten, kürzen auf der einen und sollten wieder näher an r herangekommen sein.

Die inverse Operation zur Exponentialoperation ist der natürliche Logarithmus. Und wir können weiter umformen, und erhalten schließlich unser Ergebnis. Sollten wir also y, y^* und y kennen, so können wir jetzt r ausrechnen. Vorausgesetzt, wir haben auf die Uhr geschaut.

Für das Sachverständnis steckt in einigen dieser Umformungsschritte Einiges an Information. Das wird in den Beispielen im letzten Kapitel dieses Buches näher ausgeführt. Die Formel hat auf dem Umformungsweg viele Gestalten angenommen, ihre Hierarchie hat sich ständig verändert.

Die Formelmechanik hat all ihre Stärken ausgespielt und Sie haben gelernt, dass Sie für das Umformen nur das Formelgerüst beachten müssen, also *allein die jeweils oberste Hierarchieebene im Auge behalten müssen.*

▸ Denn Sie wollen beim Umformen nichts verstehen, sondern Sie wollen etwas bewirken.

Literatur

Es liegt nahe, bei der Formelhierarchie an Organigramme (Darstellungen der Struktur von Organisationen) denken. Aus der Organisationslehre ist jene direkte Beziehung, die die formale Hierarchie ignoriert als „Fayolsche Brücke" bekannt. Ich erinnere an die Besonderheit der Struktur von Differentialgleichungen.

Dennoch gründet das strukturelle Verständnis von Formeln in ganz anderen Strukturen. Nicht Organisationswissenschaft, sondern Sprachtheorie benötigen wir auch hier, nämlich

1. Fanselow, G., Felix, S.: Sprachtheorie 2. Die Rektions- und Bindungstheorie. Franke Verlag, Tübingen Basel (1993)

Die faszinierend verschachtelte Formel aus dem Abschnitt über Klammern stammt vom Begründer der modernen Kybernetik, und zwar aus

2. Wiener, N.: Kybernetik. Rowohlt, Hamburg (1968)

Und viel Interessantes zur Geschichte der mathematischen Notation finden Sie in

3. Cajori, F.: A History of Mathematical Notations. Dover Publications, New York (1993)

$$Ay = \alpha b + (1 - \alpha) b = b.$$

Abschnitt: Wie analysiere ich eine Formel? 4

4.1 Formelanalyse

Das Wichtigste bei jeder Analyse sind Sie, Ihre innere Einstellung und Ihre Konzentration. Das, was Sie analysieren wollen, muss Ihre ganze Aufmerksamkeit haben. Wir haben für diesen Zweck schon des Öfteren die Freistellung in Kombination mit der Übergroßschreibung benutzt.

Vergleichen – *erleben* – Sie den Unterschied zwischen $1/\sqrt{2\pi\sigma} \cdot \int_{-\infty}^{+\infty} \mathrm{e}^{-1/2((x-\mu)/\sigma)^2}\,\mathrm{d}x$ als Teil des normalen Fließtextes (= nicht freigestellt) und in normaler Größe zu:

$$\frac{1}{\sqrt{2\pi\sigma}} \int_{-\infty}^{+\infty} \mathrm{e}^{-\frac{1}{2}\left(\frac{x-\mu}{\sigma}\right)^2}$$

Jetzt hat diese Formel wirklich Ihre Aufmerksamkeit, jetzt habe ich

Ihre Aufmerksamkeit.

$Ay = \alpha b + (1-\alpha)\,b$

Was ich hier durch die Textgestaltung erreiche, übernehmen Sie bei der Analyse – bei jeder Analyse und jeder Art von Analyse – in Zukunft selbst. Sie stellen den Gegenstand der Analyse, *ihrer* Analyse, ganz in den Mittelpunkt und steuern Ihre Aufmerksamkeit in ganz gezielter Weise. Sie aktivieren dann alles, was Sie über diesen Gegenstand wissen, vergegenwärtigen sich noch einmal was „Thema“ ist. Dann sind Sie bereit.

Aufmerksamkeit und Fokussierung sind eines, die technische Ausführung einer Analyse die andere wichtige Zutat. Ich halte folgende Hinweise bewusst kurz, denn die Sache ist überhaupt nicht kompliziert und auch nicht schwierig.

R. Höfer, *Das Formelleselernbuch*, DOI 10.1007/978-3-658-01608-1_4,

1. Hinweis: Analysieren heißt wortwörtlich „auflösen“. Wir lösen also den Untersuchungsgegenstand auf, in seine verschiedenen Bestandteile, untersuchen diese und ihre Eigenschaften jeweils für sich. Dann untersuchen wir deren Beziehungen zu und Wechselwirkungen mit den anderen Bestandteilen. Man spricht zwar immer nur von Analyse, aber zu einer echten Analyse gehört immer auch die Synthese. Das Aufgelöste beziehungsweise Zerlegte wird wieder zusammengesetzt. Wir beziehen jeden Bestandteil wieder auf das Ganze und betrachten nunmehr *im Ganzen* das vollständige Zusammenspiel aller seiner Teile.

2. Hinweis: Mit den „Bestandteilen“ erreichen wir die Ebene der Details. Der Blick auf die Details ist äußerst wichtig, denn für einen guten Blick auf die Details müssen Sie ganz, ganz nahe ran. Diese Nähe zu einigen ausgewählten Details schafft Nähe, Vertrautheit mit diesem Detail mit all seinen Beziehungen zu vielen anderen Details. Denn jedes Detail ist vor allem durch seine Beziehungen wichtig.

3. Hinweis: Das intime Kennenlernen *eines* Details bedeutet zugleich, dass Sie dadurch das Ganze aus der individuellen Perspektive dieses Details kennenlernen. Die Detailanalyse macht Ihnen schon ohne weiteres Zutun das Ganze vertraut. Ein Beispiel finden Sie ganz am Ende des Buches, wenn wir das σ aus obiger Formel unter die Lupe nehmen.

4. Hinweis: Erst jetzt wird es fachspezifisch. Wir wenden unser Repertoire an Begriffen und Methoden auf den Gegenstand an. Dabei ist die Formulierung in Frageform hilfreich. Als Beispiel gleich der Gegenstand „Formel“ und welche Begriffe wir darauf anwenden:

Statt die Begriffe „Formelthema“, „Bild“, „Akteure“, „Grundoperationen“, „Formelhierarchie“ einfach nur zu nennen, fragen wir:

- „Was ist das Formelthema?“ „Ist es klar und eindeutig?“ „In welchem Gesamtzusammenhang steht es?“
- „Wie ist das Formelbild gegliedert?“ „In welche größeren Blöcke lässt es sich aufteilen?“ „Gibt es verschiedene Möglichkeiten der Bildstrukturierung?“
- „Wer sind die Akteure?“ „Woher kennen wir sie schon?“ „Wie spielen sie zusammen?“
- „Wie sieht das Zusammenspiel der Akteure aus“ – das ist bereits die Frage: „Welche Grundoperationen sind wichtig“, „Zwischen welchen Akteuren sind funktionale Zusammenhänge erkennbar?“
- „Wie tief ist die Formelhierarchie gegliedert?“

Analysieren heißt eigentlich, Fragen stellen. Und wo Sie zwar Begriffe und Definitionen nennen, aber keine Frage formulieren können, dort haben Sie den Begriff noch nicht wirklich verstanden. Das bemerken Sie aber erst bei der Analyse, wo Sie die Begriffe jetzt *an-*

wenden sollen, und allzu leicht meint man dann, dass „Analyse" etwas Schwieriges ist. Die schlechte Nachricht lautet eigentlich „Ich beherrsche diesen Begriff nicht", der Überbringer der Nachricht ist die zu analysierende Formel, und schon wird wieder die Formel als Schuldige angesehen.

Unser Repertoire an Begriffen zur Analyse einer Formel:

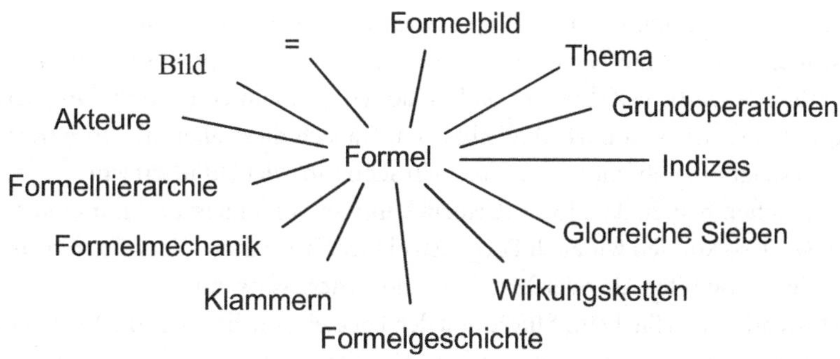

4.2 Formelrepertoire

Wir haben uns jetzt ein ganz beachtliches Fundament geschaffen. Wir haben uns ein Basisrepertoire erarbeitet, das aus den Grundoperationen +, −, ·, / besteht, ergänzt um $\sqrt{}$, dabei ist = auch nicht zu übersehen.

Das sieht vielleicht gar nicht nach so viel aus. Wenn man aber genauer hinschaut, sieht man, was für einen Schatz wir da haben.

Zuerst möchte ich Ihren Blick auf den Begriff „Repertoire" selbst lenken. Ein Repertoire ist eine Menge von Elementen einer Sache, die ich beherrsche, die ich wirklich „drauf habe". Wo ich nicht nachschauen muss, wo ich mich nicht erst einarbeiten muss. Mein Repertoire bestimmt, wo und wie gut ich mich völlig frei in diesem Gebiet bewegen kann.

In einer Sprache bestimmen mein Wortschatz und mein Repertoire an grammatischen Formen, wie frei und worüber ich sprechen kann. Der Wortschatz bestimmt das „Worüber", die Grammatik bestimmt meine sprachliche Beweglichkeit. Einzelne auswendiggelernte Sätze in bestimmten Standardsituationen nachplappern ist wie eine auswendig gelernte Formel anwenden. Das eine hat nichts mit Sprechen, das andere nichts mit Formelverständnis zu tun.

In einer Kampfkunst bestimmt mein Grad der wirklichen körperlichen Beherrschung der Grundelemente und von daraus abgeleiteten Bewegungskombinationen, welche Situationen ich wirklich, d. h. *spontan und intuitiv* bewältigen kann.

Ihr Repertoire an chemischen Experimenten, Kenntnissen über diverse chemische Elemente bestimmt, was Sie im Labor wirklich produktiv anstellen können und in völlig gleicher Weise: Ihre Kenntnis mathematischer Objekte und das Beherrschen entsprechender

Operationen bestimmt, worüber Sie sinnvoll mathematisch reden können und wie frei Sie sich dabei bewegen können.

Ihr Repertoire, das ist das, was Sie wirklich immer geistig bei sich tragen, was Sie jederzeit aktivieren können. Das Argument „man muss nur wissen, wo man nachschauen muss“ gilt sicher nicht für die Basis. Ganz sicher nicht. Ein Repertoire ist immer „überschaubar“ und bietet dem, der es beherrscht dennoch gleichsam unüberschaubar viele Möglichkeiten. Betrachten wir unser Repertoire daher jetzt etwas genauer:

Das scheinbar so kleine Grundrepertoire der vier Grundoperationen führt auf eine schon ziemlich beachtliche Zahl von Kombinationen. Kombinieren wir drei Elemente miteinander, so haben wir schon 64 Möglichkeiten, Da sich diese aber um ein = oder > usw. verteilen, so steigt die Zahl möglicher Formeln schon ins viel Hundertfache.

Da wir gesehen haben, dass jeder Ausdruck immer von einem und nur einem Operator regiert wird, so können wir auch Formelstrukturen verstehen, die auf untergeordneten Ebenen Objekte wie Integrale oder Matrizen und andere verwenden.

Mir ist wichtig, dass Sie beim Studium jeder Formel ganz bewusst Ihr Verständnis der Grundoperationen aktivieren; denn mit dem Verständnis für „Formel“ soll auch Ihr Beherrschen, richtiges Beherrschen, der Grundoperationen wachsen.

Denn wenn sie dann $\sum^{\infty}$, $\int$, sin, cos e^x, und andere kennenlernen und vielleicht sogar verstehen, so werden Sie feststellen, dass es auch und ganz wesentlich an Ihrem Basisrepertoire liegt, wie weit Sie da kommen. Kenne und beherrsche ich die Objekte und Operatoren der Summe, des Produkts, der Differenz, des Quotienten? Ergänzen wir das um eine *ungefähre* Vorstellung, was eine Funktion, was eine Ableitung, was ein Integral ist, so werden wir kaum mehr Formeln finden, vor denen wir *prinzipiell* kapitulieren müssen.

Aus diesem Grundrepertoire von Objekten und Operatoren gehen immer wieder mathematische Ausdrücke hervor, die dann selbst als eigenständiges Objekt betrachtet werden. Reihen z. B. oder eben das Integral $\int$. Sind diese erst als Objekte eingeführt, so macht unser Repertoire einen Sprung, einen großen Sprung. Denn obwohl aus den Grundobjekten Summe, Produkt, Quotient, Differenz hervorgegangen, zeigen diese Objekte neue Eigenschaften, die mathematisch erforscht und auf weitere mathematische Verwendbarkeit hin untersucht werden.

Da gesellen sich dann eben Funktion, Reihe, Ableitung und Integral zu unserem erweiterten Repertoire. Stellen wir nun also Formeln aus vier Elementen zusammen, die aus diesen 9 Objekten ($+, -, \cdot, /, \surd, f, f', \int, \sum$) gewählt werden, also etwa so $x = \sum + \alpha \cdot \int$, so haben wir $9 \times 9 \times 9 \times 9$ = ziemlich sehr viele Möglichkeiten. Die Sie *alle* schon *lesen* können. Dabei haben wir noch nicht einmal genauer hingeschaut, was in diesen $\sum$ drinnen steht, wie viel verschiedene Arten von $\int$ntegralen es gibt.

Wenn Sie beim Lesen von Formeln in Zukunft die Grundstruktur auch aus dieser Sicht betrachten, so werden Sie immer wieder typische Kombinationen treffen. Also typische Zusammenstellungen der Grundkombinationen. Diese *typischen Kombinationen* sind oft auch charakteristisch für bestimmte Fachgebiete. Typische Formeln der Statistik sehen anders aus als solche der Physik, der Volkswirtschaftslehre, technischer Anwendungen oder in der Chemie.

Ihr Repertoire, vor allem das für Ihr Gebiet sinnvoll *erweiterte Repertoire* hilft Ihnen nicht nur beim Lesen von Formeln, sondern vor allem auch beim Lösen von Aufgaben. Sie erkennen dann nämlich auf einen Blick, dass es sich bei

$$h(x) = h(a) + \frac{(x-a)}{1}h'(a) + \frac{(x-a)^2}{1\cdot 2}h''(a) + \frac{(x-a)^3}{1\cdot 2\cdot 3}h'''(a) + \dots$$
$$\dots + \frac{(x-1)^{n-1}}{(n-1)!}h^{(n-1)}(a) + \frac{1}{(n-1)!}\int_a^x h^{(n)}(t)(x-t)^{n-1}\,\mathrm{d}t$$

um eine Struktur der Art

$$h(x) = h(a) + \sum + \int$$

handelt.

Wenn Sie schon „mehr“ wissen, und den prinzipiellen Zusammenhang zwischen dem $\int$ und der $\sum$ bei „solchen“ Reihen kennen, dann steht für Sie da eigentlich schon ein Wort bzw. Satz, denn die einzelnen Buchstaben, hier Symbole für „Funktion“, „Summe“, „Produkt“, „Ableitung“ in ihrer *typischen Kombination* bilden einen Satz. Dieser Satz geht aus Ihrem Grundwortschatz hervor und erweitert diesen.

Übrigens, dieses Wort hier, das „Taylorpolynom um den Entwicklungspunkt a“ (klingt doch wieder beeindruckend) wird bereits in einem einführenden Mathematikbuch für Wirtschaftswissenschaftler gebracht, also keineswegs nur für puristische Mathematiker. Das ist also eine typische *erste Repertoireerweiterung*.

Aus der Sicht eines erweiterten Repertoires sehen Sie nämlich folgende vier getrennte Elemente der Gesamtstruktur:

$h(x)$ = eine Funktion. $h'(a)$, $h''(a)$ usw. die Ableitungen der Funktionen am Punkt a. Höhere Ableitungen werden gerne so geschrieben: $h^{(7)}$ für die siebente Ableitung etwa. Liest sich leichter als h'''''''.

Als Gesamtstruktur finden wir auf der rechten Seite einfach eine Folge sehr ähnlicher Ausdrücke, also $h(x) = a_0 + a_1 + a_2 + \dots + a_n$ bis auf den letzten, der lautet $+\int$.

Was Sie alles schon von Funktionen, Ableitungen und einfachen Reihen wissen, wird jetzt intuitiv aktiviert. Was Sie über Reihen wissen, so ganz allgemein, kombinieren Sie jetzt mit dem, was Sie über Funktionen und Ableitungen wissen.

Und Sie beobachten, dass hier die Reihe aus Funktionswerten, genauer aus der Folge der immer höheren Ableitungen besteht. Das macht einen wesentlichen Zug dieser Folge aus. Zählen wir alle Folgeglieder zusammen, so erhalten wir eine Reihe. Damit die Rechnung stimmt, also die linke Seite mit der rechten übereinstimmt. – Sie haben natürlich immer die Aussage des = präsent. Links steht $h(x)$, und rechts eine ganze Summe von immer höher werdenden Ableitungen derselben Funktion, allerdings bezogen auf x *und* a.

Damit die Sache nicht ins Unendliche entgleitet, finden wir plötzlich ein Integral. Das letzte Glied der Reihe tanzt aus eben selbiger. Es gehört gar nicht zur Reihe, Teil der Formel ist es natürlich schon. Dass das tiefere Geheimnis dieser Reihe in diesem Integral liegt, werden Sie daher rasch vermuten.

Sie haben aber aufgrund des nur wenig erweiterten Repertoires diese Struktur

$$h(x) = h(a) + \frac{(x-a)}{1}h'(a) + \frac{(x-a)^2}{1\cdot 2}h''(a) + \frac{(x-a)^3}{1\cdot 2\cdot 3}h'''(a) + \ldots + \frac{(x-a)^{n-1}}{(n-1)!}h^{(n-1)}(a) + \frac{1}{(n-1)!}\int_a^x h^{(n)}(t)(x-t)^{n-1}\,dt$$

erfasst. Sie sehen, hier werden Funktion, Ableitung, Reihe, Integral kombiniert. Darum geht es hier.

$$h(x) = h(a) + \sum_i (x-a)^i h^{(i)}(a) \ldots + \int .$$

Und sie blicken nur auf die ungefähre Struktur der Details, auf das, was Sie verbindet. Hier a, da x, da der Grad der Ableitung.

Die Basisobjekte und die Eigenschaften der Grundoperationen sind immer in den „komplizierteren" Objekten wirksam. Sehr salopp formuliert. Für das Verständnis von „Funktion" wird unser Verständnis des „=" gefordert, für die Ableitung die typische Kombination aus Quotient und Differenz, die Reihe entsteht aus Summe und Funktion (!), und im Integral integrieren wir alle eben genannten!

Also führen wir unser Verständnis des $\int$ auf die Elementaroperationen zurück:

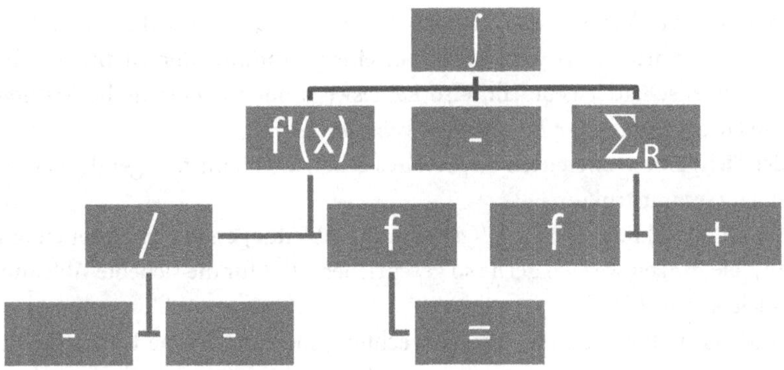

$\sum_R$ soll andeuten, dass es sich bei dieser Summe um eine Reihe handelt!

Sie sehen hier zwei Dinge auf einmal. Erstens, wie höhere Strukturen „auch nur" auf den Grundstrukturen aufbauen. Zweitens, wie mathematische Objekte „geschaffen" werden. Denn dieses Zusammenwirken ergibt so spezielle Wirkungen, dass es sinnvoll ist, diese Struktur aus vielen Elementarbausteinen wie ein einzelnes Objekt zu behandeln. In Zukunft steht statt

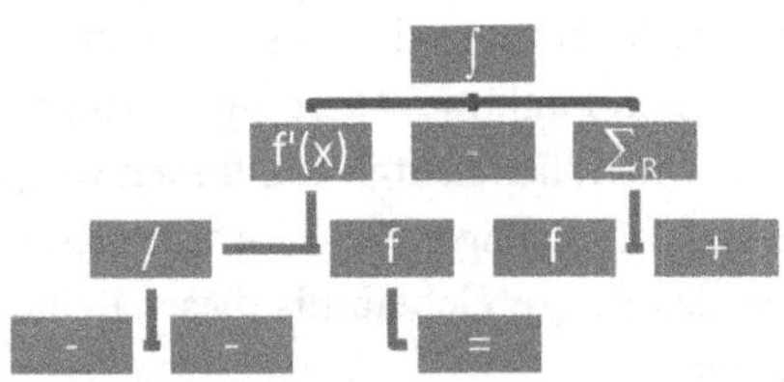

ganz einfach

$$\int$$

Die meisten von Ihnen „kennen" Integrale, haben davon gehört. Zu Ihrem Repertoire gehören Integrale ab dem Moment, wo Sie obige Struktur als eine Einheit wahrnehmen. Und, schon leicht fortgeschritten, den inneren Mechanismus, der sich daraus ergibt, intuitiv präsent haben. Das heißt natürlich nicht, dass Sie jedes Integral beherrschen, aber Sie haben eine gute Vorstellung, was ein Integral überhaupt ist.

Diese Darstellung des Integrals ist keine Formelhierarchie, sondern eine Objekthierarchie. Um „das Integral" unserem Repertoire hinzufügen zu können, benötigen wir also alle Objekte „darunter".

Aber auch diese Struktur selbst, $h(x) = h(a) + \sum + \int$ wird vielleicht bald zu Ihrem Repertoire gehören. Ob diese Sache dann mit Herrn Taylor zu tun hat oder mit den Herrn Euler und McLaurin ist egal. Sie erkennen diese Struktur mit einem Blick *gemäß Ihrem Repertoire* auch bei diesem Beispiel:

$$\frac{h}{2}g(x_0) + \sum_{i=1}^{n-1} g(x_i) + \frac{h}{2}g(x_n)$$
$$= \int_a^b g(x)\,\mathrm{d}x + \sum_{j=2}^{k} \frac{h^j}{j!} B_j(g^{(j-1)}(b) - g^{(j-1)}(a)) + (-1)^{k-1}\frac{h^{k+1}}{k!}\int_0^n \tilde{B}_k(t) g^{(k)}(a + th)\,\mathrm{d}t.$$

Denn hier steht, wiedermal ganz grob: $\sum = \int + \sum + \int$ wobei uns das erste Integral einen konkreten Wert anzeigt. Also steht rechts tatsächlich so etwas Ähnliches wie: $=$ Funktionswert $+ \sum + \int$. Beachten Sie hier bitte ausschließlich, wie das Wissen um eine Form wie $h(x) = h(a) + \sum + \int$ das rasche strukturelle Erkennen einer so scheinbar langen und unübersichtlichen Formel ermöglicht. Wer die Worte einer Sprache kennt, der liest Worte, der entziffert nicht mühsam e.l.e.n.d.s.l.a.n.g.e.b.u.c.h.s.t.a.b.e.n.f.o.l.g.e.n.

Und das ist nur eine aus unseren vielen tausend möglichen Vierer-Kombinationen aus unserem Basisrepertoire von gerade mal 12 Elementen. Das bleibt noch immer deutlich hinter den sinnvollen möglichen Kombinationen unseres Alphabets und damit der Sprache zurück.

Unser Repertoire enthält **Grundbausteine** folgender Art:

Das ist die Struktur, in der wir denken. Die kleinste Formelhierarchie, die es gibt, gleichsam die Molekularstruktur. „Oben" steht immer der regierende Operator, unten stehen entweder zwei weitere Operatoren oder ein Operator und ein Wert. Niemals aber zwei Werte. Denn für unser Strukturverständnis macht

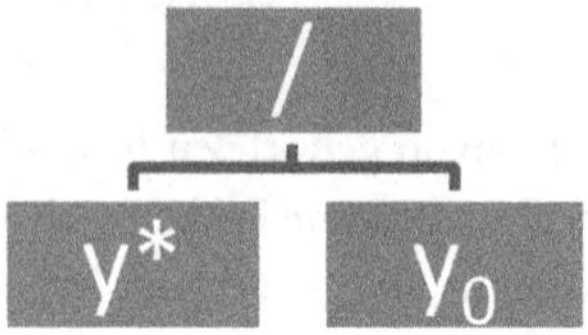

keinen Unterschied zu

Ein paar Beispiele:

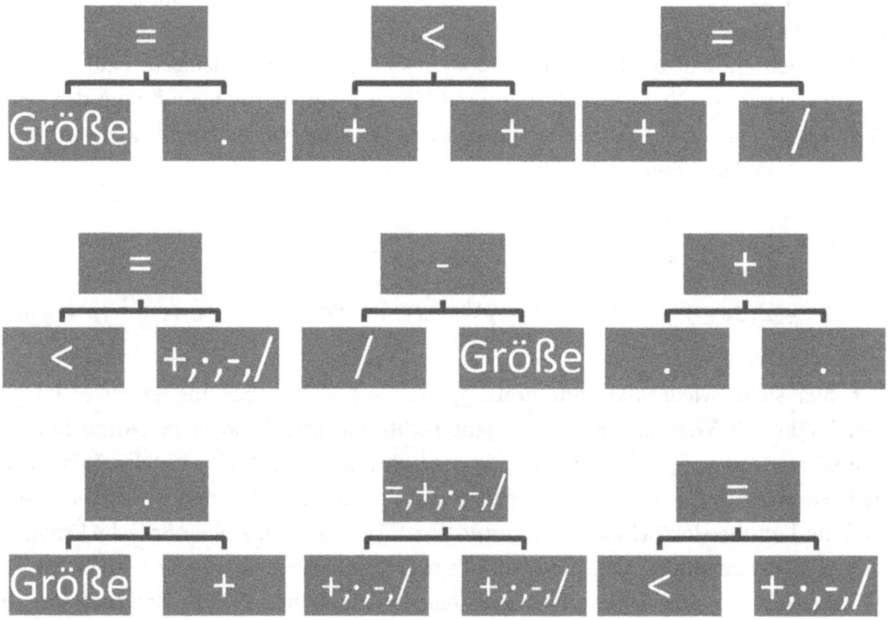

Kombinieren wir aus unserem Basisrepertoire einmal

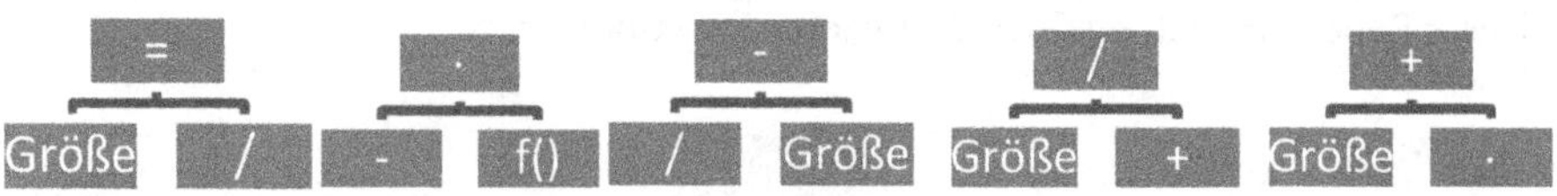

Oder

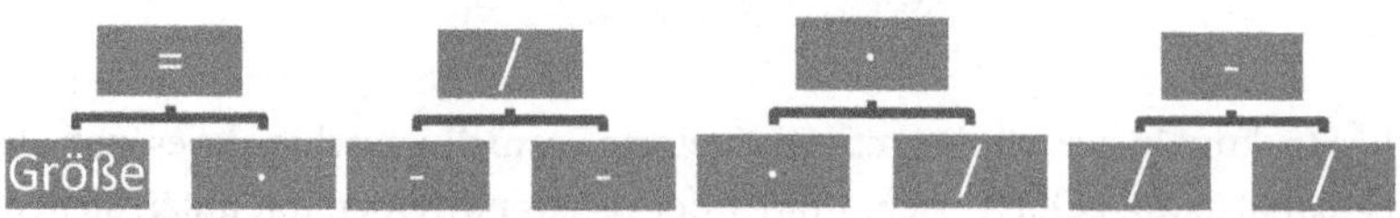

Es ist jetzt wie beim Dominospiel. Jeder regierende Operator kann an die Stelle eines identischen untergeordneten Operators gelegt werden.

Aus der ersten Gruppe von Dominosteinen können wir unsere vertraute Wachstumsformel $y = \frac{y^*}{1+\text{Ausdruck}}$ bilden.

Die ersten beiden Dominosteine legen wir so auf:

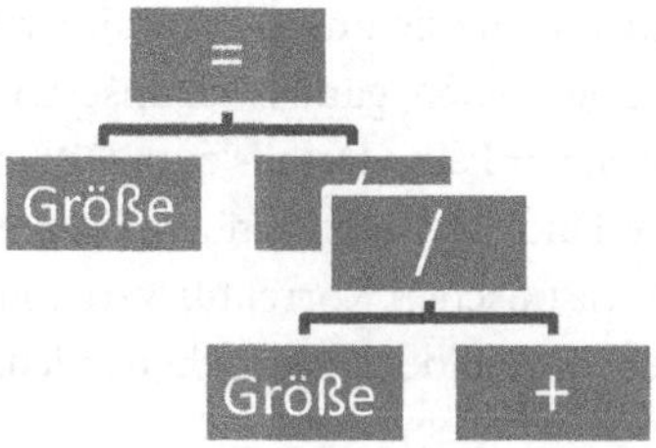

Die zweite Gruppe enthält alle Bausteine für unseren Diffusionskoeffizienten

$$J_{\text{diff}} = F \cdot D \cdot \frac{\mathrm{d}C}{\mathrm{d}x}.$$

Sie werden hier die Struktur

nicht gleich wieder gefunden haben; denn diese Struktur verbirgt sich in der sachlichen Bedeutung von C. Denn dC steht ja nur als reine Differenz dar. Wenn wir über C nichts wissen, endet die Struktur auch hier. Wenn wir aber wissen, dass C eine Konzentration ist, so wissen wir, dass C selbst ein Quotient ist.

Aber auch das D, der Diffusionskoeffizient, der im Produkt nur als eine Größe „D" auftaucht, hat seine Geschichte. Denn „eigentlich" steht das D für

$$D = \frac{R \cdot T}{6\pi \cdot r \cdot \eta}.$$

Dabei bedeuten

$r \rightarrow$ der Radius der diffundierenden Teilchen,

$\eta \rightarrow$ die Viskosität des Lösungsmittels,

$R \rightarrow$ die allgemeine Gaskonstante,

$T \rightarrow$ die absolute Temperatur.

Hier spielt sich also alles auf molekularer Ebene ab. Für den Zweck der Formel $J_{\text{diff}} = \ldots$ genügt es aber völlig, diese Struktur nur durch ihr Ergebnis, eine wie vom Himmel fallende Größe D darzustellen.

4.3 Formelgeschichte

Das geschieht in Formeln recht häufig: Irgendwo steht ein Zeichen, irgendeine Größe, ein mathematisches Objekt, ein $f(x)$, ein df/dx, ein $\int$, ein σ^2, ein Γ oder Ähnliches. Die stehen in der Formel einfach da und wirken so vor sich hin. Und haben ihre eigene Geschichte. Denn erkennbar sind das keine „einfachen Größen“ oder leicht durchschaubare Funktionen. Sie haben alle ihre Geschichte, die sie uns aber in dieser Formel verschweigen.

Dafür kann es drei gute Gründe geben, ganz nach unserem Verständnisdreieck $\bigtriangledown$. Aus sachlichen Gründen etwa führen wir keine Details zum Diffusionskoeffizienten aus. Es genügt völlig zu wissen, dass die Diffusionsrate von der Fläche, und dem Diffusionsgefälle abhängt und von einem „stoffspezifischen Korrekturwert“. Für das biologische Verständnis ist der Diffusionskoeffizient eine bloße Eigenschaft, nicht selbst ein studierenswertes Objekt!

Aus mathematischen Gründen geht man dann nicht in die Details, wenn diese im jeweiligen Zusammenhang ebenfalls uninteressant sind. Die Zahl „e“, die Eulersche Zahl wird meist „nur benutzt“. Dann schreibt man einfach „e“. Warum gerade „e“ ist dem Mathematiker e klar. Wenn aber die spezifischen Eigenschaften von „e“ für diese Analyse hier wichtig sind, dann steht in der Formel eine der möglichen Darstellungen von „e“ gemäß den Grundoperationen und der ersten Repertoireerweiterungen. Also z. B.

$$\lim_{n\to\infty}\left(1+\frac{1}{n}\right)^n \quad \text{oder} \quad \mathrm{e}^x = \sum_{n=0}^{\infty}\frac{x^n}{n!}.$$

In diesen Formeln ist unter Umständen die Begründung enthalten, warum in dieser oder jener Formel jetzt gerade e hoch rt und nicht x hoch rt genommen wird. Aber das ist nicht mehr interessant, und wird in der Formel daher auch nicht mehr ausgeschrieben. „e“ gehört dann schon zum mathematischen Repertoire, oder – wohl sehr häufig – wird vom nichtmathematischen Benutzer zu Recht einfach nur hingenommen.

Einer der wichtigsten Gründe für diese Vorgehensweise ist die formelmäßige Entlastung. Die bekannte und statistisch beliebteste Verteilungsfunktion ist die so genannte Gaußsche Normalverteilung. In dieser Funktion werden für eine Menge z. B. von Messgrößen die einzelnen Messgrößen (x_i), deren Mittelwert (μ) und deren Streuung (σ) um diesen Mittelwert in eine Beziehung gebracht. Freundlicherweise mit den beiden mathematischen Größen e und π. Die Funktion wird üblicherweise so geschrieben:

$$f(x) = \frac{1}{\sqrt{2\pi}\sigma}\mathrm{e}^{-\frac{(x-\mu)^2}{2\sigma^2}}.$$

Und so sieht sie aus:

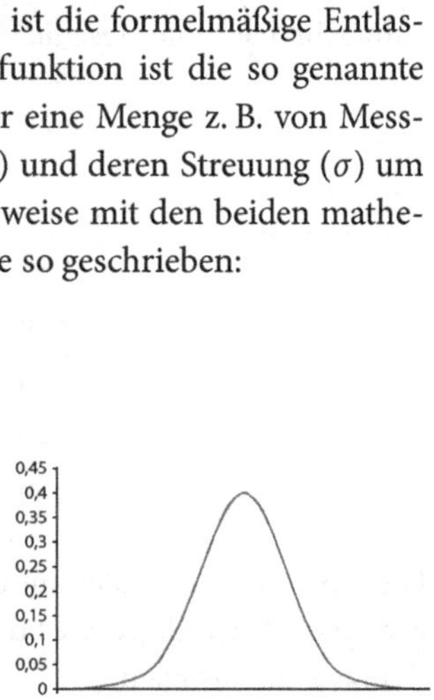

Die Größe μ, der Mittelwert wird bekanntlich als

$$\mu = \frac{1}{N}\sum_{i=1}^{N} x_i$$

berechnet, das Streuungsmaß σ^2 (genannt Varianz) wird berechnet als

$$\sigma^2 = \frac{1}{N}\sum_{i=1}^{N}(x_i - \mu)^2 \quad \text{oder} \quad \sigma^2 = \frac{1}{N}\sum_{i=1}^{N} x_i^2 - \mu^2.$$

Sie sehen, dass schon bei der Berechnung von σ^2 der *Wert für μ als bekannt vorausgesetzt* wird. Setzen wir also mal, so zum Vergnügen, die Formel für den Mittelwert in die zweite Formel ein:

$$\sigma^2 = \frac{1}{N}\sum_{i=1}^{N} x_i^2 - \left(\frac{1}{N}\sum_{i=1}^{N} x_i\right)^2.$$

Sieht schon ganz nett aus. Sie ahnen, was jetzt kommt.

Jetzt gehen wir in die ursprüngliche Formel dieser Funktion und setzen munter ein:

$$f(x) = \frac{1}{\sqrt{2\pi\left(\frac{1}{N}\sum_{i=1}^{N} x_i^2 - \left(\frac{1}{N}\sum_{i=1}^{N} x_i\right)^2\right)}}\mathrm{e}^{-\frac{\left(x-\frac{1}{N}\sum_{i=1}^{N} x_i\right)^2}{2\left(\frac{1}{N}\sum_{i=1}^{N} x_i^2-\left(\frac{1}{N}\sum_{i=1}^{N} x_i\right)^2\right)}}$$

Obwohl die Sache gar nicht so schwierig ist, ist dieses Formelbild furchtbar überladen, und die Zusammenhänge kommen überhaupt nicht heraus. Deshalb ist $f(x) = \frac{1}{\sqrt{2\pi}\sigma}\mathrm{e}^{-\frac{(x-\mu)^2}{2\sigma^2}}$ viel besser. Sie müssen sich nur um die Formelgeschichte, insbesondere die Geschichte von σ^2 und μ kümmern. Dass sich auch für die Formelgeschichte ein entsprechender Stammbaum darstellen lässt, überrascht Sie wohl kaum.

Die Formelgeschichte ist aber nichts anderes als das *Repertoire zum Verständnis dieser Formel.* Ob mathematisch oder sachlich. Je größer Ihr Repertoire ist, sachlich wie mathematisch ist, umso kürzer und einfacher kann man Formeln gestalten, weil Sie die vielstufige Geschichte, die dahinter steht, lesen können. Ihr Repertoire ist groß genug und Sie können auch die Zusammenhänge herstellen! Im Repertoire steckt übrigens das dritte Geheimnis des „man sieht sofort“. Denn man sieht das leicht sofort, was man zuvor schon mal gesehen hat.

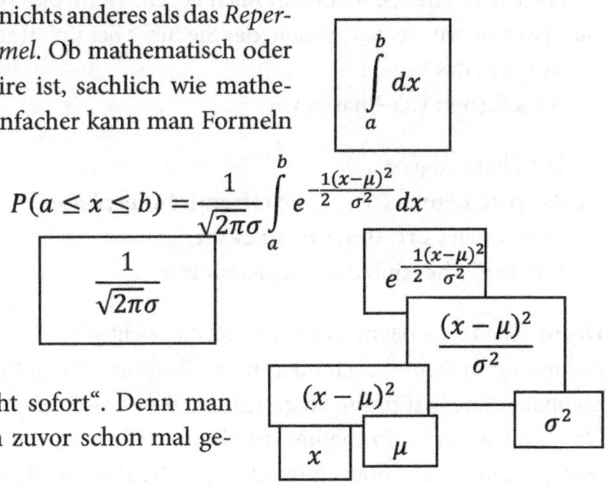

$Ay = b$

Vor allem in der fortgeschrittenen Formelanalyse wird das regelrechte Arbeiten mit der Formelgeschichte wichtig, weshalb ich es hier, wo es um die Grundlagen geht, bei diesen wenigen Andeutungen belassen kann. Wenn ich ein Unterscheidungsmerkmal zwischen einem mathematisch Interessierten und einem auch intensiven mathematischen Nutzer angeben sollte, so ist es die persönliche Einstellung zur Formelgeschichte. Dem Nutzer genügt es zu wissen, was die Formel „kann", der Mathematiker will „die ganze Geschichte".

Literatur

Die „ganze" Geschichte kennen auch jene Spezialisten, die Formeln konstruieren, bauen, zusammenstellen. Deshalb empfehle ich unbedingt die Beschäftigung mit dem Thema „mathematische Modellierung", und sei es auch nur ganz oberflächlich.

Zwei Titel seien genannt, der erste ist mehr wirtschaftlich, der zweite mehr naturwissenschaftlich ausgerichtet:

1. Eck, C., Garcke, H., Knabner, P.: Mathematische Modellierung. Springer, Heidelberg (2008)
2. Luderer, B. (Hrsg.): Die Kunst des Modellierens, Vieweg + Teubner, Wiesbaden (2008)

4.4 Formelanalyse – ein Rezept

Und jetzt geht alles auf einmal sehr schnell. Wir haben eine solide Basis an Verständnis, ein ausreichend großes Grundrepertoire. Jetzt benötigen wir nur noch eine systematische Vorgehensweise, die wir rezeptartig, ohne viel nachdenken zu müssen, anwenden können.

Da bekanntlich viele Wege nach Rom führen, aber auch „Zu den drei Linden", ist die folgende Systematik eine von vielen möglichen. Das Vorgehen in ihr ist gut begründet, aber es kann natürlich auch andere gut begründete Methoden der Formelanalyse geben. Probieren Sie sie aus, nehmen Sie sich daraus, was Ihnen gefällt und Ihnen nützlich ist. Den Rest lassen Sie einfach in diesem Buch liegen. Wenn Sie später wieder Anregung brauchen, Sie wissen ja, wo Sie das Wissen, das Sie nicht bei sich tragen, finden.

Hier also das Rezept.

Wir gehen in vier Phasen vor:

1. Die Phase „**davor**",
2. das erste Kennenlernen, die **Orientierungsphase**,
3. funktionales **Erfassen der Struktur**,
4. systematische, einfache **Formelanalyse**.

Davor Die Phase davor ist manchmal die wichtigste. Keine Formel fällt einfach vom Himmel auf Ihren Schreibtisch oder in Ihr Skriptum. Es gibt immer einen sachlichen Zusammenhang, eine bestimmte Fragestellung, die das Auftauchen dieser Formel hier begründet. Ob sachlich oder rein mathematisch. Sie wissen schon vorher Einiges über die Formel. Meist viel mehr, als Ihnen zumindest vor der Lektüre dieses Buches bewusst war. Die Phase davor heißt also: Bestimmen Sie den sachlichen und mathematischen Zusammenhang, innerhalb dessen diese Formel auftaucht.

Wenn Sie mit einer Formel Schwierigkeiten haben, oder die Formel Sie auf den ersten Blick so unverständig anschaut wie Sie die Formel, gehen Sie von der Formel weg und kehren in diese Phase „Davor" zurück.

So wichtig diese Phase „Davor" ist, wir konzentrieren uns jetzt auf die drei Kernphasen: Orientieren, Erfassen der Struktur, Analysieren.

Orientieren In der Orientierungsphase geht es um nichts Anderes, als sich rein optisch räumlich in einer Formel zurechtzufinden. Sie sollen sich gleichsam geographisch auskennen. Es geht um die Topographie der Formel. Was befindet sich wo, wie sieht die Landschaft insgesamt aus?

1. Dazu lassen wir zuerst das **Bild** auf uns wirken. Als Ganzes, dann aus der Perspektive einzelner Objekte, Akteure, Operatoren. Es ist dabei sehr hilfreich, sich die Formel nochmals per Hand aufzuschreiben.
2. Wir erstellen **Listen**. Listen der *Akteure*, der *Operatoren*, der *Indizes*, falls erforderlich der verschiedenen *Einheiten*. Die wir natürlich in gewohnter Weise auch durchdenken!!
3. Wir erstellen eventuell die **Formelhierarchie**. Falls wir schon bestimmte Elemente der Formelstruktur als besonders interessant erkannt haben, zeichnen wir die Hierarchie dieses Zweiges gesondert. Sie können die Formelhierarchie noch durch ihr Gegenstück, die Lineardarstellung ergänzen. Das ist selten erforderlich.

Mit diesen drei Schritten gewinnen Sie rasch eine *sehr gute Übersicht* über die Formel.

Die Schritte zwei und drei werden Sie bald auch rein im Kopf beherrschen. Sie schreiben Listen und zeichnen Formelhierarchien nur mehr in ausgewählten Fällen, gedanklich sehen Sie diese aber genauso in der Formel wie Sie diese als Bild erfassen.

Erfassen der Formelstruktur Jetzt beginnt die Hauptdenkarbeit.

4. Sie studieren die **Formelhierarchie** stufenweise **von oben** her. Sie erfassen zuerst die regierenden Operatoren auf der obersten Ebene und überlegen die sachlichen und mathematischen Konsequenzen. So arbeiten Sie sich von oben nach unten. Für interessante Gruppen innerhalb der Formel gehen Sie genau gleich vor.
5. Wenig überraschend studieren Sie jetzt die **Formelhierarchie** stufenweise **von unten**. Hier beginnen Sie daher nicht mit regierenden Operatoren oder Objekten, sondern mit Größen. Jetzt wird Ihnen das Zusammenspiel zwischen Struktur und der Liste der Akteure so richtig vor Augen geführt. Sie studieren – von unten – die Wirkungsketten ausgesuchter einzelner Akteure.

Einfache Formelanalyse Die Formelanalyse kennt prinzipiell keine Grenzen. Das Prinzip der Formelanalyse ist aber, ganz allgemein, dass Sie mit der Formel irgendetwas tun, um zu weiteren Erkenntnissen zu kommen. Die „mathematischen" Methoden zur Analyse von Formeln kommen aus der zufällig auch so heißenden Analysis. Funktionale Zusammenhänge festlegen, Umformen, Ableiten und dergleichen. Wir ignorieren in der Basisanalyse alle diese Möglichkeiten. Das ist etwas für die vertiefte Formelanalyse. Wir beschränken uns auf die Formel, die wir hier vor uns haben und auf einfache Methoden des Probierens.

6. **Probieren.** Wir probieren aus, was passiert, wenn wir für einzelne Größen ganz bestimmte Werte einsetzen. Zuallererst setzen wir für die Werte verschiedene „realistische" Größen ein. Dadurch bekommen wir ein Gefühl für die Formel und für den Zusammenhang mit der sachlichen Wirklichkeit. Wir gewinnen eine echte Vorstellung von dem, was sich da strukturell und größenmäßig abspielt. Mit dieser Erfahrung im Rücken, starten wir die eigentliche Analyse. Dabei gibt es zwei wichtige Varianten:
   Wir setzen solche Werte ein, die auf der übergeordneten Ebene ein neutrales oder inverses Element ergeben. Damit neutralisieren wir die Wirkung eines Elements auf der übergeordneten Ebene.
   Oder wir schauen, was passiert, wenn wir bestimmte Extremwerte einsetzen. Beliebt sind zum einen die Werte 0, ∞ und die 1. Aber auch Werte, die sachlich extrem sind. Es ist klar, dass Sie mathematisch auch einen Luftdruck von 100.000 hPa (Hektopascal) in eine meteorologische Formel einsetzen können. Das wird Ihnen für das sachliche Verständnis dessen, was die Formel ausdrücken soll, nicht wirklich weiterhelfen. Deshalb sind Sie hier, beim Probieren auch aufgefordert, nochmals über die sachlich sinnvollen Wertbereiche nachzudenken.
   Eine kurze Anmerkung zum Wert 0. Selbst wenn ein Wert aus sachlichen oder mathematischen Gründen nicht Null werden kann oder es einfach nie wird, so kann man ihn doch oft „vernachlässigen". Das dürfen Sie dann bei der Erklärung der Formel aber nicht „vernachlässigen". Damit kommen wir zum wichtigen Schlusspunkt.
7. Wenn man selbst etwas verstehen will, erklärt man es am besten jemand anderem. Zur Not auch sich selbst. Ein anerkannter Wissenschaftler meinte einmal sinngemäß: Wenn ich etwas nicht verstehe, dann schreibe ich ein Buch darüber. Denn alles, was Sie sprachlich erklären müssen, zeigt Ihnen am besten, was Sie bereits verstehen und was Sie noch nicht verstanden haben. Erklären Sie die Formel **mit Worten**. Solange Sie das nicht können, haben Sie die Formel nicht verstanden. Das *ist* das Kriterium.
8. Es gibt sehr oft Teilaspekte einer Formel, die Sie nicht verstehen. Nicht in voller Tiefe. Dennoch können Sie mit vollem Recht sagen, ich habe diese Formel verstanden. Soweit ich es sachlich brauche, oder im Rahmen meiner mathematischen Möglichkeiten. Denn da Sie vermutlich nicht Mathematiker sind (oder noch nicht), gibt es immer mathematische Grenzen, die Sie weder ausloten wollen noch können. Genauso wie jede Sachfrage für den Kenner immer auch Fragen aufwirft, wo der Außenstehende gar keine mehr sieht. Die Grenzen unseres Sachverständnis und unseres mathematischen Verständnis liegen so eigentlich immer *innerhalb* einer Formel. **Eine vollständige Analyse kann es daher nie geben.** Ihr Bedarf sagt, wann eine Analyse ausreicht. Ein absolutes Maß dafür gibt es nicht. Es genügt daher, wenn Sie ein ungefähres Verständnis auch davon haben, dass und was Sie **nicht wissen**. Denn das, was ich nicht weiß, muss ich benennen. Das ist ebenfalls Teil einer verständigen Formelanalyse.

Zusammengefasst als Stichwortliste:

1. **Bild** auf sich wirken lassen,
2. **Listen** der Akteure, Operatoren, Indizes, Einheiten erstellen,
3. **Formelhierarchie** aufzeichnen,
4. Formelhierarchie **von oben** – Operatoren und Strukturen durchlaufen,
5. Formelhierarchie **von unten** – Werte und Wirkungsketten durchlaufen,
6. **Probieren** – Einsetzen spezieller Werte,
7. mit eigenen Worten **erklären**,
8. was ich nicht weiß, was ich **nicht wissen** muss, benennen.

Um den Text nicht ausufern zu lassen, finden Sie in den folgenden Beispielen verkürzte Andeutungen, was eine Formelanalyse alles beinhalten kann. Wenn Sie mit jemandem 10 Minuten über eine Formel diskutieren, füllen Sie wesentlich mehr Text als im Folgenden aufgeführt. Aber das Empfinden, wann ein mathematischer Text lang oder kurz ist, hängt auch von der Situation ab. Und das Verständnis, das wir auf den bisherigen Seiten dieses Buches erworben haben, schwingt natürlich auf den folgenden Seiten immer mit.

… und immer sprechen wir eigentlich davon, wenn wir Formeln analysieren: Von dem, was sie uns über die Wirklichkeit erzählen, was wir ohne sie vielleicht gar nicht erkennen könnten.

4.5 Sieben Beispiele

Über Wachstum

1. Bild ⟶

$$y = \frac{y^*}{1 + \left(\frac{y^*}{y_0} - 1\right)e^{-rt}}$$

Die Formel in Ihrer Handschrift:

2. Listen der Akteure, Operatoren, Indizes, Einheiten.

Akteure y, y^*, y_0 bezeichnen alle die Größe ein und desselben Objekts. Dabei ist y die aktuelle Größe, y_0 die Größe des Objekts zu Beginn des Beobachtungszeitraums und y^* die maximale Größe, z. B. die Größe einer ausgewachsenen Maispflanze.

r ist die so genannte Wachstumsrate, t gibt die Zahl der Wachstumsperioden ab dem Zeitpunkt t_0 an.

Operatoren Die üblichen Verdächtigen, ergänzt um die Exponentialfunktion. Typisch bei allen möglichen Formeln zum Thema Wachstum.

Indizes 0 bei y_0, bezieht sich auf den Ausgangszeitpunkt t_0, der nicht ausdrücklich genannt wird, da „t" Wachstumsperioden seit t_0 angibt.

$*$ gibt den Wert der ausgewachsenen Größe von y an.

Einheiten Diese Formel handelt nur von Größen. Daher keine *konkreten* Werte, daher keine Einheiten. Wären aber z. B. cm. Ebenso wäre die Dauer der Wachstumsperioden interessant. Ist aber nicht ausdrücklich Teil der Formel.

3. Formelhierarchie

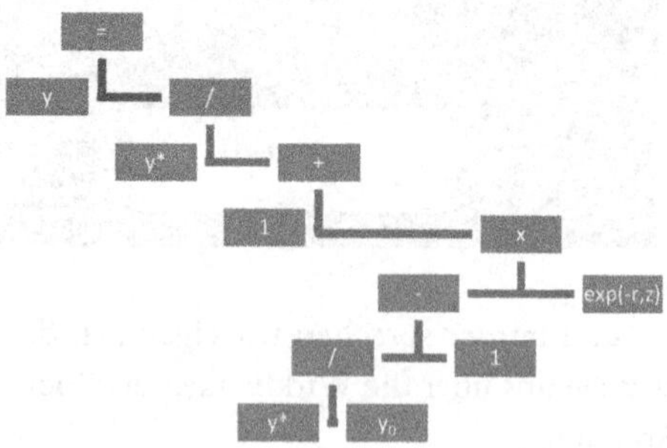

Lineardarstellung

$$= (y, /(y^*, +(1, \times(-(/(y^*, y_0), 1), \exp(-rt)))))$$

4. von oben Die Formel gibt einen funktionalen Zusammenhang an. $y = f(y^*, y_0, r, t)$. Damit wird erklärt, welche Funktion das =-Zeichen hat!

Den Zusammenhang regiert ein Quotient. y^* *begrenzt* im Zähler den Maximalwert des Ausdrucks.

5. von unten Nur als ein Beispiel: In der Formelhierarchie an unterster Stelle steht z. B. der Quotient y^*/y_0. Damit bestimmt dieses Verhältnis durchgängig (!) den aktuellen Wert der Größe y. Dieser Quotient sagt nichts anderes aus als: Der Wert von y^* ist das Soundsovielfache von y_0. Beispiel: Diese Pflanze kann 180 cm groß werden, jetzt ist sie ca. 40 cm hoch. Wir beginnen ab jetzt ihr Wachstum zu beobachten. Also ist $y^* = 180$, $y_0 = 40$. Damit taucht im Nenner das Größenverhältnis von 180/40 also 4,5 auf. Ziehen wir davon die 1 ab, so heißt dass, dass wir ab jetzt den fixen Faktor 3,5 für e^{-rt} haben. Wir sehen, dass y eigentlich y_t heißen müsste.

6. Probieren Einsetzen spezieller Werte. Zum Beispiel $y_0 = y^*$, $y_0 = 1$, $y_0 = y$. Aber auch $r = 0$, $r = 1$.

7. Mit eigenen Worten **erklären.**

Die aktuelle Größe von y hängt direkt von der maximalen Endgröße und indirekt vom Verhältnis Endgröße zu Anfangsgröße zum Zeitpunkt t_0 ab. Dieses Verhältnis bestimmt direkt die Wirksamkeit des Wachstumsvorgangs, der als Exponentialfunktion einer Wachstumsrate r und der Zahl der durchlaufenen Wachstumsperioden ausgedrückt wird.

Hauptgruppen

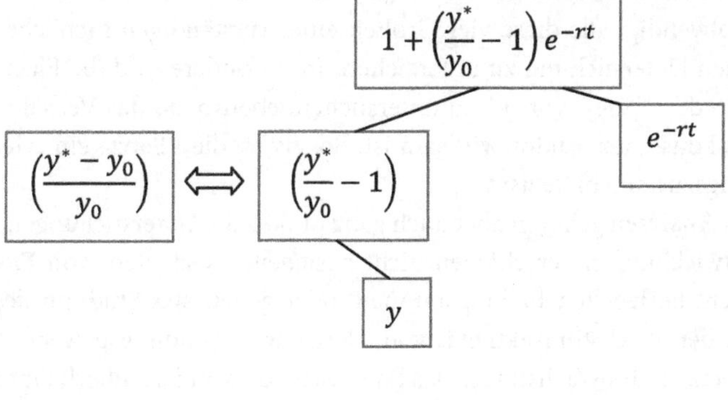

$$y = \frac{y^*}{\text{Ausdruck}} \qquad \left(\frac{y^*}{y_0} - 1\right) e^{-rt} \qquad e^{-rt}$$

$$\left(\frac{y^*}{y_0} - 1\right)$$

Formt man diesen Ausdruck um, sieht man noch eine andere Betonung des Zusammenhangs

$$\left(\frac{y^* - y_0}{y_0}\right)$$

$$y = \frac{y^*}{\text{Ausdruck}}$$

Das ist die Hauptstruktur. Sachlich heißt das unter anderem, dass der Ausdruck unter dem Bruchstrich am Ende des Wachstumsprozesses gleich 1 sein muss, denn y^* ist ja die Größe der ausgewachsenen Pflanze, oder Population. Damit aber ist in allen anderen sinnvollen Fällen der Ausdruck im Nenner immer größer als 1. Was zuerst stutzig machen sollten, denn das heißt ja: Wir fangen im Nenner mit einem Wert größer als 1 an und dieser Wert nimmt mit zunehmendem Wachstum ab. Vielleicht liefert dieser Ausdruck eine Erklärung. Und in der Tat, wenn wir genau schauen, enthält dieses Produkt mit e^{-rt} einen Quotienten, der negative Exponent sagt es ja.

$$\left(\frac{y^*}{y_0} - 1\right) e^{-rt}$$

$$\frac{1}{e^{rt}}$$

Dieser Wert wird also mit zunehmendem Wachstum gemäß dem Ausdruck $r \cdot t$ tatsächlich kleiner. Da dieser Ausdruck $1/e^{rt}$ aber unbegrenzt klein werden, erkennen wir schon jetzt, dass diese Formel nur eine Näherung an die Darstellung eines Wachstumsprozesses sein kann.

$$\left(\frac{y^*}{y_0} - 1\right)$$

Viel wichtiger ist aber, dass hier diese Darstellung des Wachstums zum Zwecke der stetigen *Verkleinerung* des Klammerausdrucks verwendet wird.

$$\left(\frac{y^* - y_0}{y_0}\right)$$

In dieser Form sieht man den sachlichen Zusammenhang deutlicher: Hier ist gleichsam die Wachstumslücke relativ zur Ausgangsgröße y_0 angegeben, also die Angabe, um wie viel muss die Pflanze, Population etc. noch relativ wachsen, um die Endgröße y^* zu erreichen. Dieser Wert ist in jedem Anwendungsfall eine feste Größe, ebenso wie r, die Wachstumsrate. So wird theoretisch, da e^{-rt} gilt, die Endgröße erst nach unendlich vielen Wachstumsperioden t erreicht. Was kann man „dagegen“ tun? Entweder wir nehmen y^* nicht als Punktwert, sondern lassen bereits einen Bereich, also etwa 95% als Endgröße gelten. Wir kappen also die Funktion, wenn wir realistisch und nahe genug dran sind. Oder wir machen aus der Wachstumsrate r ebenfalls eine Funktion, die z. B. von y^*, y_0 oder t abhängt und die auch 0 werden kann. Dazu ist es notwendig, alle diese vier Größen einer verständigen sachlichen, dann auch mathematischen Untersuchung zu unterziehen. Insbesondere sind die Eigenschaften von Wachstum „ in der Nähe “ von y^* zu untersuchen, ebenso, ob das Verhältnis von y^*/y_0 tatsächlich als konstanter Faktor wirksam ist. So, als ob die Pflanze ein „Gedächtnis“ für diesen Ausgangszustand hätte usw.

Zu solchen Analysen gehören aber auch ganz praktische Untersuchungen, etwa der Bevölkerungsentwicklung in verschieden dicht besiedelten Gebieten, von Pionierregionen bis extrem dicht besiedelten Ballungsräumen, oder genauestes Studium des Wachstums von Pflanzen, der Wachstumsaktivität von Meristemen (Bildungsgeweben) ganz in der Nähe des Aussetzens des Wachstums. Das Entdecken, dass andere, überhaupt nicht berücksichtigte Faktoren wirksam sind und so weiter. Kurz: Vertrautheit mit realem Phänomen, Formelhierarchie und Formelmechanik, Mathematik.

Das Gewicht der Erde

1. Bild ⟶

$$F = g \cdot \frac{m_1 \cdot m_2}{r^2}$$

Die Formel in Ihrer Handschrift:

2. Listen der Akteure, Operatoren, Indizes, Einheiten.

Akteure F steht für Kraft (force), m für Masse, r für Abstand (als radius), g ist die Gravitationskonstante.

Operatoren Produkt und Quotient dominieren die Szene, da sehr enge proportionale und umgekehrt proportionale Zusammenhänge dargestellt werden.

Indizes Die Indizes 1, 2 unterscheiden die beiden beteiligten Massen. Wichtig: Die Indizes sind immer genau 1 und 2, da hier sachlich das „Zweikörperproblem" dargestellt wird.

Einheiten Jeder der Akteure hat unterschiedliche Einheiten. Die Massen in kg, der Abstand in m (Metern). Achtung, hier taucht derselbe Buchstabe auf, der als Größe (!) die Masse, als Einheit das Längenmaß Meter bedeutet! Die Kraft wird in Newton (N) angegeben. Da N eine abgeleitete Einheit darstellt, hier die Basisdarstellung: $1\,\text{N} = \text{kg} \cdot \text{m}/\text{s}^2$. Das kleine s steht für Sekunde. Da die Einheit der Größe auf beiden Seiten des = identisch sein muss, können Sie sich zur Übung die Einheit der Gravitationskonstante selbst ausrechnen …

3. Formelhierarchie mehrere Varianten möglich, zwei davon sind hier dargestellt.

Formelhierarchie

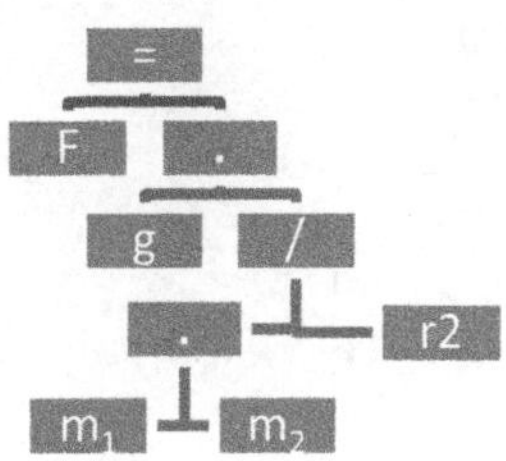

oder

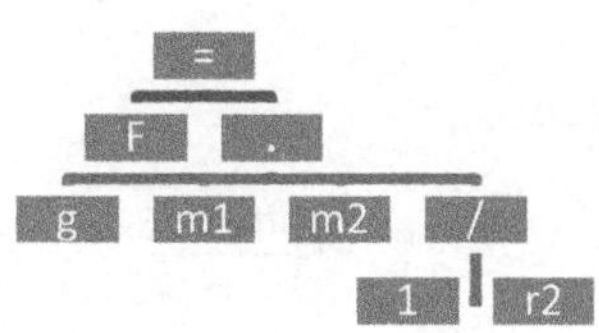

Lineardarstellung

$$=(F, \cdot(g, /(\cdot(m_1, m_2), r^2))) \qquad \text{oder} \qquad =(F, \cdot(g, m_1, m_2, /(1, r^2)))$$

Sie sehen hier, dass die indirekt proportionale Wirkung des Abstandsquadrats in der zweiten Lineardarstellung und auch in der zweiten Hierarchie deutlicher zum Ausdruck kommt, was in der Formel nicht der Fall ist. $F = g \cdot m_1 \cdot m_2/r^2$.

4. von oben Die Formel gibt Definition und zugleich den funktionalen Zusammenhang für die zwischen zwei Massen wirkende Gravitationskraft. Es regiert zwar das Produkt. Sachlich dominiert aber der Quotient. Das Verhältnis des Produkts der Massen zum Quadrat ihres Abstands.

5. von unten Der Abstand r wirkt am stärksten. Er verkleinert die Wirkung mit seinem Quadrat. Wird also der Abstand verdoppelt, so sinkt die Kraft auf ein Viertel! Die Gravitationskonstante „wirkt" einfach. Sie zeigt als Konstante, dass jedes direkte Verhältnis von Massen zum Quadrat ihres Abstandes mit $6{,}672 \cdot 10^{-11}\,\text{m}^3/(\text{kg}\,\text{s}^2)$ multipliziert wird, um die zwischen ihnen wirkende Gravitationskraft wertmäßig innerhalb dieses Maßsystems korrekt zu erfassen.

6. Probieren Einsetzen spezieller Werte. Hier geht es wesentlich um die sachliche Vorstellung. Setzen Sie ein: Die Sonnenmasse und die Erdmasse, Ihre Masse und die Erdmasse, Ihre Masse und die Mondmasse. Sowie: Machen Sie eine Masse sehr, sehr klein, fast 0 und schauen Sie was passiert. Und falls Sie Kosmologe sind oder immer schon mal „die Welt verändern" wollten, probieren Sie andere Werte für die Gravitationskonstante. Denn was ist schon wirklich konstant?

7. Mit eigenen Worten **erklären.**

Die anziehende Kraft, auch Schwerkraft oder Gravitationskraft – von gravis, schwer –, also: Die anziehende Kraft zweier Körper aufeinander ist direkt proportional zu ihren Massen, dargestellt durch das Produkt der Massen, und indirekt proportional zum Quadrat ihres Abstands, dargestellt im Nenner eines Quotienten. Diese Größe wird sowohl größen- als auch einheitenmäßig durch die Gravitationskonstante als Faktor ergänzt. Daraus ergibt sich, dass neben dem rein dynamischen Verständnis der Beziehungen der Körper im Raum zueinander, vor allem das Verständnis des Wertes sowie der Einheit (= sachliche Struktur) der Gravitationskonstante wesentlich ist. Für die technische Anwendung kann eine Naturkonstante wie γ hingenommen werden, sowohl dem Betrag als der Einheit nach. Sollten Sie Physik studieren, so fängt der Spaß hier gerade erst an.

Hauptgruppen

$$\frac{m_1 \cdot m_2}{r^2} \qquad F = g \times \text{Ausdruck} \qquad \frac{1}{r^2}$$

Einheitenmäßig

$$\text{kg} \cdot \frac{\text{m}}{\text{s}^2} = g \cdot \frac{\text{kg}_1 \cdot \text{kg}_2}{\text{m}^2} \quad \rightarrow \quad \text{kg} \cdot \frac{\text{m}}{\text{s}^2} \frac{\text{m}^2}{\text{kg}_1 \cdot \text{kg}_2} = g = \quad \rightarrow \quad = \frac{1}{\text{s}^2} \frac{\text{m}^3}{\text{kg}} = g = \frac{\text{m}^3}{\text{kg} \cdot \text{s}^2}$$

Die Gravitationskonstante vereint also Zeit, Länge und Masse. Dabei bleibt die Masse, träge wie sie ist, eindimensional sie selbst, die Zeit wird quadratisch, was sie ja bei Beschleunigungen gerne tut und die Länge wird dreidimensional. Masse, Beschleunigung, Raum. Zumindest können Sie *vermuten*, dass es darum geht. Nur so wegen der Einheiten. Wenn Sie – gemäß der Formelgeschichte – weiter analysieren, so ist g plötzlich kein bloßer Faktor, sondern ein Quotient, der bestimmte Grundgrößen in eine ebenfalls sehr interessante Beziehung setzt. Aber das ist eine andere Formelgeschichte.

Die Erde ist ein kleiner Planet.

Sie hat eine Masse von nur circa 5973000000000000000000000 Kilogramm.

Lächerliche 5,9 Trillionen! Etwas leserlicher, aber in der Größe viel weniger deutlich: $5{,}973 \cdot 10^{24}$ kg.

Vorstellbar? Wohl kaum. Nehmen wir an, die ca. 8 Milliarden Menschen auf dieser Erde hätten ein Durchschnittsgewicht von 60 kg. Also hätten wir etwa 480000000000 kg. Ziemlich wenig im Vergleich. $4{,}8 \cdot 10^{11}$ zu diesen $5,6 \cdot 10^{24}$. Die Erde ist also um mehr als 10000000000000mal schwerer als alle Menschen zusammen. So ein kleiner Planet.

Wenn die Erde also so gewaltig viel mehr Masse hat als ich, dann muss wohl die Gravitationskraft ziemlich klein sein.

Denn die Kraft, die diese gesamten 5973000000000000000000000 Kilogramm auf mich ausüben, zeigen auf meiner Badezimmerwage gerade mal z. B. 60 kg. Und wenn es 100 kg wären, wäre es noch immer nur ein Fünfzigbillionstel. Steigen wir also mit 85 Kilogramm Biomasse auf die Waage.

$F = g \cdot \frac{m_1 \cdot m_2}{r^2}$ erfahren wir jetzt am eigenen Leib. Wie groß ist F? Also in N (Newton)? Die Beschleunigung, ja Beschleunigung in kg $\cdot$ m/s^2. Denn es geht ja mit uns bergab! Bei jedem Schritt fallen wir auf den anderen Fuß. Ohne Kraftwirkung zur Erde hin könnten wir gar nicht gehen! Damit es jetzt aber leichter zu lesen ist, schreiben wir die Zahlen mit Zehnerpotenzen. Sie spüren jetzt schon ein wenig, wie groß diese Zahlen wirklich sind. Also:

$$F = 6{,}672 \cdot 10^{-11} \frac{\text{m}^3}{\text{kg} \cdot \text{s}^2} \cdot \frac{85\,\text{kg} \cdot 5{,}973 \cdot 10^{24}\,\text{kg}}{(6{,}371 \cdot 10^6\,\text{m})^2}.$$

Wie kommen wir zum Radius? Wir berühren ja die Erdoberfläche! Hier benutze ich jetzt eine sehr beliebte Formulierung, nicht nur in der Mathematik, sondern in fast jeder Wissenschaft. Wenn man etwas benutzt, das man jetzt nicht erklären kann oder will, dann sagt man gerne: „Es lässt sich zeigen, dass …" Was also lässt sich zeigen? Dass ich bei einem annähernd kugelförmigen Objekt, dessen Masse mehr oder weniger gleichmäßig verteilt ist, wo also Schwerezentrum und geometrisches Zentrum sehr nahe beieinander liegen, den Mittelpunkt des Objekts als den Ort der Gesamtmasse in die Rechnung einsetzen kann. Also ist der Radius hier der Weg von mir zum Erdmittelpunkt. Ich habe hier den „mittleren Radius" gewählt. Da der Radius umgekehrt proportional wirkt, wären wir am Nordpol schwerer, am Äquator leichter. Wie schwer wiegt unsere Masse von 85 Kilogramm hier, etwa 6300 Kilometer, also 6,3 Millionen Meter vom Mittelpunkt unserer Erde entfernt?

$$F = 6{,}672 \cdot 10^{-11} \frac{\mathrm{m}}{\mathrm{s}^2} \cdot \frac{85 \cdot 5{,}973 \cdot 10^{12}\,\mathrm{kg}}{6{,}371 \cdot 6{,}371}$$

Kürzen wir einmal fröhlich alle Einheiten und die Zehnerpotenzen!

Sie sehen, dass durch die quadratische Wirkung des Abstands r die Größen im Zähler ziemlich rasch „verkleinert" werden, was ihre Wirkung betrifft. Hier immerhin um den Faktor 10^{12}!

Bevor wir weiter rechnen, bereinigen wir noch alle Zahlen im Quotienten, um den Vergleich mit der Gravitationskonstante noch deutlicher zu sehen.

$$F = 6{,}672 \cdot 10^{-11} \frac{\mathrm{m}}{\mathrm{s}^2} \cdot 1{,}2508 \cdot 10^{13}\,\mathrm{kg}$$

Also die rechnerisch verbleibende Masse von 12508000000000 kg wirkt jetzt mit dem Faktor (!) von 0,0000000000672. Bleiben $6{,}672 \cdot 1{,}2508 \cdot 10^{13-11} = 834{,}55\,\mathrm{kg} \cdot \mathrm{m/s}^2$. Da haben wir aber ganz schön zugenommen. Dunkle Erinnerung, unsere Waagen zeigen nicht die Einheit „Newton" an, sondern eigentlich die Gewichts*kraft* von Kilopond, beschriftet „natürlich" mit der Einheit für Masse in Kilogramm. Da gilt noch der Umrechnungsfaktor $1\,\mathrm{kp} = 9{,}806\,\mathrm{N}$. Also dürfen wir uns um diesen Faktor noch erleichtern und erhalten nach unserer ganzen Rechnerei, dass unsere Waage einen Wert von $834{,}53/9{,}806 = 85{,}106$ anzeigen müsste. Was für eine Überraschung. Beim Rechnen haben wir kaum zugenommen. Und Neues haben wir auch nicht erfahren. Wir behalten unsere Masse bei und spazieren mal rechentechnisch auf den Mond.

Was ist beim Mond anders? Zwei Größen. Erstens seine Masse, zweitens sein Radius.

Der Mond wiegt so $7{,}350 \cdot 10^{25}$ Gramm entnehme ich einer Tabelle. Gramm! In der Rechnung nehmen wir dann doch wieder Kilogramm. Also etwa 1/81 der Erdmasse. Der Radius liegt mit 1738 km bei etwas mehr als einem Viertel des Erdradius (0,272).

Also gleiche Prozedur mit neuen Zahlen:

$$F = 6{,}672 \cdot 10^{-11} \frac{\mathrm{m}^3}{\mathrm{kg} \cdot \mathrm{s}^2} \cdot \frac{85\,\mathrm{kg} \cdot 7{,}350 \cdot 10^{22}\,\mathrm{kg}}{(1{,}738 \cdot 10^6\,\mathrm{m})^2}$$

$$= 6{,}672 \cdot 10^{-11} \cdot 206{,}826 \cdot 10^{10} \cdot \frac{\mathrm{kg} \cdot \mathrm{m}}{\mathrm{s}^2}.$$

Und $6{,}672 \cdot 10^{-11} \times 206{,}826 \cdot 10^{10}$ ergibt 137,99 N. Also etwa $137{,}99/834{,}53 \approx$ etwa ein Sechstel. Die Masse des Mondes ist zwar nur 1/81, da wir aber deutlich näher am Massezentrum liegen, so bekommen wir mehr von der Gravitationswirkung der Masse ab als auf der Erde. So gesehen sind wir auf dem Mond pro Kilogramm Mond relativ schwerer als hier auf der Erde pro Kilogramm Erdmasse. Wir hätten aber gar nicht erst in die Formel einsteigen müssen. Wenn wir wissen, dass die Masse des Mondes ca. 1/81 Erdmassen beträgt, und sein Radius ca. 1/3,666 Erdradien beträgt, so können wir einfach den Faktor $1/81 / 1/3{,}666^2$ bilden und erhalten ebenfalls ziemlich genau ein Sechstel. Denn da hier alle Größen proportional wirken …

Jetzt ist es an der Zeit, einmal die Dimension der Gravitationskraft zwischen Erde und Mond und gleich auch die zwischen Erde und Sonne zu betrachten. Hier nur im Schnellverfahren für Mond–Erde, die Sache mit der Sonne überlasse ich Ihnen:

Mond–Erde

$$F = g \cdot \frac{7{,}350 \cdot 10^{21}\,\mathrm{kg} \cdot 5{,}973 \cdot 10^{24}\,\mathrm{kg}}{(384 \cdot 10^{9}\,\mathrm{m})^2} = g \cdot \frac{7{,}350 \cdot 5{,}973 \cdot 10^{27}\,\mathrm{kg}^2}{(384 \cdot 384)\,\mathrm{m}^2}$$
$$= 1{,}98643 \cdot 10^{13}\,\mathrm{N}.$$

19864300000000 Newton. Wieder nicht vorstellbar. Also brauchen wir andere Bezugsgrößen. Die Sonne etwa hat ca. 333000 Erdmassen, der Abstand Erde Sonne beträgt knapp 150 Millionen Kilometer, daraus wird die astronomische Einheit „Astronomische Einheit" abgeleitet, die eben ca. $1{,}49598 \cdot 10^8$ km beträgt. Diese Größe ist nicht vorstellbar. Kein Mensch kann sich so viele Kilometer wirklich vorstellen. Aber die Entfernung Erde–Sonne ist vorstellbar, beobachtbar und damit wieder *übersichtlich genug* geworden, um handhabbar zu sein. Denn die Größe eines Maßes sollte bezüglich der Objekte, die es misst, „menschliche Dimensionen" haben.

Mit meinen knapp 175 Milliarden Angström bin ich ja auch kein Riese. Da wir schon bei Angström und Kollegen sind:

Sie erinnern sich an $F = k \cdot \frac{Q_1 \cdot Q_2}{r^2}$? Das gleiche Spiel, nur wirkt hier ein anderer Koeffizient, k statt g, die Massen m sind durch elektrische Ladungen Q ersetzt und F benennt eben eine andere Kraft. Die Formel ist als Formel ident, die Mathematik auch. Ebenso stehen die Einheiten in gleicher Beziehung. Dass das gleichsam wie von selbst dazu führt, sich die atomare Welt wie die planetare vorzustellen, und damit in vielen Dingen auch nicht falsch zu liegen, liegt auf der Hand. Und was bisher Größenordnungen von 10 hoch 10 waren, so finden wir uns jetzt bei 10 hoch minus 10 wieder. Wie wir in der Astronomie bald auf Erd- und auf Sonnenmassen „umstiegen", so werfen wir hier bald das viel zu riesige Gramm über Bord und nehmen z. B. die Masse eines bestimmten Atoms als neue Maßeinheit. Die Sonne der Atomphysik ist der Wasserstoff. Wenngleich aus hier nicht anzuführenden Gründen (wieder diese Formulierung …) 1/12 des etwa 12mal schwereren Kohlenstoffs als Maßeinheit genommen wurde.

Und die Moral von der Geschicht'? Manches muss man erst mal konkret durchrechnen, mit ganz echten, wirklichen Zahlen, um ein Vorstellung zu bekommen. Und das Maß muss der zu messenden Größe angemessen sein.

Wir sind mit der Betrachtung dieser Formel noch nicht fertig. Probieren wir noch ein wenig weiter. Dazu greifen wir auf den Funktionsbegriff zurück.

Stellen wir uns $F = g \cdot m_1 \cdot m_2 \cdot 1/r^2$ als eine Funktion vor. Kraft ist also eine Funktion „F", und zwar der Größen g, m_1, m_2 und r. Formal:

$$F = F(g, m_1, m_2, r)$$

Zum Verständnis der Zusammenhänge geht man oft so vor: Man lässt alle Größen bis auf die eine, die einen interessiert unverändert. Man tut so, als wären diese Größen Konstanten.

Diese Technik, nur mit einer Größe herum zu probieren und alle „übrigen gleich" zu lassen, trägt den schönen lateinischen Namen „ceteris paribus". Nehmen wir an, uns interessiert die Wirkung des Abstands auf die Größe der Kraft, dann fassen wir die Wirkung von g, m_1, m_2 zu einer Größe z. B. „C" zusammen und unser funktionaler Zusammenhang sieht so aus:

$$F = F(C, r)$$

Ich habe mir hier ein Beispiel ausgesucht, das „technisch" leicht so behandelt werden kann, da es sich mit Produkt und Quotient leicht in die verschiedenste Blöcke auftrennen lässt und die Wechselwirkungen zwischen C und der jeweils interessanten Größe immer von der gleichen Art sind. Denn hier geht es um das Grundverständnis dessen was man hier tut.

Unsere Denkweise sieht jetzt so aus:

$$F = \frac{C}{r^2}.$$

Wir lesen in C natürlich immer das Produkt der beiden Massen sowie der Gravitationskonstanten. Sie sehen, **ein einzelner Buchstabe kann einen ganzen Komplex enthalten** und dadurch die Formel für den jeweiligen Zweck wesentlich vereinfachen. Man darf zwar formelmäßig und mathematisch „vergessen", dass C irgendetwas anderes als „C" bedeutet, aber nie sachlich.

Lassen wir jetzt also unseren Radius r ein wenig größer werden. Zu r kommt also ein kleines Δ („Delta", für Differenz) dazu. Dann sieht unsere Formel so aus:

$$F = \frac{C}{(r + \Delta)^2}.$$

Das sagt noch nicht viel, wenn wir aber den Klammerausdruck ausrechnen, so sehen wir klarer:

$$F = \frac{C}{(r + \Delta)^2} = \frac{C}{r^2 + 2r\Delta + \Delta^2}.$$

Mathematisch ist hier nichts Besonderes zu bemerken. Jeder kennt diese Formel. Jetzt aber betrachten wir einen sachlichen Zusammenhang. Dass das kleine Δ ebenfalls „zum Quadrat" wirksam ist, also F sich auch „umgekehrt proportional zu Δ^2" verändert, ist klar. Diese Änderung ist gleichsam autonom. Sie hängt nur von Δ ab und von sonst nichts. Sehr interessant ist aber der Ausdruck $2 \cdot r \cdot \Delta$. Denn hier kommt die Wirkung des „ursprünglichen" Abstands r mit der Wirkung der Erweiterung Δ zusammen. Hier sieht man, dass die Gesamtwirkung nicht bloß additiv ist – es kommt eben Δ^2 dazu, sondern auch von den *schon bestehenden* Verhältnissen abhängt. Δ wirkt umso stärker, je größer r bereits ist. Das heißt, wenn wir das wieder ins Sachliche übersetzen: Wenn der Abstand der beteiligten Massen schon sehr groß ist, so hat eine kleine Änderung des Abstands eine größere abschwächende Wirkung als wenn die beiden Massen sehr nahe zueinander stehen. Die gleiche absolute Änderung fällt „ganz nahe" weniger ins Gewicht als „weit draußen".

Ich habe hier bewusst nicht mit der Ableitung $\mathrm{d}F/\mathrm{d}r = -1/r^3$ gearbeitet, die mir sagt, wie sich relativ sehr kleine Änderungen auswirken. Denn dann überspringen wir diesen Teil des Verstehens allzu rasch und vor allem: Wir überspringen das einfache Herumprobieren.

Wir haben hier allerdings auf eine ganz bestimmte Weise probiert. Wir haben zur bestehenden Größe eine absolute Größe hinzugefügt. Wir könnten aber genauso probieren, indem wir r relativ verändern, als fragen, was ist, wenn r eineinhalbmal so groß ist wie bisher.

Was geschieht dann?

$$F = \frac{C}{(r \cdot \Delta)^2} = \frac{C}{r^2 \cdot \Delta^2} = F = \frac{C}{(r \cdot 1{,}5)^2} = \frac{C}{r^2 \cdot 2{,}25}.$$

Enttäuscht? Hier ist die Wirkung der Veränderung „proportional“, denn wir haben ja ein Produkt geschrieben. Hier enthält das Δ ja schon gemäß seiner Definition, gemäß seiner Entstehungsgeschichte die Beziehung zu r und ist mathematisch völlig anders eingebunden.

Änderungen sind immer dann besonders interessant, wenn Sie Produkte und Summen zusammenbringen. Wenn also ein Faktor in einem Produkt um einen absoluten Betrag verändert wird oder wenn ein Summand in einer Summe relativ verändert wird.

Und so als Anregung fürs weitere Probieren mit dieser Formel. Setzen Sie für die Massen statt der Sterne mal Atome oder auch große Moleküle, sehr große Moleküle z. B. aus der Biochemie ein. Und dann zählen Sie die Zahl der Nullen hinter dem Komma. Die Wirkungen der Gravitationskräfte zwischen den Sonnen und Planeten waren zwar das wichtige Vorbild für die Entwicklung der Atomtheorien, aber dort sind sie nun wirklich so was von klein, dass Sie zwar mathematisch immer noch existieren, aber auch nur mathematisch. Trotz des extrem kleinen Abstands!

Mit diesem Beispiel vergleichen Sie zugleich die Bedeutung des Verhältnisses, also des Quotienten, zwischen den beteiligten Massen und deren Abstand zueinander.

Ein bisschen Wirtschaftspolitik

1. Bild $\longrightarrow$ $\boxed{Y = C + I + G + Ex - Im}$

Die Formel in Ihrer Handschrift:

2. Listen der Akteure, Operatoren, Indizes, Einheiten.

Akteure Y stellt das Volkseinkommen (für eine Periode) dar. C ist der private Konsum, I sind die (unternehmerischen) Investitionen, G erfasst die wirtschaftliche Aktivität des Staats (G für gouvernment), Ex steht für Exporte und Im für Importe.

Operatoren Addition, eine Subtraktion.

Indizes Hier keine. Hinweis. In mehrperiodischen Modellen, die auf dieser Formel aufbauen, werden Indizes äußerst wichtig.

Einheiten Alle Größen werden in Geldeinheiten gemessen. Enthält eine Formel für alle Akteure die gleiche Einheit und existieren keine Produkte (außer mit „nackten Zahlen", also Skalaren), so kann bei der Analyse zur Erleichterung der Notation auf die Angabe der Einheit verzichtet werden.

3. Formelhierarchie Je nach Betonung zwei Varianten möglich und sinnvoll.

Formelhierarchie

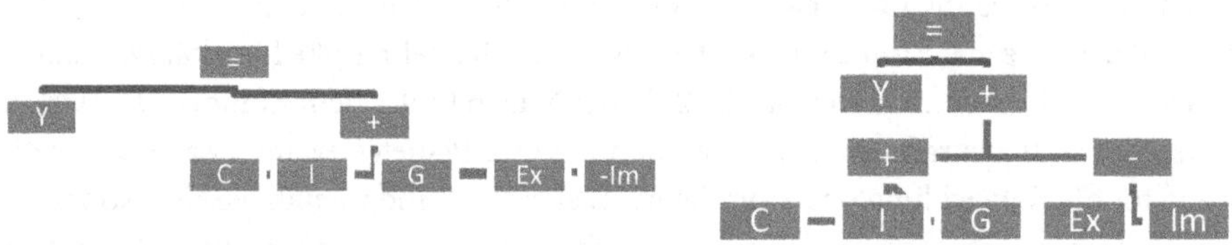

Lineardarstellung

$$=(Y,+(C,I,G,Ex,-Im)) \qquad \text{oder} \qquad =(Y,+(+(C,IG),-(Ex,Im)))$$

4. von oben Die Formel gibt eine *Definition* von Y.

Die Struktur wird als Summe dargestellt, der regierende Operator ist die Addition.

5. von unten Die Hierarchie ist sehr flach, es regiert die Summe, also sind alle Größen unabhängig voneinander. Ihre Wirkung aufs Ganze ist relativ beschränkt. Das heißt ihre Wirkung ist so groß wie ihr relativer Anteil, z. B. die Wirkung von I entspricht I/Y. Jede dieser einzelnen Beziehungen zum Ganzen hat einen eigenen Namen. I/Y heißt „Investitionsquote" und ist ein recht wichtiger Wert.

6. Probieren Einzig das Einsetzen von Werten wie 0 oder $Ex = Im$ mit der Konsequenz, dass der Teil über die Außenwirtschaft wegfällt, ist sinnvoll. Achtung. Es ist zu sehen, dass dabei nicht die Struktur verändert wird. Es fällt nicht z. B. die Investition weg, sondern sie hat jetzt eben den Wert 0. Hier ist viel interessanter zu fragen, wo kommen konkrete Werte her? In welchen Größen muss ich denken? Wenn Sie nicht für Ihr Land oder Ihre Region, Stadt, Gemeinde, Landkreis diese Werte mindestens schon einmal angeschaut, studiert, zu Ihrem eigenen Einkommen in Beziehung gesetzt haben, so ist die Formel $Y = C + I + G + Ex - Im$ völlig tot für Sie. Sie haben keine Vorstellung. Diese Einkommensgröße setzen Sie dann auch in Beziehung zu diversen Unternehmen in Ihrer Region. Lesen Sie dann in der Zeitung „Unternehmen x investiert im nächsten Jahr 15 Mio", so setzen Sie das in Beziehung zu den Gesamtdaten Ihrer Region und dann, erst dann bekommen Sie eine Ahnung, was $Y = C + I + G + Ex - Im$ tatsächlich bedeutet.

7. Mit eigenen Worten **erklären.**

Das Einkommen einer Volkswirtschaft (in einer Periode) wird hiermit definiert als die Summe folgender Größen: privater Konsum, unternehmerische Investitionen, saldierte Staatsausgaben sowie Überschuss bzw. Abgang aus der außenwirtschaftlichen Aktivität. Diese wird als Differenz von Export und Import definiert.

Hauptgruppen $C + I + G$ als der „innere Bereich", der Aktivitäten im Inland. Die Differenz $Ex - Im$ aus den kumulierten Exporten und kumulierten Importen als Gruppe der Aktivitäten mit dem Ausland. Die Unterscheidung ist rein sachlich. Gruppierungen können von der Formel her beliebig vorgenommen werden.

Einheiten Wo immer Summen auftreten, ist ein sinnvolles Rechnen und formelmäßiges Weiterverarbeiten nur möglich, wenn alle, wirklich alle Summanden die gleiche Einheit haben. Man kann dann so gesehen die Einheit „kürzen".

Formel und Wirklichkeit Wenn Sie $Y = C+I+G+Ex-Im$ mit Leben füllen wollen, so brauchen Sie erst einmal konkrete Daten. Und schon hier stoßen Sie auf Schwierigkeiten. Diese Schwierigkeiten sind aber Teil der Wirklichkeit dieses Objekts „Volkseinkommen". Deshalb ist ein grundlegendes Verständnis über die Datenbasis für jeden, der wirklich einen Wirtschaftsraum, z. B. hier diese Volkswirtschaft verstehen möchte, Pflicht. Die Erhebung der Daten, einer Unmenge von tatsächlich von Milliarden von Einzeldaten, sowie deren Zusammenfassung zu aggregierten Größen, also zu volkswirtschaftlichen Aggregaten, erfolgt durch Ökonometrie und Volkswirtschaftliche Gesamtrechnung. „Unsere" Struktur werden Sie so genau nirgends abgebildet finden.

Aber wir finden für ein Land für ein Jahr z. B. folgende Daten, in Millionen Geldeinheiten:

Bruttoinlandsprodukt	286.197,3
Konsum	211.555,5
Bruttoinvestitionen	61.938,3
Exporte	154.464,6
Importe	142.133,9

Sie finden also Y = Bruttoinlandsprodukt, C, I, Ex, Im. Aber kein G. Nach etwas suchen entdecken Sie endlich, dass beim Konsum der private Konsum mit 151.861,7 und der staatliche Konsum mit 55.439,7 gesondert ausgewiesen werden. Die beiden zusammen ergeben aber nur etwa 207 Milliarden, nicht die angegebenen 211. Für die Investitionen finden wir vielleicht gar keine Aufteilung in staatliche und private Aktivitäten. Wir nehmen also hin, dass Konsum und Investition hier den gesamten Inlandskonsum und die gesamte inländische Investitionstätigkeit enthalten. Also

$$Y = C + I + Ex - Im.$$

Setzen wir die uns bekannten Zahlen ein, so erhalten wir

$$286.197{,}3_Y = 211.555{,}5_C + 61.938{,}3_I + 154.464{,}6_{Ex} - 142.133{,}9_{Im},$$
$$286.197{,}3_Y = 285.824{,}5_{CIExIm}.$$

Da liegen wir ja gar nicht so weit daneben, etwas mehr als 1/10 Prozent. Interessant sind nun vor allem die Größenverhältnisse zueinander. Wir sehen dass z. B. wesentlich mehr konsumiert als investiert wird. Etwa 20% des Einkommens werden investiert, knapp $\frac{3}{4}$ gehen in den Konsum. Privat *und* öffentlich. $154.464{,}6_{Ex} - 142.133{,}9_{Im}$ bedeutet einen Exportüberschuss von etwa 12 Milliarden. Klingt viel? Sind in Prozent von Y etwa 4% . Auch wenn wir privaten Konsum mit Import vergleichen, so sehen wir ein Verhältnis von 151 zu 142 Milliarden.

Sie bekommen jetzt langsam eine Strukturvorstellung von $Y = C + I + G + Ex + Im$. Damit diese Strukturvorstellung aber wirklich trägt, sollten Sie noch eine weitere Region, ein Land, einen Wirtschaftsraum, die EU, die USA, Japan, . . . , was auch immer vergleichen.

Neben dieser Strukturvorstellung von $Y = C + I + G + Ex + Im$ sollten Sie auch eine Vorstellung der Größenordnung selbst bekommen. Betrachten Sie zu diesem Zweck Ihr eigenes Einkommen. Sie haben als Student keines? Dann formulieren wir die Sache so: Summieren Sie alles, was Sie konsumieren. Lebensmittel, Kleidung, Verkehrsmittel, Lehrutensilien, Wohnung, (gelegentlich?) geselliges Beisammensein usw. Wie Sie das finanzieren und wer bezahlt ist dabei völlig egal. Nur, weil es Sie nichts kostet, ist es nicht kein Einkommen nicht. Falls Sie aber über ein Geldeinkommen verfügen, ist dieses aus den gleichen Gründen noch nicht ident mit Ihrem Einkommen. Aber darum geht es jetzt nicht.

Also, zurück zur Größenordnung. Ob ein Volkseinkommen von 286 Milliarden viel oder wenig ist, sagt Ihnen im Vergleich nach innen das „durchschnittliche Pro-Kopf"-Einkommen. Bei etwa 8,3 Millionen Einwohnern dieser Volkswirtschaft sind das – gemäß amtlicher Statistik – 34.120 Geldeinheiten.

Steuern, Abgaben, indirekte und direkte Transferleistungen seitens des Staates? Das wissen wir alles aufgrund dieser Daten nicht. Aber es verbessert unsere Vorstellung.

Mit Pro-Kopf-Angaben beziehen Sie die Größen unserer Formel aber auf etwas, das gar nicht in ihr vorkommt. Begrifflich. Sachlich verweist der Begriff von Einkommen natürlich auf reale Menschen und ihr Handeln. Ebenso ist Y ja auch bezogen auf eine bestimmte Bevölkerung, auf ein bestimmtes Gebiet. Da ist dann für das detaillierte Verständnis aller

Größen auch die Landesfläche wichtig, die Ressourcen im Lande, die im Lande genutzten Ressourcen anderer Länder, also Importe usw. Wenn Sie also $Y = C+I+G+Ex+Im$ wirklich verstehen wollen, so müssen Sie *die sachliche Geschichte* ***jeder*** *einzelner dieser Größen* und deren Zusammenspiel kennenlernen und sich ein möglichst konkretes Bild davon in der Wirklichkeit machen.

Sie erinnern sich an das Unternehmen, das 15 Millionen investiert? Das wären also 0,024% der gesamten Investition. Oder anders formuliert: circa ein Viertausendstel. Das ist schon ziemlich viel. Daraus ersehen wir schon, dass dieses Unternehmen in dieser Volkswirtschaft relativ eher als groß einzustufen ist.

Die genannten Größen für die USA, nur so zum Vergleich:

$$14.256.300_Y = 13.019.800_C + 1.628.800_I + 1.564.200_{Ex} - 1.956.600_{Im},$$
$$286.197{,}3_Y = 211.555{,}5_C + 61.938{,}3_I + 154.464{,}6_{Ex} - 142.133{,}9_{Im}.$$

Diese Volkswirtschaft hat knapp 300 Millionen Einwohner, also etwa das 36fache.

Jetzt, wo wir zwei Volkswirtschaften vergleichen, taucht die Einheitenfrage wieder auf. Denn Geldeinheit ist bekanntlich nicht Geldeinheit. Hier Euro, da Dollar. Rechnen Sie mit ca. 0,67 als Verhältnis Dollar zu Euro.

Für einen *strukturellen* Vergleich ist das aber nicht wichtig. Denn auch so sieht man auf einen Blick, dass jetzt die Importe der USA bei weitem die Exporte überwiegen. Vergleichen Sie dann die beiden Investitionsraten.

Relativ einmal 61/286, dann 1628/14.256. Also etwa 21% im kleinen Land hier, etwas über 11% da.

$$14.256.300_Y = 14.256.200_{CIExIm}, \quad \text{also auf 99,999\% genau.}$$

Pro Kopf haben wir bei 299 Millionen natürlich ca. 47.700 Dollar. Macht, bei einem Umrechnungsfaktor von 0,67 also knapp 32.000 Euro.

Eine Beurteilung dieser Daten und Zahlen können wir hier nicht vornehmen, aber hier ging es ja darum, die Formel $Y = C + I + G + Ex + Im$ ein wenig lebendig zu machen. Genau das ist Ihre Aufgabe bei jeder Formel, die sich auf einen sachlichen Zusammenhang bezieht. Ohne konkrete Werte, ohne reale Vergleiche und Vorstellungen verstehen Sie die Formel nämlich genau genommen nicht. Auch wenn Sie sie mathematisch souverän handhaben und in Modellrechnungen, die das Modell nicht verlassen, brillieren.

Wenn Sie das Geschehen auf einem realen Markt, beim Einkauf, beim Abendessen, beim Anblick einer Baustelle, wenn Sie dieses Geschehen strukturmäßig und größenmäßig zuordnen können, dann beginnen Sie langsam zu verstehen, in welcher Weise Sie $Y = C+I+G+Ex+Im$ vielleicht einmal wirklich verstehen werden – und wie viel Sie noch nicht verstehen, obwohl da nur eine einfache Summe und eine kleine Differenz versammelt sind.

Wir probieren noch etwas: Wir studieren die Änderungen von Y, wenn sich eine Größe relativ ändert.

$$14.256.200_Y = 13.019.800_C + 1.628.800_I + 1.564.200_{Ex} - 1.956.600_{Im}.$$

Eine Summe dieser Art enthält ziemlich viel Strukturinformation. Je nach Betrachtung ist es interessant, jede einzelne Größe zur relativen Bezugsgröße aller anderen zu machen. Also etwa festzustellen, dass der Konsum ca. 6,6mal so groß wie die Importe ist, die Investition ca. 80% der Größe der Importe erreichen, und die Exporte noch weniger, nämlich 79%. Lassen wir jetzt jede dieser Größen um einige Prozent wachsen und betrachten dazu die relative Änderung des Gesamteinkommens.

Steigern wir den Konsum um 5%: 13.019.800 × 0,05 = 650.990. Das entspricht einer relativen Einkommensänderung von über 4,5%. Steigern wir jetzt die Exporte um extreme relative 30%. Was das für die Wirtschaftsstruktur und Politik für Anstrengungen bedeuten würde, können Sie sich vielleicht ausmalen. Seien wir also auf dem Papier mutig, Exporte um 30% rauf: 1.564.200 × 0,3 = 469.260. Das entspricht einer relativen Änderung des Volkseinkommens von etwa 3,3%.

Wenn wir aus sachlichen Gründen davon ausgehen, dass für die langfristige Stärke und Stabilität einer Wirtschaft zum einen die Investitionen, zum anderen auch die Exporte wichtig sind, diese in Relation zum Konsum relativ klein sind, so verstehen wir ein Dilemma jeder Wirtschaftspolitik. Maßnahmen, die relativ gesehen klein sind, aber auf den Konsum wirken, haben zuerst einmal eine unmittelbare und deutliche Wirkung auf das Volkseinkommen insgesamt. Umgekehrt ist sichtbar, dass auch relativ kleine Änderungen des Gesamtvolkseinkommens aus starken strukturellen Änderungen in Teilbereichen herrühren können. Lassen wir „ceteris paribus" beiseite, und denken uns nun mehrere Wirkungen zugleich, so kann sogar *ein Rückgang* des Volkseinkommens insgesamt *mit einer strukturellen Stärkung verbunden* sein. Das alles können wir an dieser einfachen Formel bereits ausprobieren.

Wenn Sie diese Daten dann für das Land Ihrer Wahl noch regional herunterbrechen und erneut studieren, so verstehen Sie vielleicht diverse innenpolitische und lokale Wirtschaftsdebatten noch besser. Dank Ihres Verständnisses für Formeln.

Umformen – das Offensichtliche sichtbar machen

Eigentlich steht mit einer Formel ja alles da. Die Information ist vollständig. Aber ist sie auch leicht zu sehen? Oder erkennen Sie aus $y = \frac{y^*}{1+(\frac{y^*}{y_0}-1)e^{-rt}}$ sofort $e^{-rt} = \frac{(\frac{y^*}{y}-1)}{(\frac{y^*}{y_0}-1)}$ und

$$e^{rt} = \frac{\left(\frac{y^*-y_0}{y_0}\right)}{\left(\frac{y^*-y}{y}\right)}\;?$$

Dieser Form sind wir bei jener Umformung begegnet, die das Ziel hatte, die Wachstumsrate zu ermitteln. Wenn wir wieder einmal rein sachlich überlegen, also noch ohne weiteres Rechnen und Umformen: Was müssen wir alles wissen, wenn wir die Wachstumsrate etwa einer Pflanze ermitteln wollen?

Wir müssen wissen, wie groß die Pflanze wird, wie groß sie zu einem bestimmten früheren Zeitpunkt war und in welcher Weise sie seither gewachsen ist. Damit haben wir einmal

y^*, y_0 und y. Mit dem „Wachstum seither" erhalten wir sowohl y als auch t und uns fällt auf, dass vollständiger Weise auch y indiziert sein müsste, nämlich als y_t.

Der Ausdruck $\left(\frac{y^*-y_0}{y_0}\right)$ entstand zwar beim Umformen, ist aber auch sachlich äußerst interessant: $y^* - y_0$ kann gelesen werden als der Betrag, um den die Pflanze noch wachsen wird, relativ zur bis jetzt erreichten Größe. Dieser Quotient ist also sicher größer als 0. Diesen Betrag könnte man als „relative Wachstumslücke" bezeichnen. Das Wachstum wird nun als Quotient der beiden relativen Wachstumslücken von y_0 einerseits und y_t andererseits ausgedrückt. Dass y_t mit e^{rt} in direkter Verbindung steht, ist uns mittlerweile klar. Aber auch y_0 hat solch eine Verbindung, denn der Zeitpunkt von y_0 ist ja der Startpunkt unserer Zeitmessung, also für den Wert von t. Dieser Ausdruck $e^{rt} = \frac{\left(\frac{y^*-y_0}{y_0}\right)}{\left(\frac{y^*-y}{y}\right)}$ sagt uns nun, dass wir die Wachstumsfunktion e^{rt} erhalten, indem wir zwei ausgewählte relative Wachstumslücken miteinander vergleichen: Die Größe der Pflanze zu einem beliebigen Zeitpunkt, den wir als Nullpunkt der Messung annehmen. Und die Größe der Pflanze eine beliebige, aber genau gemessene Anzahl von Wachstumsperioden später. Diese beiden Größen setzen wir relativ zur Endgröße der Pflanze in Beziehung. Die gestrichelten Linien in der Graphik zeigen die absoluten Wachstumslücken. Die durchgezogenen Linien stellen die Größe der Pflanze zu den jeweiligen Zeitpunkten, markiert durch die gepunkteten Zeitlinien für t_0, t_y und $t*$ dar. Die gemessene Zeit t, die in der Formel auftaucht, ist die Zeit, die *zwischen* t_0 und t_y verstreicht. Das ist der Schlüssel zum Verständnis dieses Sachaspekts unserer Formel. Sie sehen, dass mit dem Verschieben der t_y-Linie sich automatisch die Verhältnisse ändern: von y, von $y^* - y$, von t. Das gleiche gilt für das Verschieben der t_0-Linie. Die Formel sagt uns aber, dass diese Verhältnisse immer die gleiche Wachstumsrate liefern. Also müssen wir nur die Pflanze zu zwei verschiedenen Zeitpunkten messen, den Wachstumsfortschritt mit der (vermuteten) Endgröße in Beziehung setzen und wir erhalten die Wachstumsrate.

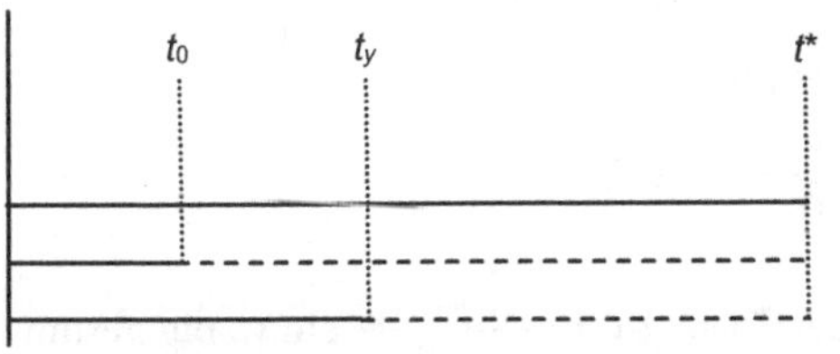

Damit können wir schon ganz gut leben und auch ganz gut rechnen. Beim „Kern" der Formel, bei ihrem Herzstück sind wir so aber immer noch nicht angekommen.

Das haben wir bei den Umformungen schon getroffen und liegt genau einen Schritt vor der Formel, mit der wir hier wieder eingestiegen sind.

Wenn wir bereits ein kleines Formelrepertoire erworben haben, so kennen wir vielleicht schon die eine oder andere Formel mit dieser Form.

$$p = p_0 \exp\left(-\frac{g(h)}{R_L T}\right)$$

In „$\exp(-\ldots)$" erkennen wir natürlich genauso unser „e hoch minus..." wieder. Unser indexgeschultes Auge erkennt ebenfalls die allgemeine Form „links p ohne Index", „rechts p mit Index 0". Die Größe p_0 wird also gemäß einer Exponentialfunktion kleiner. Das beim p links „eigentlich" der Index h stehen sollte, ist ihnen wahrscheinlich auch schon aufgefallen.

Wenn wir also lesen: „$x = x_0 \cdot e^{-\text{Ausdruck}}$“, so haben wir unser Repertoire aktiviert, und lesen als das Kernthema unserer Formel: Die relative Wachstumslücke nimmt exponentiell mit der Zeit und der Wachstumsrate r ab:

$$\left(\frac{y^*}{y} - 1\right) = \left(\frac{y^*}{y_0} - 1\right) \cdot e^{-rt} \quad \text{bzw.} \quad \left(\frac{y^* - y}{y}\right) = \left(\frac{y^* - y_0}{y_0}\right) \cdot e^{-rt}.$$

Da im Begriff der relativen Wachstumslücke y neben y^* enthalten ist, formen wir diesen Sachverhalt, dieses Wachstumsgesetz so um, dass wir „unser“ y ganz für uns allein haben. Das also ist der Formel Kern, der dann zu unserer vertrauten Formel führt:

$$\left(\frac{y^*}{y} - 1\right) \Leftrightarrow \left(\frac{y^* - y}{y}\right) = \left(\frac{y^* - y_0}{y_0}\right) \cdot e^{-rt}$$

$$y = \frac{y^*}{1 + \left(\frac{y^*}{y_0} - 1\right) e^{-rt}}$$

Das alles sieht man aber erst, wenn man mit der Formel $y = \frac{y^*}{1+(\frac{y^*}{y_0}-1)e^{-rt}}$ ein wenig herumexperimentiert. Und dazu will ich Sie unter anderem auch anregen.

Ich weiß, was ich nicht weiß

1. Bild ⟶

$$\frac{1}{2\pi}\int_{-\pi}^{\pi} du \cdot \log_2 \frac{\left|\int_{-\infty}^{\infty} M(t)\mathrm{e}^{iut}\,\mathrm{d}t\right|^2 + \left|\int_{-\infty}^{\infty} N(t)\mathrm{e}^{iut}\,\mathrm{d}t\right|^2}{\left|\int_{-\infty}^{\infty} N(t)\mathrm{e}^{iut}\,\mathrm{d}t\right|^2}$$

Die Formel in Ihrer Handschrift:

2. Listen der Akteure, Operatoren, Indizes, Einheiten.

Akteure Die Akteure sind Funktionen und Integrale über diese. Wir sind in der Informationstheorie. Der Ausdruck mit $M(t)$ bezeichnet Signale mit Informationswert, der Ausdruck mit $N(t)$ solche ohne Informationswert. Das ist das so genannte „Rauschen“.

Operatoren Die Basisoperatoren, ergänzt um Funktionen, Integration, die Exponentialfunktion.

Indizes Keine.

Einheiten t bezeichnet hier die Zeit. Aber es geht im Zusammenhang nur um die „Größe“ Zeit, nicht um eine konkrete, gemessene Zeitdauer. Ebenso stellt hier $\log_2$, der Logarithmus zur Basis 2 selbst bereits *ein Maß*, nämlich für Information dar. Wir befinden uns sachlich nämlich in der Informationstheorie.

3. Formelhierarchie Die vereinfachen wir auf ein erträgliches Maß.

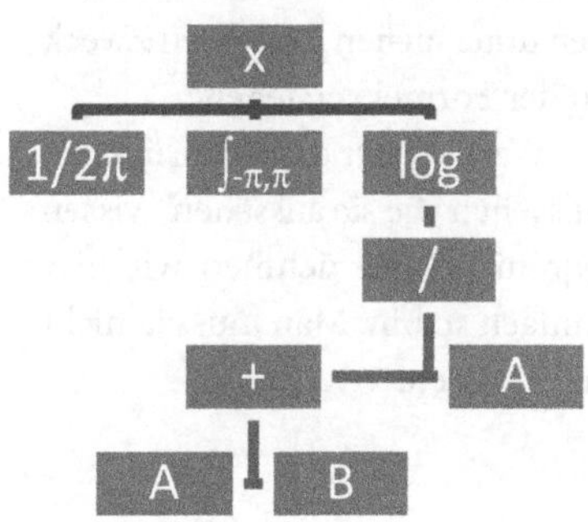

Lineardarstellung

$$\times(1/(2\pi), \int, \log_2(/(+(A,B),A)))$$

4. von oben Wir haben hier einen interessanten Fall. Es gibt kein =, denn hier wird eine Größe als sie selbst untersucht. Diese Größe ist zuerst einmal ein Produkt. Und zwar eines mit sehr speziellen Faktoren. Einem Integral einerseits, einem Logarithmus andererseits. Das übersteigt unsere mathematischen Fähigkeiten hier bei weitem, dennoch können wir eine ganze Menge aus der Formel herausholen. Was wir ja schon des Öfteren getan haben.

5. von unten Hier müssen wir für unsere erste Analyse äußerst großzügig sein. Wir betrachten alle quadrierten Integrale des Quotienten einfach als „Größen", also steht da eben „einfach" $\frac{A+B}{B}$.

6. Probieren Interessant ist das Verhalten, wenn einer der beiden Größen im Quotienten 0 wird sowie die Frage, was geschieht, wenn der Quotient 0 oder 1 wird sowie die Frage: welche Werte müssen A und B annehmen, damit der Logarithmus einen bestimmten Wert annimmt? Das haben wir im Kapitel „Das Inverse und das Neutrale" ausgeführt.

7. Mit eigenen Worten **erklären.**

Die Formel zeigt ein Produkt aus einem Integral der Funktion u innerhalb der Grenzen von $-\pi$ bis $+\pi$. Innerhalb dieser Grenzen nimmt es den Wert 2π und damit das Produkt aus Integral und Koeffizient den 1 an. Damit verbleibt der Logarithmus zur Basis 2 für den Quotienten $\frac{A+B}{B}$ Der Fall, dass $B = 0$ wird, ist aus praktischen Überlegungen ausgeschlossen, Wird A gleich 0, so wird der Quotient 1, genauso wie wenn B gegen ∞ geht. Dann hat $\log_2(1)$ den Wert 0. Die Grundaussage: Gibt es sowieso keine Information (A) oder wird das Rauschen zu groß (B) so verschwindet jegliche Information. An sich trivial, aber zeigen Sie das mal in bestimmter mathematischer Weise!

8. Nichtwissen Diese Formel ist ein Lehrbeispiel, wie viel wir dennoch sehen, wenn wir vieles nicht wissen: Weder die Formelgeschichte, noch die Form der (unendlichen) Integrale, die Funktionen $M(t)$ und $N(t)$. Und warum der Faktor $1/(2\pi)$ davor steht. Dennoch ermöglicht unser Formelverständnis ziemlich viel, ich vermute mehr, als Sie vermutet hätten.

Bezüglich der Hauptgruppen können wir diese beiden Strukturen untersuchen und ihren Zweck in der Formel verstehen.

Warum aber die Ausdrücke so aussehen wie sie aussehen, wissen wir nicht und nehmen wir hier einfach so hin. Man muss ja nicht alles wissen.

$$\frac{1}{2\pi}\int_{-\pi}^{\pi} du \cdot$$

$$\log_2 \frac{A+B}{B}$$

$$A = \left|\int_{-\infty}^{\infty} M(t)e^{iut}\,dt\right|^2$$

$$B = \left|\int_{-\infty}^{\infty} N(t)e^{iut}\,dt\right|^2$$

Eine Analyse ohne Rechnen

Sie erinnern sich an den Stammbaum der elementaren mathematischen Objekte? Da tauchte das Integral als Enkel der Summe auf. Die meisten lernen das Integral jedoch als so etwas wie die „Umkehrung" der Ableitung kennen. In einen Fall ist das Integral der „Grenzfall" unendlicher Reihen, im anderen Fall befindet es sich im Gefolge von Funktionen und deren Ableitungen.

In diesen unterschiedlichen Fällen ist auch die *Funktion* des Integrals jeweils verschieden: Einmal liefert das Integral vor allem einen bestimmten Wert, das andere Mal eine Funktion mit bestimmten Eigenschaften.

Der „Hauptsatz der Differential- und Integralrechnung" bringt nun beide zusammen. Er ist überhaupt nicht schwierig und in vielerlei Hinsicht ein wunderschönes Beispiel, wie man mathematische Formeln ganz einfach analysieren kann.

Hier also der Hauptsatz der Differential- und Integralrechnung:

$$\frac{\mathrm{d}}{\mathrm{d}x}\int_{x_0}^{x} f(t)\,\mathrm{d}t = f(x)$$

Die folgende Analyse zeigt in reinster Form, dass analysieren „zerlegen", „auflösen" bedeutet. Wir lösen diese Formel nämlich in einem ersten Schritt in ihre Hauptbestandteile auf, analysieren diese im Detail, um sie anschließend wieder zusammenzusetzen. Das Wort dafür ist auch bekannt: Synthese. Denn erst die Synthese macht eine Analyse vollständig.

- Das Ganze betrachten,
- das Ganze in seine Teile zerlegen,
- die Teile und ihr Zusammenspiel untersuchen,
- wieder zu einer Einheit zusammenfügen.

Zuvor unser Verständnisdreieck:

Thema: Ein bestimmter Zusammenhang zwischen Ableitung und Integral, einer Funktion und ihrer Ableitung

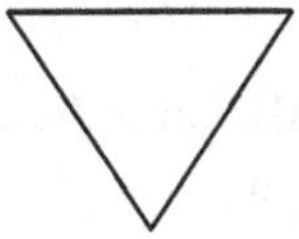

Mathematik: Ungefähre Bekanntschaft mit Integral und Ableitung, kaum Grundoperationen

$$\frac{\mathrm{d}}{\mathrm{d}x}\int_{x_0}^{x} f(t)\,\mathrm{d}t = f(x)$$

Die Grundaussage der Formel ist eine einfache Behauptung. Es wird die Gleichheit des verschachtelten Ausdrucks links mit der einfachen Funktion rechts behauptet. Das wird unser Ausgangspunkt bei der genaueren Untersuchung der linken Seite.

Links finden wir nicht $f(x)$, sondern $f(t)$. Unsere Leitfrage lautet daher:

Wie wird aus dem $f(t)$ der linken Seite das $f(x)$ auf der rechten Seite?

Die Erklärung enthält offenbar der Ausdruck

$$\frac{\mathrm{d}}{\mathrm{d}x}\int_{x_0}^{x} f(t)\,\mathrm{d}t.$$

Eine Ableitung $\mathrm{d}/\mathrm{d}x$, ein Integral $\int$ und eine einfache Funktion $f(t)$.

Da wir jedes Objekt wirklich herauslösen wollen, sieht die Sache nunmehr so aus:

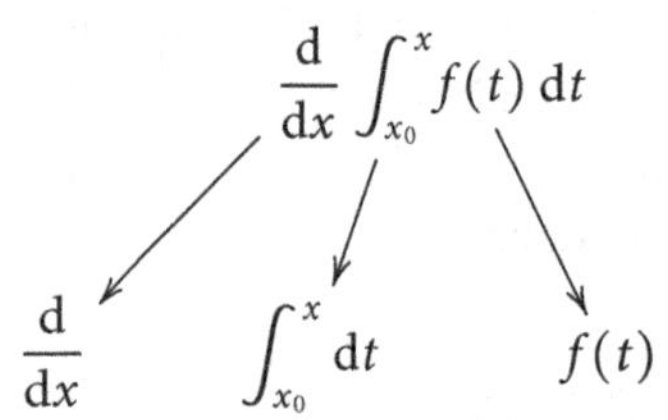

Die Aussage der Formel wird jetzt noch klarer: Die Ableitung einer bestimmten Variable nach x in Kombination mit einem Integral mit den Grenzen x und x_0 und einer Funktion $f(t)$ ist gleichwertig, nein: nicht bloß gleichwertig, die Ableitung davon *ist* $f(x)$.

Links wird nichts gerechnet, überhaupt ist die Struktur links nichts anderes als das bloße Zusammenwirken dreier verschiedener mathematischer Objekte: Ableitung, Integral, Funktion. Wir müssen uns nur in Erinnerung rufen, was diese Objekte grundsätzlich sind und ihre Basiseigenschaften, dann haben wir diese Formel auch schon verstanden.

Wie bei jedem Ausdruck, der Klammern bzw. Verklammerungen enthält, arbeiten wir uns von innen nach außen vor. Wir beginnen also bei $f(t)$, danach folgt das $\int$ und die Ableitung kommt ganz zum Schluss.

Zuvor betrachten wir aber noch einmal die Einzelteile und studieren rein bildhaft, wie denn hier x und f zueinanderfinden könnten.

Zuerst haben wir nur die Variable t

$$f(t)$$

Im Integral tauchen beide, x und t auf, also wird wohl hier der Schlüssel für die Zusammenführung liegen.

$$\int_{x_0}^{x} \mathrm{d}t$$

In der Ableitung kommt nur x vor. Also muss die „Verwandlung" zu einer Funktion von x schon im Integral stattgefunden haben.

$$\frac{\mathrm{d}}{\mathrm{d}x}$$

Blicken wir also mal auf das Integral:

$$\int_{x_0}^{x} \mathrm{d}t.$$

Die zwei wichtigsten Fragen bei einem Integral sind:

1. Nach welcher Variable wird der Ausdruck im Integral integriert?
2. Was sind die Grenzen des Integrals.

Antwort auf Frage 1: Hier steht $\mathrm{d}t$, also wird nach der Variable t der Funktion f integriert.

Antwort auf Frage 2: Die Grenzen sind x und x_0.

In den Integrationsgrenzen kommt hier jetzt eine ganze Menge zusammen. Nichts Schwieriges, lauter einfache Dinge, die Sie auch schon alle kennen. Aber gemeinsam bewirken sie einiges.

Beginnen wir damit, dass das Integral innerhalb zweier fester Grenzen, etwa $\int_a^b f(t)\,\mathrm{d}t$ einen bestimmten Wert liefert. Der wird so ausgerechnet, dass aus $f(t)$ eine bestimmte weitere Funktion $F(t)$ ermittelt wird. Dann werden in diese neue Funktion die Werte $F(a)$ und $F(b)$ eingesetzt und es wird deren Differenz $F(b) - F(a)$ gebildet. Das wird oft so geschrieben:

$$\int_a^b f(x)\,\mathrm{d}x = [F(x)]_{x=a}^{x=b}.$$

Dieser Ausdruck $[F(x)]_{x=a}^{x=b}$ heißt: Setze für x in $F(x)$ einmal b ein und einmal a und bilde die Differenz. Dabei ist a – wie schon beim Summenzeichen – die untere, b die obere Grenze.

Wir haben bei „unserem" Integral aber die Grenzbezeichnungen x_0 unten und x oben. Wie Sie sich erinnern, wird eine Variable mit einem Index zu einem beliebigen, aber festen Wert, verliert also ihre Variableneigenschaft. So wie a und b ist jetzt auch x_0 eine feste Grenze. Aber, und darin liegt die Pointe: Die obere Grenze unseres Integrals ist x, also eine Variable, und die bleibt auch variabel. Unser Integral verwandelt sich also wie folgt:

$$\int_a^b f(x)\,\mathrm{d}x = [F(x)]_{x=a}^{x=b} \quad \Rightarrow \quad \int_{x_0}^x f(t)\,\mathrm{d}t = [F(t)]_{t=x_0}^{t=x}.$$

Die Pointe liegt wieder einmal in den kleinen Zeichen. Dort liegt die Entscheidung über Verstehen und Nichtverstehen!

$$\int_{x_0}^{x} f(t)\,\mathrm{d}t = [F(t)]_{t=x_0}^{t=x}$$

Wichtig ist die rechte Seite. Wenn wir eine Funktion von t haben, aber *für t eben x einsetzen*, so haben wir *eine Funktion von x* erzeugt. Wenn wir für t den Wert x_0 einsetzen, so haben wir – keine Funktion, sondern nur den Wert dieser Funktion an der Stelle x_0 errechnet.

$$[F(t)]_{t=x_0}^{t=x} = F(x) - F(x_0).$$

Da aber $F(x_0)$ ein zwar beliebiger aber fester Wert ist, notieren wir wie so oft in der Mathematik stattdessen ein einfaches „ + C“.

$$\int_{x_0}^{x} f(t)\,\mathrm{d}t = [F(t)]_{t=x_0}^{t=x} = F(x) + C.$$

Haben wir damit etwas erreicht? Immerhin haben wir aus einem $f(t)$ ein $F(x)+C$ gemacht. Aber $f \neq F$. Unsere Funktion sieht damit jetzt so aus:

$$\frac{\mathrm{d}(F(x) + C)}{\mathrm{d}x} = f(x).$$

Da die Ableitung einer Summe gleich der Summe der Ableitungen ist, steht da genauso

$$\frac{\mathrm{d}F(x)}{\mathrm{d}x} + \frac{\mathrm{d}C}{\mathrm{d}x} = f(x).$$

Die Ableitung einer Konstanten ergibt aber immer null. Da ist ja kein „x“ mehr übrig für das „$\mathrm{d}x$“. Auf der linken Seite fällt daher der zweite Summand weg. Wir haben damit endlich unser

$$\frac{\mathrm{d}F(x)}{\mathrm{d}x}$$

alleine dastehen, was in der ebenso vertrauten Schreibweise $F'(x) = f(x)$ heißt.

Wir haben bisher nichts gerechnet, und nichts wirklich umgeformt. Wir haben eigentlich nur gelesen, was da steht. Vor allem, die darin dargestellte Sachlogik. Resümieren wir in Worten:

> Wir haben eine Funktion von t. Diese Funktion integrieren wir nach t, und zwar mit der variablen oberen Grenze x. Dadurch entsteht aus $f(t)$ eine Funktion $F(x)$. Diese neue Funktion leiten wir nach x ab und – voila – da haben wir $f(x)$.

Mit diesen Worten haben wir den Vorgang beschrieben, aber mehr als Algorithmus, wodurch der Strukturzusammenhang leicht verloren geht. Eine ungefähre Vorstellung der Struktur liefert diese mehr statische Beschreibung.

> In dieser Formel ist keine der Grundoperationen unmittelbar beteiligt, da hier ausschließlich die funktionale Verschränkung von elementaren funktionalen Beziehungen vorliegt. Wir sehen die Ableitung einer Funktion, die das Integral einer weiteren Funktion ist, die über die Integralobergrenze auf die erste Funktion bezogen wird.

Wir bauen wieder alles zusammen:

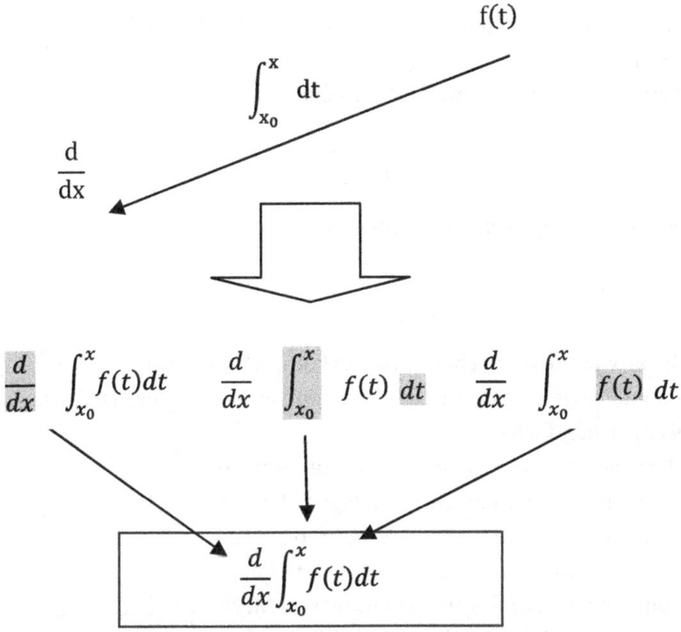

Alles sieht aus wie vorher, und doch ist alles anders geworden.

Sigma – eine kleine Detailstudie

Es gibt einige bekannte und verbreitete Formeln, die man ohne genaue Beachtung des Sachzusammenhangs und ihrer sachlichen und mathematischen Formelgeschichte nicht verstehen kann. Eine der bekanntesten ist wohl die Normalverteilung, eine „der" Formeln der Statistik.

$$P(a \leq x \leq b) = \frac{1}{\sqrt{2\pi}\sigma} \int_a^b \mathrm{e}^{-\frac{1}{2}\frac{(x-\mu)^2}{\sigma^2}}\, \mathrm{d}x$$

Soll heißen, die Wahrscheinlichkeit dafür, dass der Wert von x zwischen a und b liegt, entspricht dem um einen bestimmten Faktor verkleinerten Integral innerhalb der Grenzen a und b. Der Integrand ist eine spezielle Exponentialfunktion.

Wir betrachten diese Formel vor allem in Hinblick auf σ. Das Sigma taucht an zwei sehr unterschiedlichen Stellen auf, die wir beide für sich untersuchen.

Wir haben einmal $\frac{(x-\mu)^2}{\sigma^2}$ im Exponenten der Exponentialfunktion innerhalb des Integrals (im Integranden), und einmal außerhalb, in $\frac{1}{\sqrt{2\pi}\sigma}$ als Koeffizienten vor dem Integral.

Sie bemerken gleich, dass es von den beiden Fremdlingen μ und σ im Integranden nur σ auch vor das Integral geschafft hat. Damit beginnt unsere Geschichte, die man kennen muss, denn aus der Formel allein und sogar aus der Mathematik allein weiß man nicht, warum das so ist.

Die „Urform" der obigen Formel war schlicht

$$\int e^{-x^2}\, dx.$$

Diese Formel hat viele Eigenschaften, unter anderem

$$\int_{-\infty}^{+\infty} e^{-x^2}\, dx = \sqrt{\pi}$$

und natürlich, da x in quadratischer Form vorkommt, die Symmetrie *des Integranden*, mit dem erkennbaren Schwerpunkt „in der Mitte" und einem langsamen Auslaufen zu beiden Seiten hin, bis ins Unendliche.

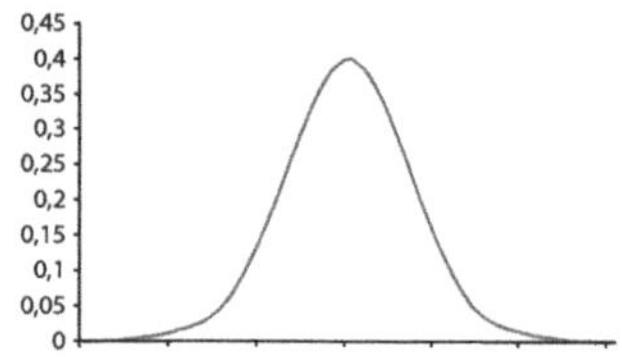

Im 18. Jahrhundert, als man sich schon intensiv mit „Wahrscheinlichkeit" beschäftigte und den Begriff der Verteilung zu entwickeln begann, entdeckte man, dass eine Kurve – und damit Funktion – der Art e^{-x^2} ganz gut zu einigen Phänomenen der zufälligen Verteilung von Merkmalsausprägungen von Objekten der Wirklichkeit passte. Warum eine Exponentialfunktion und nicht einfach $1/x^2$? Probieren Sie, setzen Sie für $x = 0$ ein und sehen, was dann passiert. Zurück zu den Merkmalsausprägungen: Zum Beispiel zur Körpergröße. Viele Leute sind „ungefähr" so groß wie der Durchschnitt, wenige sind kleiner, wenige größer und sehr wenige sind sehr klein und sehr wenige sehr groß. Die Frage lautete nun: Wenn ich zufällig irgendeine Person auswähle, wie groß ist die Wahrscheinlichkeit, dass diese Person z. B. zwischen 1,70 m und 1,93 m groß ist? Die Frage ist dann leicht zu beantworten, wenn ich eine Formel habe, mit der ich *die Verteilung* „ziemlich gut" beschreiben kann. Die Form dieser Kurve passte ganz gut, wie einige Forschungsarbeiten des 18. und des 19. Jahrhunderts zeigten. Aber die Form allein reicht nicht, wir benötigen einige Eigenschaften, die aus dem Konzept der Wahrscheinlichkeit folgen. Die wichtigste: Die Wahrscheinlichkeit dafür, dass eine ausgewählte Person irgendeine Körpergröße hat, muss 1 sein. Also mit 100%iger Sicherheit eintreten

Damit wissen wir bereits, dass $\int_{-\infty}^{+\infty} e^{-x^2}\, dx$ nicht passt, denn der *Gesamtwert* aller möglichen Größen von e^{-x^2} ist $\sqrt{\pi}$. Da macht man sich das Leben aber leicht und ergänzt die Formel um einen Vorfaktor und hat schon das Ergebnis:

$$\frac{1}{\sqrt{\pi}} \int_{-\infty}^{+\infty} e^{-x^2}\, dx = 1.$$

Damit haben wir wie gewünscht erreicht, dass die Wahrscheinlichkeit für das so genannte „sichere Ereignis", dass x zwischen $-\infty$ und $+\infty$ liegt, gleich 1, also 100% ist. Minus unendlich? Negative Werte?

Haben Sie schon Menschen mit negativer Größe gesehen? Was also tun? Wir betrachten nicht x selbst, sondern fragen uns, wie weit ist das jeweilige x vom Mittelwert entfernt. Und schon können wir negative Werte zulassen.

Ganz nebenbei haben wir damit ein weiteres Problem gelöst: Der Mittelwert unserer mathematischen Ausgangsfunktion lag bei 0. Der Mittelwert der Körpergröße liegt sicher nicht bei 0. Dadurch aber, dass wir x auf den Mittelwert μ bezogen haben (auch das können Differenzen leisten) haben wir μ eigentlich zum 0-Punkt gemacht!

Jetzt kommt endlich unser σ^2 ins Spiel. Sie erinnern sich aus dem Kapitel „Formelgeschichte", was dieses σ^2 ist: Die Größe σ^2 ist selbst ein Mittelwert, nämlich der Mittelwert aller „Abstandsquadrate". Also der mittlere Wert von $(x - \mu)^2$. Deshalb wird dieser Wert, obwohl er durch einfache arithmetische Mittelwertbildung entsteht als „Quadrat" eingeführt. Dann kann man nämlich zeichentechnisch leichter die Wurzel daraus ziehen und erhält mit σ ein Streuungsmaß, dass uns sagt, wie weit sich „die meisten" Werte x vom Mittelwert μ entfernen.

Der Ausdruck mit x, μ und σ im Exponenten wird oft unterschiedlich geschrieben. Aus der Entstehungsgeschichte ist nun klar, welcher Unterschied zwischen diesen beiden Schreibweisen besteht:

$$\frac{(x-\mu)^2}{\sigma^2} \neq \left(\frac{x-\mu}{\sigma}\right)^2 .$$

Die erste Form zeigt die „wahre" Entstehung, die zweite suggeriert eine andere. Wieso aber steht dieses σ^2 im Nenner? Ganz einfach, es ist so ähnlich wie die Geschichte im Zähler. Uns interessiert nicht der absolute Abstand zum Mittelwert. Ist eine Abweichung vom Durchschnitt von z. B. 8 cm viel oder wenig? Liegt der Durchschnitt bei 185, so ist das relativ gesehen kaum auffällig, liegt der Durchschnitt bei 162, so fallen 8 cm deutlich stärker auf. Die konkrete Abweichung wird also durch die „übliche", die so genannte Standardabweichung σ ausgedrückt. Das Quadrat der Standardabweichung σ^2 dient hier im Nenner als Maß, und damit haben wir erst mit $\frac{(x-\mu)^2}{\sigma^2}$ die auch sachlich angemessene Form um $\int e^{-x^2}\,dx$ für unsere Zwecke nutzen zu können.

Wir sind aber noch nicht ganz fertig. Aus mathematischen Gründen, die ich hier jetzt nicht mehr ausführe, befindet sich im Exponenten noch ein $-1/2$ und Sie sehen im Vorfaktor vor dem Integral, dass da nicht nur π unter der Wurzel steht, sondern auch die 2. Was schließen wir daraus? Da der Zweck des Vorfaktors ist, sicherzustellen, dass der Wert des Integrals in den Grenzen von $-\infty$ bis $+\infty$ gleich 1 ist, so sehen wir: Was in der Exponentialfunktion im Nenner steht, erhöht den Gesamtwert des Integrals um seine Wurzel. Da sich σ^2 genauso wie die 2 im Nenner befindet, wirkt es genau gleich auf das Integral. Also müssen wir wieder das gesamte Integral durch die Wurzel aus σ^2 teilen.

Und da sehen wir noch einmal, wie gut die Bezeichnung dieses arithmetischen Mittels durch einen quadratischen Ausdruck war.

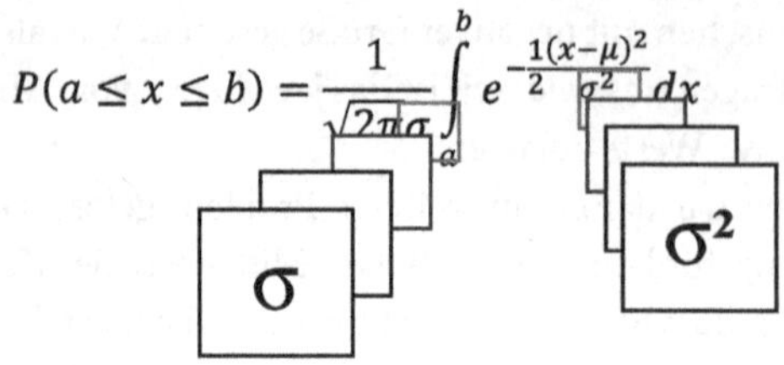

Zwei völlig unterschiedliche Rollen von Sigma!

1. *Vor dem Integral* finden wir σ aus mathematischen Gründen. Als Korrekturfaktor, der sich aus den *mathematischen Eigenschaften* der gewählten Funktion ergibt. Denn die *sachliche Anforderung* aus der Wahrscheinlichkeitstheorie war mathematisch *nicht direkt* zu erfüllen.
2. *Im Integranden* sehen wir σ^2 in seiner eigentlichen, sachlich begründeten Funktion, als Maß. Das gleichsam „in sich" alle überhaupt auftretenden Abstandsquadrate enthält und *deswegen* als Maß für jedes *einzelne* Abstandsquadrat $(x-\mu)^2$ verwendet wird.

Damit wir σ^2 im Integranden mit der gewünschten Wirkung verwenden können, müssen wir seine Nebenwirkung vor dem Integral wieder ausgleichen.

So nebenbei haben wir als Nebenergebnis auch entdeckt, dass wir σ^2, weil es als *Maß* dient, auch als relative 1 lesen dürfen; ebenso haben wir durch $(x-\mu)$ alle Werte auf μ als relativen Nullpunkt bezogen.

Wenn wir jetzt ausnutzen, dass mathematisch „natürlich" sehr wohl $\frac{(x-\mu)^2}{\sigma^2} = \left(\frac{x-\mu}{\sigma}\right)^2$ gilt, so können wir aus einer Menge X von Werten jedes beliebige x durch μ und σ^2 umformen. Taufen wir die Größe $\frac{x-\mu}{\sigma}$ einfach u, so können wir eine Tabelle erstellen, die alle interessanten Werte für

$$P(-\infty < x \leq b) = \frac{1}{\sqrt{2\pi}} \int_{-\infty}^{b} \mathrm{e}^{-\frac{u^2}{2}} \, \mathrm{d}x$$

enthält. Das entspricht dann einer Verteilung mit den beiden „neutralen" Größen von μ und σ^2, einem Mittelwert von 0, und einem Varianz/Standardabweichung von 1.

In den „Formeln einer Ausstellung" befand sich auch jenes Bild, das diese Geschichte erzählt.

$$F(x \mid N(\mu, \sigma^2)) = \int_{-\infty}^{(x-\mu)/\sigma} \frac{1}{\sqrt{2\pi}} \cdot \mathrm{e}^{-x^2/2} \, \mathrm{d}x = F\left(\frac{x-\mu}{\sigma} \,\middle|\, N(0,1)\right)$$

Der Buchstabe N steht für die Normalverteilung.

Dass im ersten Ausdruck σ^2 steht, und der letzte „nur" σ ohne Quadrat enthält, das verstehen wir jetzt, nachdem wir die Formelgeschichte etwas näher kennengelernt haben.

Ebenso ist der Zwischenschritt dieser Entwicklung in der Obergrenze des Integrals aus mathematischen Gründen allein nicht erklärbar.

Denn erst, wenn wir die Sache verstehen und von daher auch sehen, **dass mathematische Objekte erst angepasst werden müssen**, können wir eine Formel wirklich lesen, und uns von der gedanklichen Leistung und der ästhetischen Form einer Formel einfach nur faszinieren lassen.